《兵典丛书》编写组
编著

火炮

ARTILLERIES

地动山摇的攻击利器

THE CLASSIC WEAPONS

哈尔滨出版社
HARBIN PUBLISHING HOUSE

图书在版编目（CIP）数据

火炮：地动山摇的攻击利器 / 《兵典丛书》编写组
编著. — 哈尔滨：哈尔滨出版社，2017.4（2021.3重印）
（兵典丛书：典藏版）
ISBN 978-7-5484-3132-9

Ⅰ. ①火… Ⅱ. ①兵… Ⅲ. ①火炮 – 普及读物 Ⅳ.
①E924-49

中国版本图书馆CIP数据核字（2017）第024889号

书　　名：火炮——地动山摇的攻击利器
　　　　　HUOPAO——DIDONGSHANYAO DE GONGJI LIQI

作　　者：《兵典丛书》编写组　编著
责任编辑：陈春林　李金秋
责任审校：李　战
全案策划：品众文化
全案设计：琥珀视觉

出版发行：哈尔滨出版社（Harbin Publishing House）
社　　址：哈尔滨市香坊区泰山路82-9号　　邮编：150090
经　　销：全国新华书店
印　　刷：铭泰达印刷有限公司
网　　址：www.hrbcbs.com　　www.mifengniao.com
E – mail：hrbcbs@yeah.net
编辑版权热线：（0451）87900271　87900272
销售热线：（0451）87900202　87900203

开　　本：787mm×1092mm　1/16　印张：19.25　字数：230千字
版　　次：2017年4月第1版
印　　次：2021年3月第2次印刷
书　　号：ISBN 978-7-5484-3132-9
定　　价：49.80元

凡购本社图书发现印装错误，请与本社印制部联系调换。
服务热线：（0451）87900278

什么是火炮？这个看似简单的问题，当我们去深究的时候会发现，这个问题有着深邃的意义。

每当提起战争，人们首先联想到的武器往往便是枪炮。自冷兵器时代结束后，那震耳欲聋的枪炮声，火光冲天的、烟火弥漫的景象，与刺鼻的硝烟便成了构成战争的重要元素。如果战争是有味道的，那么便是硝烟的味道；如果战争是有声音的，那么便是枪炮声；如果战争是有色彩的，那么便是炮弹爆破之时的烟火色。所以，从这个层面上来说，火炮就是战争的代言。

战争有正义与邪恶之分，但兵器本无邪恶和正义之分。只不过是邪恶的一方拿它来侵犯他人，正义的一方拿它来保卫自己。如果我们应该站在第三方的立场，从相对公正客观的角度去解读这些火炮，便会发现火炮不仅仅是一种兵器。一种火炮被发明出来，它能代表的是人类科技的进步、智慧的进步，尽管有时战争会将有些兵器丑化，使其成为杀人的恶魔。但我们仍然不能否认，那一件件技术完美的火炮背后，充满着人们对未知领域的不断探索与对智慧的不懈追求。从这个层面来看，火炮是人类智慧与科技的结合物，是人类文明的象征。

火炮是人类发明出来的，是人类谱写了火炮的历史。但是与此同时，火炮也影响了人类的历史。火炮在兵器史、战争史，乃至整个人类历史发展中有着重要的地位与作用。

火炮的故乡是中国，现代火炮是从中国古代发明的抛石机发展而来的。抛石机最早用于战争是在公元前770年~公元前476年中国的春秋战国时代。公元8世纪，火药的发明使抛石机的发展发生了质的飞跃。公元10世纪，火药开始用于军事后，抛石机便由抛石变为抛火球，火球又被称为火药弹。这便是最早的火炮。据考证，中国最古老的火炮要比欧洲现存最古老的火炮的发明早半个世纪。

13世纪中叶，成吉思汗率领蒙古帝国军队挥师征战，能够打败交战国的主要原因，就是火炮武器的使用。虽然中国是最早制造火炮的国家，但落后的科技让火炮的发展也随之停滞。直到13世纪，中国的火药和火器西传以后，火炮在欧洲开始发展，从而影响了欧洲乃至世界的历史。

14世纪上半叶，欧洲开始制造出发射石弹的火炮。到了15世纪中期，火炮与火药的技术已经比较成熟，跃升为重要的武器。最明显的例子，是在1453年拜占庭帝国灭亡的一役。拜占庭帝国的首都君士坦丁堡，这一人类历史上最宏大、最坚固的堡垒和要塞，被突厥人用远程巨炮连轰了两个星期后，终于将城墙的一角炸塌。从此，世界上再没有火炮轰不垮的堡垒了。

中世纪的火炮，威力已经不小，但在战场上的作用有限，因为当时的火炮仍非常笨重，在作战时，很难移到新的位置上开火。从这以后，人们就在思考与研究，如何让火炮在战场上发挥出巨大的威力。正是出于战争的原因，火炮得到了进一步的发展，一种新式火炮也由此诞生了。

15世纪末，榴弹炮便问世了，并在战场上大显身手。这种炮是由荷兰人首先研制成功的，它有射程远和打得准的优点，又有较好的机动性，因而很快成为欧洲各国军队中的宠儿。经过几个世纪的征战，它仍威风不减当年，而且越战越勇，成为现代战争中不可缺少的火力装备。榴弹炮拉开了火炮发展的序幕，在它之后出现了加农炮、迫击炮、火箭炮、加榴炮等多种火炮。

此外，近现代，随着其他武器的发展，火炮被用于更多领域，出现了更多种类的火炮，如高射炮、坦克炮、反坦克炮等等，并被广泛用于战场，对战争乃至人类历史产生了重大影响。

上述这些火炮自问世后，在人类历史上的重大战争中纷纷争相亮相，成为局部战场的决定性力量，成为配备陆海空三军的常规武器。特别是在一战、二战中，这些火炮作为各国地面部队的主要重型攻击武器，被大批量地广泛运用，发挥了不可估量的作用。

此外，除了陆地作战外，火炮也被用于海面作战与空中作战，其意义也同样深远。

自14世纪起，火炮逐渐从陆地战场登上海洋战场，出现了舰炮。舰炮的运用彻底改写了人类海战的历史。将人类的海战模式从接舷战时代带入到炮战时代。英国海军击败西班牙无敌舰队就是海上炮战取代接舷战的开始。

自此以后，舰炮成为各国舰船海战的绝对主力攻击武器。一直到第二次世界大战，航空母舰与舰载机以及舰载导弹问世，舰炮其主力地位才被取代。而这之间的所有海战，都可以看做是舰炮的海战。特别是一些重大海战如英德日德兰海战、中日甲午海战、日俄对马海战等，就是舰炮海战的代表作，而这些海战的历史影响无疑是巨大的。

另外，在舰船与舰炮发展进步的同时，一些西方国家更是仰仗船坚炮利打开了许多亚非拉国家的大门，从而开始了其海外殖民地的扩张与资本的原始积累。

第一次世界大战中，随着飞机的发明火炮被用于空中战场，出现了航炮。在导弹出现之前，航炮都是作战飞机空中较量的主要武器。其间著名的作战飞机之间的空中格斗主要依靠的是航炮。

二战之后，火炮对于海军与空军的意义已经逐渐削弱，但作为一种必备辅助性武器得以延续下去。但是作为陆军来说，火炮仍然是重要组成部分和主要火力突击力量，它们具有强大的火力、较远的射程、良好的精度和较高的机动能力，能集中、突然、连续地对地面和水面目标实施火力突击，主要用于支援、掩护步兵和装甲兵的战斗行动，并与其他兵种、军种协同作战，也可独立进行火力战斗，可称为"陆地战争之神"。

在现代立体化战争中，火力仍然是战斗力的核心。火炮是战场上的火力骨干，以其火力强、灵活可靠、经济性和通用性好等优点，成为战斗行动的主要内容和左右战场形势的重要因素。火炮既可摧毁地面各种目标，也可以击毁空中的飞机和海上的舰艇。因此，作为提供进攻和防御火力的基本手段，火炮仍然是地位牢固的重要常规兵器。

通过上述对火炮历史的简单了解，我们可以看出火炮在兵器史、战争史与整个人类历史中所占有的重要的地位与作用。从这个层面上来看，火炮是一个重要的历史课题。

究竟什么是火炮？这一问题本身有着深邃的意义，从不同层面有着不同的解读。除了上面的几种解读，或许我们还可以从不同层面、不同角度进行更多的解读。

《火炮——地动山摇的攻击利器》是"兵典丛书"中一部了解和记录各类经典火炮的一个分册。通过这部书，我们对于火炮会有更多的了解。这不是一部一般的科普读物，而是一部火炮家族的名炮列传。从庞大的火炮家族中，我们精心选择了各类火炮中最为经典、最有代表性、最具影响力的火炮，讲述了各类火炮的专业知识与历史演变，各型号火炮的设计建造、性能特点、参战经历、著名战役等，试图多角度、全方位地展示火炮。

什么是火炮？我们不妨从这些火炮的身上寻找答案。答案就在那神秘的兵工厂内，就在那幽深漆黑的炮膛里，就在那炮声滚滚的战场之上，就在那凯旋的炮兵威武的军礼之中……

第一章　古代和近代的大炮——遥远的轰天之雷

第二章　榴弹炮——现代战场上的火力猛将

战事回响

第三章　加农炮——大口径的攻城利器

第四章　加农榴弹炮——数字化战场之神

第九章　反坦克炮——坦克终结者

第十章　航空机关炮——雄鹰卫士

第十一章　舰炮——昔日的镇海神器

第一章
古代和近代的大炮
遥远的轰天之雷

火炮的远祖
——抛石机

　　什么是火炮？在世界范围内，人们对于火炮的定义是：火炮是利用火药燃气压力等能源抛射弹丸，并且口径等于和大于20毫米（0.78英寸）的身管射击武器。20毫米是什么概念？想必大家都知道枪的口径，例如勃朗宁手枪的标准口径是7.65毫米，因为7.65毫米小于20毫米，所以，勃朗宁是枪，而不是炮。

　　那么，火炮有哪些种类呢？主要用途是什么呢？其实，火炮的种类较多，配有多种弹药，主要应用于地面、水上和空中目标射击，歼灭、压制有生力量和技术兵器，以及摧毁各种防御工事和其他军事设施、击毁各种装甲目标、完成其他特种射击任务。

　　火炮伴随战争的出现而出现，它的规模也在不断扩大，各种各样的火炮也相继涌现。那么历史上第一门炮是怎么出现的，它背后有什么样的故事呢？

　　万事万物都是有根源的，火炮这种武器在历史上也有它的根源可以追溯。在炮出现之前的冷兵器时代，在大大小小、厮杀惨烈的战场上，大刀长矛是士兵手里的利刃，而抛石机是攻城拔寨的重型武器。其实，现代火炮就是根据抛石机的原理发展而来的。

★现代仿造的古代抛石机

公元前5世纪，中国的古人就发明了抛石机，并在古代战争中发挥着攻守城池的作用。

抛石机又名抛石车、发石机，一般由机架、安装在机架上的抛射杆和动力装置组成，用来攻守城堡。它利用杠杆原理，通过几十人甚至上百人拉动杠杆（即抛射杆），将石头抛出去，用来攻击对方的城池、城防设施和人员。另外，抛石机抛石时声音特别大，又称为"霹雳车"。据介绍，它能将6千克重的石块抛到100多米远，显然比徒手掷石头远多了，不仅可以用来破坏敌人的城防和兵器，还可以越墙入城、杀伤守城士兵，一次抛出的石块可杀伤杀死几十人，具有很强的威力。按现在的话来说，抛石机就属于古代的大规模杀伤性武器了。

★中国西安市古城墙上陈列的古代守城用的抛石机

中国三国时期的军事作战中，各交战方就十分重视抛石机的制造和使用。在官渡之战中，曹操大军遭到袁绍大军的猛烈袭击。危急关头，曹操听取谋士刘晔的建议，运用可以移动的抛石车打击敌人，一举击毁袁军的橹楼及战车，袁军被打得头破血流，而曹操取得了胜利。当时的抛石机大多是将炮架固定在地面上或底座埋在地下施放，机动性差，安装起来既费时又费力。后来为了方便

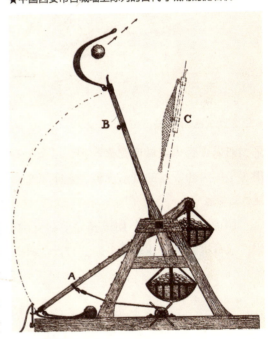
★古代配重式抛石机（设计草图）

移动，人们在炮架下面安装上了车轮。又因为炮架笨重，不能随时转换抛射方向，人们又发明了"旋风抛车"。

不过，抛石机毕竟是用人力发射的，所以射出的"炮弹"杀伤力不大，而且距离较近，最远距离不超到200米。随着战争规模的扩大，古人对抛石机又进行了大的改进和发展，主要是抛射物的花样比以前多了，如用来抛射箭矢和石头的，称做弩炮；抛射木和石头的，叫抛射炮。

唐宋时期，抛石机的品种日渐增多，成为军中利器。公元757年，唐朝将领安禄山企图夺取河东地区，命史思明围攻太原，太原守将李光弼就是用抛石机击退史军的，并斩杀叛军近八成，粉碎了叛军对太原的围攻。到了唐朝末期，抛石机不仅用来抛射石块，还用

★古代扭力式抛石机（设计草图）

来抛射以黑色火药做成的火药包，以及带有黑色火药和药线的箭头，用来烧杀敌人。宋代出现了用火药发射的管形火器，诞生了金属爆炸弹，抛石机还用来抛射燃烧弹、毒药弹和爆炸弹。

14世纪中期以后，用火药发射弹丸的炮发展起来，并在攻城守城战中得到广泛的运用，抛石机的数量逐渐减少，到17世纪慢慢被淘汰，退出战场。

现代大炮的鼻祖
——火铳

往往一个新生事物的诞生，总会影响另一个新生事物，或者衍生出另外一个新生事物。火炮也是如此，它也是由火药的发明而衍生出的另外一种新兵器。火药的发明，是人类战争史上重要的里程碑，使枪、炮等武器登上了现代战争的舞台，人类战争由此翻开新的一页。

有了火药，才有了爆炸；有了火药，才可能有后来的管形火器，以及真正意义上的火炮和炮兵。那么火药是谁发明的，怎么发明的呢？这还要从中国古人说起。

在中国的历史典籍中，有这样一段有趣的故事：隋朝初年，有个名叫杜春的人去访问一位炼丹老人，由于天色已晚，炼丹老人便留杜春在炼丹炉旁歇息。夜里，杜春一觉醒来，发现炼丹炉里突然冒起了大火，火焰一直冲向屋顶，把房子都烧着了。后来，人们就把火和炼丹炉内的药联系起来，认为是药着火了，火药的名字从此流传开来。这个故事并非真实，但可以肯定的是，早在唐代以前，就有炼丹家发明了火药。

火药被发明后，人们便开始入了火药的"魔"。大量火药被用于军事，因为人们亲眼看到了火药的巨大杀伤力，而这比冷兵器的威力要大得多。人们这样想，这样思考，所以，火器也随之诞生。中国南宋时期，战火不断，战争就像下得没完没了的雨，纷纷扰扰，遥遥无期。也许是人们想要战争快一些结束，于是便出现了一种以巨竹为筒的管形喷射器火枪，再后来又出现了竹制管形射击火器突火枪，这是世界上最早的管形火器。

元朝时期，中国已经制造出最古老的火炮，这就是火铳。火铳是依据南宋突火枪的发射原理而制成的，被称为现代大炮的鼻祖。公元1234年，元朝军队攻打宋都汴梁，就曾使用百具火铳数，连续几昼夜向城内发射，所射石弹几乎将整个里城填平。1275年，宋元两军大战于长江一线，元军用炮的场面煞是壮观，炮声阵阵，最后宋军惨败。

火铳最早是用铜做的，叫铜火铳，后来发展成用生铁铸造，叫做铁火铳。目前陈列在中国北京的中国国家博物馆里的一尊元代宁宗至顺三年（1332年）铸造的铜火铳，是世界上最早的火炮，比欧洲现存的最古老的火炮要早500年。该尊火铳因其口部形似酒盏，又被称做盏口铳或盏口炮。它的身长为353毫米，口径为105毫米，尾底口径为77毫米，重达6.94千克。铳身刻有"绥边讨寇军"的铭文，说明是用来镇守边防、射杀敌寇用的。

为什么说火铳是最早的火炮呢？原因很简单，因为火铳和火炮的作用原理相同，都是

★公元1332年，中国元代时期制造的铜火铳实物。

利用火药能量将弹丸射出、杀伤敌人。此外，二者的结构也大同小异，都有身管、药室和发火装置。而且为了便于瞄准和操作，它们都有炮架，身管都是用金属做的。相比突火枪而言，火铳具有射速快、射程远、杀伤威力大，使用寿命长和操作方便等优点，因此对后来的兵器发展影响深远，后世的火炮就是在它的基础上改进和发展起来的，结构和基本原理都没有根本改变。

火铳创制出来后，很快便被投放到战场上使用。从火铳的结构特点和实际使用效果来看，与以前的火药火器和突火枪相比，它具有初速大、射程远、威力大、命中率高和操作安全、方便等优点，后世的火炮都是在此基础上改进和发展起来的，在结构原理和基础形状上并没有根本性的改变。在中国元末农民大起义中，不仅元军用火炮杀伤起义军，各路起义军也用火炮还击元军，其中以朱元璋率领的起义军用得最多。

1368年，朱元璋推翻了元朝统治，建立了明王朝。这以后，火铳有了新的发展，其结构工艺和性能更加突出，种类也多，既有铜铸的，也有铁制的；既有轻型的，也有重型的；既有相当于现代迫击炮的短身管大口铳，也有类似现代榴弹炮的身管较长的小口铳。不仅如此，为了提高发射速度，还制成了三眼铳、七星铳、子母百战铳等多管火铳，还有采用几个子铳轮换装填火药和弹丸的方法来提高装填速度的火铳，这实际上就是最早的后膛炮。

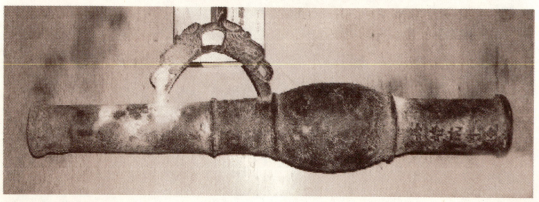

★中国明代铁制火铳

火铳的发明是世界兵器史从冷兵器时代向火器时代过渡的重要标志，它的出现，使兵器制造技术有了划时代的飞跃。从此，火器在改变世界格局的战争中被普遍使用，并发挥了前所未有的巨大作用，一个崭新的兵种——炮兵也应运而生。

欧洲现代大炮
——后装线膛炮

冷兵器时代，一个士兵手里有一把火铳，那就是最完美的武器了。这几乎是每个士兵心中最大的梦想。随着欧洲进入工业时代，各种各样的火器和火炮便像雨后的小草一样，冒出头来。欧洲是现代工业和现代文明的起点，先进的现代工业促进了各种各样的武器的产生。现代火炮是在欧洲火炮的技术基础上发展起来的。13世纪，中国的火药和火器西传以后，火炮在欧洲开始得以发展。

在中世纪的欧洲，流传着这样一个哲学上的命题："是火器带来了战争，还是战争带来了火器？"不管怎样，14世纪上半叶，欧洲便制造出发射石弹的火炮。于是，1346年，在英法克雷西战役上，英王爱德华三世使用了20门火炮，发射石弹轰击法军，给法军以重创。相对于中国的造炮技术，欧洲在当时要落后得多，早期的火炮多用锻铁制造，炮架也很简单，基本上是床式炮架用木墩固定。

可以说，早期火炮大都是从炮口装填弹药，炮膛内没有膛线的前装式滑膛炮，火炮上没有或只有很简陋的

★英国制造的20磅后装线膛炮

瞄准和反后坐装置，射击时往往还需要人工点火，炮弹也只是石制或铁制的实心弹、爆炸弹以及将石头或金属碎块、铅弹装在铁筒内制成的霰弹。17世纪以后，随着科学的进步，枪械和火药技术的发展，近现代火炮逐步发展起来。

1846年，意大利陆军少校G·卡瓦利发明了世界上第一门后装式线膛炮。先前的前装式滑膛炮，一来装填弹药很不方便，二来射击速度慢，更为重要的是弹丸飞行不稳定，射击精度低，射程近。

相反，线膛炮的炮管内有两条螺旋膛线，能使发射后的炮弹旋转，飞行稳定，提高了射击精度，增大了火炮射程。该炮设计了新型的尾部炮闩，实现了炮弹的后膛装填，发射速度明显提高。卡瓦利少校还一改过去的球形弹丸形状，发明了与后装式线膛炮相匹配的具有圆柱形弹体、船尾形弹尾、锥形弹头的炮弹，这也是世界上最早的与现代炮弹外形相似的卵形炮弹。

卡瓦利的一系列发明和设计在火炮发展史上具有极其重要的意义，使火炮本身和炮弹具有了现代火炮的某些特征，是古代火炮向现代火炮迈进的关键一步。

第一门具有现代反后坐装置的火炮，是由德维尔将军、德波尔上校和里马伊奥上尉3人组成的法国炮兵研制小组在1897年发明的75毫米野战炮。这门火炮所采用的长后坐原理本是德国人豪森内研究发明的专利，但德国军队拒绝采用这一专利。法国于1894年从豪森内手里购买了这项专利，并根据它研制了具有液压气动式驻退复进装置的炮架，称之为弹性炮架。炮身安装在弹性炮架上，可大大缓冲发射时的后坐力，使火炮不致移位，使发射速度和精度得到提高，并使火炮的重量得以减轻。弹性炮架的采用缓和了增大火炮威力与提高机动性的矛盾，并使火炮的基本结构趋于完善。75毫米野战炮已初步具备了现代火炮的基本结构，这是火炮发展过程中划时代的突破。

在75毫米野战炮的研制过程中，法国人成功地躲过了德国情报侦察和窃取活动，他们表面上进行弹簧式复进机构的多次试验，将敌方引入歧途。结果，德国人花了九牛二虎之力仿制的法国野战炮，却是一种技术落后的假炮，使德国的炮兵装备落后了许多年。

1914年9月，在第一次世界大战的马恩河战役中，法军炮兵用75毫米野战炮猛轰德军，使其伤亡惨重，为法国的胜利作出重大贡献。法国买来德国人的先进发明专利，又对德国人进行保密和欺骗，还反过来打击德国人。这对德国人来说，真是具有讽刺意味的惨痛的教训。

19世纪末，各国炮兵相继采用缠丝炮管、筒紧炮管、强度较高的炮钢和无烟火药，提高了火炮性能。采用猛炸药的复合引信，增大了弹丸的重量，提高了榴弹的破片杀伤力。20世纪初，火炮还广泛采用了瞄准镜、测角器和引信装订机等仪器装置，由此进入了现代火炮的时代。

力量惊人的大口径巨炮
——臼炮

　　何为臼炮？据历史记载，臼炮是一种口径大、身管短（口径与炮管长度之比通常在1∶12到1∶13以下）、射角大、初速低、高弧线弹道的滑膛火炮。因其炮身短粗，外形类似中国捣米用的石臼，因此在汉语中被称为"臼炮"。

　　最初出现于14世纪，发射石弹。早期的臼炮主要用于攻城战。

　　1377年，中国明朝曾制造了一种臼炮，口径达210毫米，全长仅为100厘米的攻城炮。

　　15世纪，欧洲出现了一种身管短粗的火炮，炮膛为滑膛，无膛线，采用前装弹，发射一种球形实心石弹。在1453年君士坦丁堡攻城战、1489年苏格兰的达姆伯顿攻城战等战役中，攻城一方都使用了大口径臼炮。

　　17世纪以后，随着铸炮工匠研制水平的不断提高，臼炮的种类越来越多，用途也越来越广泛，有的能摧毁坚硬的防御工事，有的能杀伤敌人，还有的专门用来海战。

　　由于古代人类金属铸造工艺不精湛，无法铸造长身管火炮，因此就其弹道特性和身径比来说，19世纪50年代以前的大口径火炮很多都是臼炮，由于臼炮的射角大、弹道弧线

★精致的古代臼炮

高，因此多被用来轰击距离较近、中间隔有山脉等障碍物及无法平射的目标。日俄战争中，日军曾用280毫米臼炮对旅顺展开地毯式轰击，击沉俄罗斯太平洋舰队多艘战舰。

到了19世纪末，臼炮也同其他火炮一样，由前装的滑膛炮变为后装的线膛炮，炮管也逐渐被加长，射程相应增大。

到了20世纪初，第一次世界大战爆发，交战双方军队在欧洲的壕堑战地区广泛使用臼炮轰击对方阵地。第一次世界大战期间，交战国使用了152毫米～420毫米的各种线膛臼炮。德国克虏伯兵工厂制造的臼炮的最大口径为420毫米，重量达900千克，仅装药量就达200千克，最大射程为14千米。因此，这个名叫"大培尔塔"的臼炮体大而笨重。

第二次世界大战前后，意大利、法国、德国、美国等都相继装备了口径为211毫米～420毫米的臼炮。如美军的"小大卫"（Little David，口径为914毫米）、德军的"卡尔"（Mörser Karl，口径为540毫米）等大口径臼炮，其中"卡尔"臼炮曾经用于塞瓦斯托波尔攻城战和1944年镇压华沙起义。

第二次世界大战中，臼炮为新生的迫击炮和榴弹炮所代替，从而逐渐地退出了历史舞台。

如今已是21世纪，这种曾在世界战争史上历经辉煌的臼炮已进入各国的博物馆，成为火炮发展历史的见证。

★第二次世界大战中德军使用的"卡尔"攻城臼炮

中国明代中期主力火炮
——佛郎机炮

中国明代中期，倭寇横行，外患不断，航海大国葡萄牙更是想把中国变成第二个新大陆。中国人需要一种先进的火炮来打退野心日益膨胀的葡萄牙人。

一个漆黑的夜晚，人们都已入睡了。夜安静极了，只见一只小船悄悄地靠近了葡萄牙人的大船，这时，从大船上没有声响地溜下来两个人，神不知鬼不觉地钻进了小船。小船靠岸了，几个人下了船，谁也不说话，一直奔向一间小屋……

这些人是谁？他们要干什么？原来这只小船上坐的是明代广东东莞县白沙巡检何儒，从葡萄牙人的大船上溜到小船上的是给葡萄牙人干活的杨三和戴明。于是，在这个漆黑的夜晚，何儒把杨三和戴明接上了岸，从他们那儿了解到了葡萄牙人的大炮的制法和火药的配制方法。

海道副使汪鋐见何儒真地弄到了葡萄牙人制造大炮的资料，欣喜若狂，马上组织人进行研究，命令手下仿样打造，没过多久，一门仿制的大炮——佛郎机问世了。

当时人们把葡萄牙人的大炮叫做"佛郎机"。"佛郎机"这个词本来是土耳其人、阿拉伯人对欧洲人的一种称呼，因为人们不会读"法兰西"这个词，就读成了"佛郎机"。而葡萄牙是欧洲最早扩张到东南亚的国家，于是，中国人就把葡萄牙叫做"佛郎机"。后来，西班牙人也接踵而来，人们区别不清楚葡萄牙人和西班牙人，就统统称为"佛郎机"。由人及炮，葡萄牙人的大炮也被人们称做"佛郎机"了。

佛郎机炮仿制成功后，马上发挥了威力。明正德十六年（1521年），在汪鋐率兵攻打葡萄牙人占领的屯门的时候，就用上了它。葡萄牙人做梦也没想到，中国军队居然有这么厉害的大炮，他们被打得措手不及，慌忙逃窜，中国军队收复

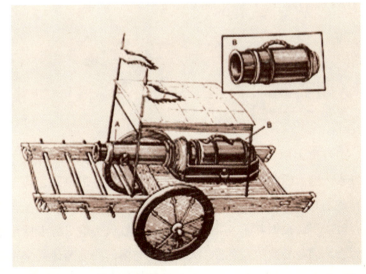

★中国明代时期的佛朗机炮（草图）

★博物馆中陈列的中国明代时期佛朗机炮

了屯门，缴获了大小洋炮20多门。由于佛郎机炮威力强大，人们称它为"大将军"。

除此之外，在明正德十二年（1517年），葡萄牙人安拉德率领装有胡椒等货物的商船开到了屯门岛，他们不顾明朝的禁令，直驶广州怀远驿，当时负责海道事务的广东金事顾应祥出面与他们交涉，葡萄牙人退回了屯门岛，同时献上了一门佛郎机。这门佛郎机有五六尺长，长脖子，粗肚子，炮腹有长孔，有5个子铳，可轮流装药和施放，射程约1000余米。不过这门佛郎机适用于海战，守城也可以用，但用来攻城就不行了。这是中国人得到的第一门洋炮。

佛郎机炮传入中国后，由于佛郎机炮比明朝原有的火炮装填便利，发射速度快，而且装有瞄准器，命中率高，因此，明朝政府开始仿制佛郎机炮。到了明嘉靖十五年（1536年），光是分发给陕西三边的仿制的铜铁佛郎机炮就有2500门，等到第二年（1537年），又发给他们熟铁小佛郎机炮3800门，可见当时制造的数量之大。

后来，中国人对佛郎机炮又加以改造，造出了更新的火炮。这些火炮的出现，表明明代在吸收了西洋技术之后，火炮的制造水平有了进一步的发展。

欧洲名炮
——红夷大炮

红夷大炮，源于中世纪的欧洲。横行欧洲数十年后，在明代后期传入中国，也称为红衣大炮。因此很多人认为红夷大炮是从荷兰进口的，其实当时中国明朝将所有从西方进口的前装式滑膛加农炮都称为红夷大炮，明朝官员往往在这些巨炮上盖上红布，所以讹为"红衣"。根据考证，当时明朝进口的红夷大炮只有少量是从荷兰东印度公司进口，后来因台湾问题与荷兰人交恶，大多数是与澳门的葡萄牙人交易得来的，明朝当时的需求量巨大，葡萄牙人还做中间商将英国的舰载加农炮卖给中国。

明朝前期的自制大口径火铳在原理上与这些红夷大炮是完全相同的，都是前装滑膛火门点火式，但是具体做出来就大有区别了。明朝前期，火铳多以铜为原料，内膛呈喇叭形，炮管显得单薄，以其口径而言炮管显得太短，其外形基本上与现存最早的元代"碗口铳"相同。这种火铳与红夷大炮相比火药填装量少，火药气体密封不好，因此射程近，此外容易过热，射速也慢，以铜为材质虽然不易炸膛，但是费用较高（铜是铸造货币的金属），而且铜太软，每次射击都会造成炮膛扩张，射击精度和射程下降得非常快。作为武器而言，火铳寿命太短，唯一的优点是重量轻。在动辄重数千斤的红夷大炮面前，明朝前期的火铳显得十分落后。

红夷大炮在设计上有很多优点，它的炮管长，管壁很厚，而且是从炮口到炮尾逐渐加粗，符合火药燃烧时膛压由高到低的原理；在炮身的重心处两侧有圆柱形的炮耳，火炮以此为轴可以调节射角，配合火药用量改变射程；设有准星和照门，依照抛物线来计算弹道，精度很高。多数的红夷大炮长在3米左右，口径110毫米～130毫米，重量在2吨以上。

红夷大炮最突出的优点是射程长，对重型火炮而言，射程是衡量其性能的重要环节。明朝自制铁火铳的最大射程不超过2千米，而且要冒炸膛的危险；而一般三千斤的红夷大炮可以轻松打到2千米，最远可达10千米。远射程的红夷大炮结合开花弹，成了明朝末期对抗后金攻城的最强武器。当时的战法为：将后金的骑兵诱入城头红夷大炮的射程内，然后用开花弹集中火力射击，效果显著。

红夷大炮铸造精良，威力不凡。相对于中国的传统火器，从红夷大炮铸造所遵循的"模数"、施放时的"炮表"化、辅助设施的配备、炮弹的多样化、射程的远近（射程可达2千米～4千米不等）、爆炸力的高强度中可看出，其威力着实惊人。但它的局限性也不小，如长于攻城，拙于野战，在守城方面有着劣势。红夷大炮装填发射的速率不高，且炮体笨重，无法迅速转移阵地，因此在野战时，只能在开战之先就定点轰击，当对方情势发生逆转，往往无法机动反应。

1639年～1642年，明清双方展开松锦大战，双方均使用了红夷大炮，明军在关内加紧造炮，清军把红夷大炮用于

★宁远古城陈列的明代红夷大炮

★南京博物院收藏的清代红夷大炮

大规模的野战和攻坚。清军仅松山一役，就调运了炮弹万颗，红夷大炮37门，炸药5000千克，到阵前备用。松锦大战前，清军由于火炮量有限，质量低劣，每次攻城都显得很吃力。松锦开战时，清军使用红夷大炮攻城，往往炸毁城墙近百米，这在以前明清战争史上是绝无先例的。明军对清军火炮的长足进展十分惊讶。松锦大战后，明军关外火炮大多落入清军之手，只有驻守宁远的吴三桂部，尚存有十多门红夷大炮，而此时屯兵锦州的清军已拥有近百门红夷大炮。

1642年，皇太极命汉八旗诸头领率所部炮匠到锦州铸神威大将军炮，1643年又派人赴锦州督造红夷大炮，像这样一批批地遣官造炮，说明当时的锦州已成为清军火器的制造基地。1644年，清军入关后，农民军虽还能利用原有的不成规模的火炮和新制火炮与精于骑射、擅长野战和炮战的清军抗衡，但他们再也无法阻挡以先进的红夷大炮群装备为主的清军。清顺治年间，出于镇压农民军和消灭南明抵抗政权的需要，火器生产的势头有增无减。清廷在北京设立炮厂、火药厂，由兵仗局统一管理，由此导致了清代第二次火器生产的高潮。

不能不说红夷大炮对中国火器的影响是极其深远的，此后二百余年，清朝进行了大量的仿制，盛极一时，可以说红夷大炮的样式已经成为军队火炮的制式，从而压制了其他先进火器的研制和装备。从整体上说，清朝对红夷大炮没有进行过任何技术革新，只是一味加大重量，以求增加射程，火炮的制造工艺远远落后于西方。

第一次鸦片战争时期，虎门要塞的大炮重4000千克，射程却不及英舰舰炮。第二次鸦片战争后，江阴要塞竟然装备了万斤（5000千克）铁炮"耀威大将军"。这些炮看似威武，实际上射程还不如明朝进口的那些红夷大炮，加之开花弹的失传造成与英军对抗时吃亏不小。

19世纪中叶是西方武器大换代的时期，火炮技术大大改进：工业革命使得武器制造业使用了动力机床对钢制火炮进行精加工，线膛炮和后装炮也开始装备军队；火炮射击的理论与战术在拿破仑的实践中有了新的发展；同时因化学研究的进步，苦味酸炸药、无烟火药和雷汞开始运用于军事，炮弹的威力成倍增长。反观清朝的火炮，仍然使用泥范铸炮，导致炮身大量沙眼，炸膛频频，内膛的加工也十分粗糙，准星照门不复存在，开花弹也失传，缺少科学知识的兵勇的操炮技术比不上明朝。两百年前，中国明朝时期的先进武器——红夷大炮在两百年后的清朝已经风光不在，老态龙钟，无法抵御西方列强的入侵了。

反击沙俄的利器
——神威无敌大将军炮

战争给人们带来祸患，所以，人们总习惯发明一种先进的武器去结束战争，这不单单是人们的美好愿望，同时也是一种战略威慑，这就好像两个人打架，一个人用大刀，一个人用机枪。用大刀者，还没出刀，内心就已经无比恐惧了。

是的，在火炮历史上，一门炮改变一场战役，很多门炮改变一场战争的情况数不胜数。在一望无际的东北大平原上，一个健壮魁梧、英姿勃勃的满族将领，骑在一匹高大的战马上，随着他手中马鞭的挥动，一发发沉重的炮弹落在明朝军队的队伍里，那炮声惊天动地，震耳欲聋；那炮弹入地三尺，炸得明朝军队血肉横飞，溃不成军。这门炮是皇太极还没进关的时候，在辽宁的锦州制造的。

这是一门重型炮，炮身长8尺，炮重3800斤，是用铜铸成的，"前龠后丰，底少敛长"，具有清

★雅克萨战争中清军使用的"神威无敌大将军炮"

★大清乾隆十三年造"神威无敌大将军炮"

代大炮的普遍特点。炮身上还箍着四道箍，大炮安装在一辆4轮炮车上。发射的时候，可以在大炮里装5斤炸药，点燃后，射出去的铁弹重10斤，杀伤力极大，所以被人们称为"神威大将军"。清代初期的大炮吸取了西洋炮的先进技术，并有所发展。大炮的形体一般像"神威大将军"一样，为长形筒体，前齑后丰，大炮的长短和口径成一定比例。而且，清代的大炮已经按重量分成了轻炮、重炮两种。

从27斤到390斤称为轻炮，从560斤至7000斤称为重炮。清军入关前和统一中国时用的大多是重炮，像"神威大将军"重3800斤，他们用这些重炮攻打城池，无坚不摧，保证了战斗的顺利进行。后来，平定三藩叛乱的战斗多在山区进行，重型炮不便行军和使用，清政府就造了许多轻型炮来镇压叛乱。此外，清代的神威无敌大将军炮在雅克萨抗俄作战中立下了赫赫战功。17世纪中叶，沙俄派兵侵占了雅克萨，甚至将其编入尼布楚管区，在色楞河与楚库河汇合处建立色楞格斯克，并利用清廷对"三藩"用兵之时，霸占中国大片土地，抢掠财产，残杀中国民众。康熙帝多次派使与沙俄和谈解决边界事端的问题，但对方始终无理拒绝。为了惩罚沙俄的侵略行径，康熙帝决心夺回雅克萨，收复被侵占的大片领土。战前，清廷作了充分的准备，在黑龙江地区增设了10个城池，加强了对该地区的管理和战备，调兵遣将，勘察地形，设驿站、储军需，造船铸炮并派兵驻扎于爱辉、呼玛尔、额苏联里等地。此后，清军用神威无敌大将军炮和红夷大炮等火炮从三面轰击，杀伤城内100多人，摧毁所有城堡和塔楼。第二天早晨，清军又在城下三面积柴，声言要火攻。托尔布津招架不住，乞求投降，率600余人撤往尼布楚。被俘而自愿留住中国的俄军100多人，后编入镶黄旗满洲第四参领第十七佐领。从而被沙俄侵略军窃踞长达20年之久的雅克萨重返祖国。

沙俄不死心，俄军撤回尼布楚后，又拼凑兵力，于同年八月再次来到雅克萨，在旧址上筑起城堡，四处烧掠大清边民，无恶不作。康熙帝又下令黑龙江将军萨布素等率军讨伐。1686年（康熙二十五年）6月，清军2000余人和汉军八旗内福建藤牌兵400人再次进抵雅克萨城下，用神威无敌大将军等火炮日夜向城内猛轰。俄军胆战心惊，挖洞穴居，鏖战4昼夜，800人的俄军被歼只剩下百余人，托尔布津被击毙。接着，清军在城外掘壕围困，截断城内水源，并击败了俄军的5次反扑。俄军伤亡残重，最后只剩下20余人，弹尽粮绝，危在旦夕，被迫请求清军解围。1687年（康熙二十六年）夏，其残部退回尼布楚。

沙俄连吃了两次败仗，内部又矛盾重重，因其战略重点在西方，无力向东方扩张，于是在1689年，俄军退出雅克萨。两国签订了《中俄尼布楚条约》，从法律上确定了中俄东段边界。自此使中国东北边疆获得比较长久的安宁。

在抗击沙俄的雅克萨自卫反击战中，神威无敌大将军炮战功卓著。该炮为铜质前膛炮，上有铭文：大清康熙十五年三月二日造（1676年），炮重1137千克，炮身长2.48米，口径110毫米。筒形炮身，前细后粗，上面有五道箍，两侧有耳，尾部有球冠。此外，炮口与底部正上方有"星"、"斗"供瞄准用，提高了发射的准确率。火门为长方形，每次发射装填1.5千克～2千克火药，炮弹重3千克～4千克。该炮用木制炮车装载，多用于攻守城寨和野战，在两次雅克萨攻城战中发挥了巨大的威力。

清朝的大炮比明代就有了很大的改进，既增强了火炮的杀伤力，又提高了火炮的速度，使得"神威大将军"和它的伙伴们在清王朝统一中国的战争中发挥了巨大的威力，立下了卓越的功勋。

2 榴弹炮

现代战场上的火力猛将

◉ 沙场点兵：隔山打牛的长臂大炮

战争从来都不看老天的眼色，它来的时候比谁都迅猛，但战争却是有着本质的规律：由小战变成大战，再由大战变成小战。所以，战争总是在不断升级，又不断变成无数的局部战争。火炮在战争的淬火中，不断得以改进，欧洲出现现代大炮之后，又出现了榴弹炮。

榴弹炮起初主要用来发射榴弹等弹丸，而榴弹是由形状很像石榴一样的榴霰弹演变而来。早期的榴霰弹就是里面装有石块的石霰弹，后来石霰弹便由球形榴霰弹所取代。提高了榴弹炮的杀伤威力，而且杀伤面积更大。随着战争规模的扩大，人们希望火炮的射程更远一些，打得更准一些，杀得更凶一些。于是榴霰弹就变成了长圆柱形尖头榴弹。虽然它已失去榴霰弹的外形特征。但人们已习惯了"榴弹"的名字，所以仍称它为榴弹。

榴弹炮是野战炮的一种，属于地面压制火炮一类。从形状看，它的身管较粗短，其炮弹飞行的弹道（即炮弹在空中飞行的轨迹）较为弯曲。这种炮所用的炮弹装药多，杀伤和爆破效果好。它还可以采用变装药，能获得不同的初始速度，便于实施火力机动。它主要用来射击不同距离上暴露或隐蔽的目标。人们常用榴弹炮攻击山头背后的工事、碉堡，或桥梁和交通枢纽等。由于榴弹炮爆炸时弹丸破片多，而且均匀地分布在各个方向上，所以尤其适用杀伤集群目标。

◉ 兵器传奇：榴弹一出，谁与争锋

每一种新兵器的出现，都有一段骇人听闻的传奇，榴弹炮亦是。在士兵的记忆里，头一次看到榴弹炮的威力无异于看到地震。

是的，这样的一个传奇故事就这样开始了：在一座小山后面，驻守这里的军队辛辛苦苦、夜以继日地修了一座碉堡，碉堡修好了，大家松了一口气：碉堡修得这么结实，又这么隐蔽，这回可安全了。连大炮也落不到这儿了！谁知两军一开战，突然一发炮弹落到了碉堡上，接着又是一发，又是一发，发发都正中碉堡，顿时，浓烟四起，火光冲天，碉堡里的士兵还没明白今天的大炮射出的炮弹怎么会拐了弯，连这种躲在小山后面的碉堡都被射中了，就都一命归了天。

是谁这么厉害？这就是炮家族的主将榴弹炮。

榴弹炮的炮身短，大约相当于它的口径的20倍-30倍。这样，炮弹在炮管内待的时间就短，火药产生的气体对它的作用就小，所以，榴弹炮发射的榴弹初速度小，射程短，而且榴弹在空中飞过的路线比较弯曲，特别适合于射击隐蔽的目标或者面积较大的目标。那些隐蔽在小山后面的碉堡自然就逃不过榴弹炮的射击了！还有，榴弹炮的炮弹在击中目标时，几乎是垂直落下来的，爆炸后弹片能均匀地飞向四面八方，破坏扎堆成群的目标，所以，榴弹炮常用来发射杀伤能力强或爆破能力强的榴弹。

榴弹又叫做开花弹和高爆弹，它主要是依靠弹丸爆炸后产生的破片和冲击波来进行杀伤和爆破的一种弹药。榴弹的类型很多，用途广泛，平常把榴弹分为三类：杀伤榴弹、爆破榴弹、杀伤爆破榴弹。它们既可以用来杀伤那些暴露在地面上的士兵，也可以杀伤那些隐蔽在堑壕里的士兵，还可以摧毁敌人的各种工事和碉堡。

随着战争的不断扩大，生产力的发展，榴弹炮也在不断得到改进。从15世纪最早的榴弹炮开始，到16世纪就从石霰弹发展到了采用一种带木制信管的球形爆破榴弹，各国部队多用榴弹炮来装备攻城部队和要塞炮兵。

17世纪时，榴弹炮已经用于野外作战。到19世纪，榴弹炮由滑膛炮改为线膛炮，它的球形爆破榴弹也变成了有弹带的长圆柱形弹丸。

在第一次世界大战中，交战双方的陆军部队都装备有榴弹炮。1914年8月4日，德国军队越过比利时边界，比利时军队撤至列日要塞，利用坚固的要塞炮台抵挡德军进攻。8月5日，德军发起攻击，攻城榴弹炮一齐发射。德军步兵在大炮的掩护下，发起冲锋，但均

★用于野外作战的榴弹炮

被比利时军队击退。德军动用大口径攻城榴弹炮，其中最大口径达到420毫米，可把一吨重的炮弹发射到15千米以外。在大口径攻城榴弹炮的猛烈轰击下，列日要塞9座炮台被摧毁。到8月16日，列日要塞最后一座炮台也被摧毁，德军攻占了列日要塞。

二战期间，榴弹炮更是得到广泛的应用。德国法西斯在最后时刻，用榴弹炮来防守柏林的德国国会大厦。在通往国会大厦的道路上，德国18式105毫米榴弹炮到处可见，在国会大厦及附近建筑物楼顶上也架设这种榴弹炮，德军想以此作垂死挣扎。1945年4月29日，苏军把152毫米、203毫米榴弹炮运进柏林市区，对国会大厦进行强攻。德军的轻型榴弹炮敌不过苏军的大口径榴弹炮，不是被摧毁，就是被打哑，德国法西斯最后被苏军制伏，不得不服。

目前，榴弹炮在战争中发挥了极大的作用。各国的榴弹炮中，最好的有美国的M109式155毫米榴弹炮，法国的M50式155毫米榴弹炮，以及苏联的M63式122毫米榴弹炮等，它们的最大射程可达30000米，最高射速为每分钟10发。

🔘 慧眼鉴兵：火器至尊

榴弹炮一出，便赢得了火器至尊的美名，因为它的威力大，可以大面积地杀伤敌人的有生力量，而破坏敌方的工事、地堡、指挥所等军事设施这种战斗，在榴弹炮眼里根本就是小事一桩。

★正在装弹药的美国M102"眼镜蛇"榴弹炮

榴弹炮可以执行多种战斗任务，战斗用途广泛。按机动方式不同，榴弹炮可分为牵引式和自行式两种。牵引式榴弹炮就是由牵引车牵引的榴弹炮，二战后出现了许多新的型号，如美国的M102"眼镜蛇"榴弹炮、英国的L118"长颈鹿"榴弹炮和"骑士"榴弹炮、奥地利的GHN45式155毫米榴弹炮、法国的M50式155毫米榴弹炮、俄罗斯的M63式122毫米榴弹炮。

自行式榴弹炮是像坦克一样，通过人员驾驶，能够"自行"的车炮一体的榴弹炮，比较典型的主要有苏联的74式122毫米自行榴弹炮，美国M109A2式155毫米自行榴弹炮，英国AS90式155毫米自行榴弹炮，法国F1式155毫米自行榴弹炮，日本75式155毫米自行榴弹炮，美国Mli0A2式203毫米自行榴弹炮等。

自行榴弹炮是同车辆底盘构成一体、靠自身动力运行的榴弹炮。它越野性能好，进出阵地快，多数有装甲防护，战场作战力强，便于和装甲兵、摩托化步兵协同作战。

"斯大林之锤"
——苏联B-4榴弹炮

🚫 "庞然大物"：B-4榴弹炮艰难面世

苏军以炮闻名。如果说作战中用坦克是德国的传统，那么作战中用炮便是苏联的传统。苏军对待炮，有着一种天生的敏感与特殊的情结，他们总是害怕自己的部队在炮火方面落后于别人。在这样一个传统里，苏军于1926年发起了一项现役火炮改造计划。

当时，苏军装备的火炮口径很小，在城市攻坚作战时，这种小口径火炮的弱点暴露无遗。所以，苏军研制了口径为203毫米的攻坚火炮，为攻坚战作了准备。1926年5月17日，苏联国防人民委员会和炮兵总局召开扩大会议，批准了红军现役火炮改造计划。苏联国防人民委员会将此重担交给了彼尔姆兵工厂的火炮工程师弗·费·伦杰尔，由他负责整个项目进度，并负责研制火炮身管及炮瞄器材。经过多方谈判，炮架由布尔什维克工厂提供。

项目开始时，彼尔姆兵工厂和布尔什维克工厂相继拿出了4种火炮方案，最终尼·伊·马格达斯夫和阿·格·加夫里利夫联合提交的"15172工程"方案获得批准，该方案采用轻型坦克的行走装置。最终，火炮设计图纸于1928年1月末全部完成，可是后面的制造工作却进展得很缓慢，因为布尔什维克工厂在制造过程中发现原始方案里有诸多设计缺陷，纸面上的性能根本无法实现，另外相应的生产配套设施也跟不上。苏联炮兵总局

★B-4型M1931式203毫米榴弹炮参加莫斯科红场检阅的场面

局长库利克也不看好这种火炮，并数次下令停止对203毫米口径火炮的生产，以便集中精力生产ML-20型152毫米榴弹炮。

尽管面临着各种困难，但203毫米火炮仍于1930年11月被组装完毕，并被迅速投入试验中。试验工作进行了1年，其间苏联火炮设计局对火炮进行了多达146处修改，但仍存在不少缺陷。在没有完全消除隐患的情况下，该炮定型为苏联B-4型M1931式203毫米榴弹炮，并于1931年6月开始装备苏军，并开始在布尔什维克工厂投产。苏军之所以要得这样急，是因为斯大林非常偏爱大口径火炮，对其开发和生产进度抓得非常紧。

B-4型M1931式203毫米榴弹炮只装备最高红军统帅部控制下的炮兵预备队和集团军属炮兵营，直到1939年，B-4榴弹炮在各种演习中都没有上佳的表现，但却是各种阅兵仪式上的宠儿。在1931年～1941年，苏联在莫斯科、列宁格勒、基辅和哈尔科夫举行的各种阅兵活动中，都出现了B-4榴弹炮的身影，它成为苏军强大实力的一种标志。

实际上，参加阅兵式的B-4榴弹炮并没有装备作战部队，而是装备了一些训练用的火炮，其中一些因缺少重要部件而无法发射炮弹。即使是交付作战部队的B-4榴弹炮也很少开火，主要原因是基层部队得到了命令，必须爱惜这些庞然大物。

B-4榴弹炮一般编入集团军直属预备队炮兵营，每营12门，主要任务是实施高射界射击，毁伤距战斗地域前沿较远的敌目标，也可用来摧毁敌土木工事。

⊘ 形体巨大——被称为"装在拖拉机上的怪物"

★ B-4榴弹炮性能参数 ★

口径： 203毫米

战斗全重： 15.8吨

身管长： 5.087米

带膛线部分身管长： 3.981米

最大发射速率： 前2分钟1发，以后

是1分钟1发

炮口初速： 607米/秒

射程： 17.5千米

炮组成员： 15人

　　B-4榴弹炮看起来像是一个装在拖拉机上的怪物，体形庞大，样子怪异，难怪这种榴弹炮如此受到苏军的厚爱，成为阅兵式上的常客。

　　另外，B-4榴弹炮具有良好的弹道性能和较高的射击精度，战斗部重达15.8吨。由于炮身重量太大，设计人员为它配置了履带式炮架，该炮架重11吨，采用的是"共产国际"

★俄罗斯中央炮兵博物馆中的B-4型榴弹炮

重型履带式拖拉机的底盘，可以为火炮提供有限的机动能力。B-4榴弹炮被称做"装在拖拉机上的怪物"。

B-4榴弹炮的炮架尾部装有辅助轮用于牵引，牵引速度大约为15千米/小时，由于苏联冬天大部分地区都是冰天雪地，而且冰雪融化后道路经常是泥泞异常，这对大重量的火炮机动是非常不利的，对于战斗全重达15.8吨的B-4榴弹炮来说，加装履带后机动性的提高相当明显。

B-4榴弹炮采用特殊的双重驻退复进系统，是苏联最早配备该系统的火炮，射击时非常稳定。双重驻退复进系统的第一部分是与普通火炮相同的炮身后坐装置，第二部分则在火炮的炮床上，炮床可沿着大架上的滑轨滑动。炮身绕耳轴俯仰，高低和方向转动均为手动式。

B-4榴弹炮虽然是个体形庞大的火炮，但它可在很少的外部设备支援下迅速转入战斗状态。当火炮射击时，其底盘后段会向下调低姿态，同时将车尾驻锄插入地面，形成稳固的射击平台。

B-4榴弹炮的内膛膛线数达到64条，炮管重量达5.2吨。苏联人为B-4榴弹炮准备了一系列弹药，包括混凝土穿透弹和特殊的尾翼稳定炮弹等，后者的弹头以铬钒合金制造，长度达1米左右，由于它的材质密度非常高，能加大弹头的贯穿力。

★采用双重驻退复进系统的B-4榴弹炮

B-4榴弹炮的炮弹弹体装有厚重的弹壳，能承受贯穿时所受的冲击力，弹体后端装有4片钢制弹翼，并以外筒包住。当炮弹冲出炮口后，外筒自动脱落，4片弹翼靠弹簧机构的作用自动跳开，使弹道能维持稳定，弹头依照惯性集中的原理，最大可贯穿4米厚的强化混凝土工事。B-4榴弹炮的炮弹为分装式弹药，炮架左侧装有一个小型起重机用于装填弹药。

无论是火力，还是口径，B-4榴弹炮都可以算是炮中极品了，对于德军来说，B-4榴弹炮摆在那里，就是一个震慑他们的重锤了。

◎ 初上战场：苏芬战争中锋芒毕露

1939年，苏芬战争开始，B-4榴弹炮也第一次走上了战争的舞台，当时苏军主力从卡累利阿方向杀进芬兰，结果在芬军预先修筑的曼纳海姆防线上吃了大亏，只携带有152毫米以下口径火炮的苏军难以摧毁用高标号水泥修筑的芬军火力点。情急之下，苏联第二任西北方面军司令员铁木辛哥元帅向斯大林申请调用B-4榴弹炮，并获得批准。为确保这种战略武器不致落入敌人之手，斯大林专门责成炮兵主帅沃罗诺夫亲自监督使用，所有参战炮兵均是军事技术和政治思想双过硬的佼佼者。

1939年12月19日，1个4门制的B-4榴弹炮连悄悄抵达霍京恩前线，这些被士兵们称为"卡累利阿塑像"的庞然大物要为苏军第20坦克旅扫清进攻道路上的障碍。据侦察部队报告，芬军在对面丘陵地带内构筑了40多处永备火力点，这个强大的火力网令苏军屡攻不克。B-4榴弹炮连连长马赫波诺夫在实施射击前一天便将火炮推进到距芬军工事仅250米～350米的掩蔽工事内，他决心用直瞄射击的方式，给芬军的防卫工事以毁灭性的打击。这样做非常冒险，号称"白色死神"的芬兰滑雪

★正在装弹上膛的B-4榴弹炮

★苏芬战场中的B-4型榴弹炮

部队随时可能冲出来抢夺这些庞大而贵重的火炮，而马赫波诺夫身边只有不到两个排的警卫步兵。

万幸的是，芬军没有察觉。12月21日拂晓，马赫波诺夫下令开火，巨大的爆炸声响彻了寂静的原始森林，许多苏联炮兵被震得耳鼻出血，一些人甚至失聪。B-4榴弹炮的炮击极其突然，芬军火力点还未展开反击便被彻底荡平，经过一个半小时的密集射击，苏军坦克营终于向前推进了2.3千米~2.5千米。这次突破具有全局性的作用，使苏军绕到曼纳海姆防线的后方，造成芬兰守军的恐慌情绪，一些苏军久攻不克的永备工事罕见地停止了射击，因为里面的芬兰人已落荒而逃了。

由于这次炮击发生在苏芬交界的霍京恩前线，所以苏联人称之为"霍京恩炮击行动"，这次炮击行动的成功鼓舞了苏军大规模使用B-4榴弹炮的热情。据统计，在1940年2月1日至3月13日最后阶段的作战中，苏军共投入二十多个B-4榴弹炮炮兵连，进行了多达270余次压制射击。这些炮兵连屡屡效仿马赫波诺夫的"炮兵上刺刀"的战法，把火炮推进到前沿250米~350米处，以求得到最佳打击效果。当然，苏军为掩护这些"无价之宝"往往要投入更多部队，1个B-4榴弹炮炮兵连周围一般添配了1个营的步兵、1个76毫米榴弹炮炮兵营、10挺重机枪和8挺轻机枪，外加5辆坦克。

苏芬战争结束后，炮兵主帅沃罗诺夫在汇报总结中指出，虽然B-4榴弹炮在克服芬兰工事方面显示了威力，但操作者的技能实在让人担忧，他们因平时过于爱护装备而缺乏精确射击的训练，"在实际操作中，摧毁芬军一个永备工事，至少需要耗费8发～14发炮弹……虽然上级要求炮兵不必珍惜炮弹，只要能彻底消灭目标即可，但体形庞大的B-4榴弹炮在射击阵地上待得越久，死亡的威胁就越大"。

◎ 扬名天下："斯大林之锤"二战显圣

1941年，希特勒和古德里安对苏联发起了震惊世界的闪击战，苏联人惊慌失措，在最初的六个月里，丢掉了大片国土，在接下来的反击战中也是溃不成军。苏联的国宝B-4榴弹炮因为机动性不强，被德国人缴获大半。德国士兵缴获这种榴弹炮之后，大为吃惊，试射的结果表明，B-4榴弹炮的威力不次于德国的火炮。于是，希特勒一声令下，将B-4榴弹炮贴上了德国的标签，编入德军序列，让B-4榴弹炮这个庞然大物为德军服务。在接下来的战斗中，B-4榴弹炮反过来给苏军造成了不小的杀伤。

直到1943年库尔斯克坦克大会战结束后，苏军真正转入战略大反攻，B-4榴弹炮的威力终于得到全面发挥。在哈尔科夫、齐尔卡塞、哥尼斯堡、坦泽和波森等重大城市攻坚战役中，B-4榴弹炮摧毁了无数坚固的钢筋混凝土工事，特别是在1944年6月10日的列宁格勒保卫战的战线上，由维德门德科少校指挥的两个B-4榴弹炮连摧毁了用钢筋混凝土加固的地下碉堡，其中1发炮弹打穿地下三层楼板后才爆炸，使德军士兵惊恐地将B-4榴弹炮称为"斯大林之锤"。

★苏联时期B-4型203毫米榴弹炮随苏军攻克柏林

★苏联的镇国利器——203毫米B-4榴弹炮

　　1945年4月，苏军开始攻击柏林，希特勒龟缩在铜墙铁壁的德军司令部里，准备最后一搏。4月28日，柏林巷战开始，坚守兰德维尔桥头堡的德国掷弹兵仍不肯放弃抵抗，苏军劝降的传单也被他们拿来卷烟。由于兰德维尔桥头堡太过坚固，苏军的小口径火炮射了一天的炮弹也奈何不了它，所以，苏军需要大口径的火炮来攻击德军的建筑物。

　　刚开始时，苏军调集了152毫米炮，攻击德军坚固的建筑物，但仍达不到效果。一轮炮袭过后，德军士兵坐在兰德维尔桥头堡上兴高采烈地抽着烟，似乎在故意挑衅苏军。

　　突然，有几个德军士兵从炮队镜中发现河对岸的一些异常，和自己对射半天的苏军坦克纷纷后撤，几十个庞然大物在拖拉机和坦克抢救车的前拉后推下一字排开。

　　原来，苏军调来了自己的镇国利器——203毫米的B-4榴弹炮。苏军新一轮的火炮攻击也开始了，并制定了相应的攻击战术：对于已发现的德军工事和街垒，苏军的重型火炮时常在200米～300米的距离上进行直接瞄准射击；如果是对强击支队的火力支持，以400米纵深为界实施密集射击，对更大纵深只射击广场、十字路口和拐角建筑。编入强击支队和强击群的火炮在攻击建筑物时，以大口径B-4榴弹炮和重型自行火炮向地下室和建筑物低层射击，中小口径火炮则向建筑物中层和高层窗口射击，迫击炮向屋顶射击，掩护强击群接近建筑物。配属于强击群的工兵，在强击群内担任在废墟和障碍物中开辟道路和扫雷的任务，此外工兵还对建筑物和其他工事实施侦察，进行坑道作业，同火灾作斗争，同时担负对坚固建筑物的爆破任务，喷火分队则用来消灭坚固工事和坑道内的敌人。

　　一阵隆隆的炮声，振聋发聩。"大家赶快离开！快！"见识过这种"怪物"的老兵发出惊呼，阵地上一片混乱，即便是党卫队督战官也难以制止。很快，这些"怪物"终于印证了德国老兵的不祥预感，炽烈的火舌瞬间将兰德维尔桥头堡吞没……创造这一战绩的正是被德国士兵称为"斯大林之锤"的B-4榴弹炮。

在B-4榴弹炮强大的火力攻击之下，德军士兵非死即伤，纷纷败下阵去。苏军也因此阔步前进，顺利赢得了柏林巷战。

二战结束后，苏联仍将B-4榴弹炮的生产线维持了4年之久，直到1949年新一代300毫米口径自行迫榴炮问世，才将B-4榴弹炮停产。

据统计，苏联总共生产了1211门B-4系列榴弹炮，直到今天，它仍是圣彼得堡炮兵博物馆里的"伟大杰作"。

百战重炮
——德国SFH18榴弹炮

◎ 为"闪电战"而生：SFH18出世

世界上往往有这样一种事物，它未必是最好的，但它往往最适合某种理念。德国制造的SFH18榴弹炮就是如此，它是为闪电战而生的武器。

★二战中，德军的大部分SFH18牵引式榴弹炮采用的是8吨的Sd Kfz7半履带牵引车。

SFH18榴弹炮于20世纪20年代后期开发，预定取代当时已经过时的SFH13榴弹炮。为了逃避英法等国的监视，德国一方面采用多公司合作的方式研制SFH18榴弹炮（炮架以及底盘为克虏伯公司研发，炮身为莱茵金属色司制造），另一方面以"18年"命名，让英法等国认为SFH18榴弹炮是大战结束前设计的，此次回避《凡尔赛和约》的限制。

1930年初，SFH18完成研发，于1935年5月23日开始在德国国防军服役，随后在希特勒的扩军政策下被大量生产，成为二战前德国的陆上重火力支援装备并被持续生产至二战结束，产量高峰期为1944年的2295门，在战争结束停产前德国总共生产了5403门SFH18榴弹炮。

虽然德国在战争中大量使用这种火炮，但是与各国的主力榴弹炮相比，SFH18不能算是优秀装备，苏联当时的主力A-19式122毫米榴弹炮的最大射程可达20千米，这种射程劣势使得德国面对苏联炮兵无法进行有效回击。由于德国在开发此炮之后研发的新型大口径榴弹炮都不成功，为了增加SFH18的射程，因此在1941年设计出火箭推进榴弹并配发至前线，此炮也是世界上第一款使用火箭推进榴弹的榴弹炮，不过使用火箭推进榴弹一方面程序烦琐，另一方面准确率不高，虽然可以增加3000米的射程，但是因配发后不受好评而快速退出前线。

除了火箭推进榴弹以外，后续改良仍回归至炮身以及装药的改进。借由特殊7号以及8号装药，SFH18的射程成功延伸至15千米，但是伴随而来的后坐力增加以及磨损问题使得研发厂商在火炮上安装炮口制退器以及更改炮身制造工序以符合火炮寿命的需求，新造的火炮被赋予SFH18M的代号并成为后期德国陆军炮兵的主要武器。

★二战中，德军的部分牵引式SFH18榴弹炮用马来牵引。

虽然说SFH18是为了闪击战之需求而设计制造，可是由于德国自身机械化能力不足不可能让火炮通通使用半履带车拖曳，真正上战场时不少SFH18还是使用马拖曳，因此推进速度无法追上真正的机械化部队；加上SFH18并没有安装悬吊系统，就算用机械车辆拖曳速度仍然无法让德军满意，所以SFH18在战争中期也积极地进行自走化开发。1942年德国将SFH18搬到三号坦克以及四号坦克的底盘上并量产这款自行火炮，这款自行火炮被称为"野蜂"式自行火炮。

战后，大量SFH18作为战利品服役于阿尔巴尼亚、保加利亚与捷克陆军，捷克陆军的SFH18炮管口径被磨成152毫米以符合陆军的弹药口径，此种改变口径的火炮编号为vz18/46。

🚫 二战德军主力：首次使用火箭增程技术

★ **SFH18榴弹炮性能参数** ★

口径： 150毫米

战斗全重： 5.53吨

枪管长： 4.45米

炮口初速： 515米/秒

射击仰角： –3度～+45度

最大回旋角度： 中心线左右30度

射程： 13.325千米（SFH18、8号榴弹）

15.100千米（SFH18-32L、SFH18M、特殊8号榴弹）

18.200千米（SFH18M、火箭推进榴弹）

SFH18是纳粹德国在第二次世界大战中的主力重型榴弹炮，每个步兵师皆配属了12门作为师重火力支援。虽然实际口径只有150毫米，但是因为前身SFH13榴弹炮也是相同口径，所以SFH18延续了这种命名方式。

SFH18的最大特点就是首次使用了火箭增程器，这使得它看起来是那么与众不同，尽管它本身有很多缺陷，例如射程不足、精确度不够，但这些都不能阻止它成为二战中德军最重要的火力压制武器。另外，SFH18与中国有着很深的渊源，虽然它在欧洲战场上表现不佳，但在抗日战争的战场上却发挥了巨大的作用，可谓是："墙内开花墙外香"。

🚫 初来中国：SFH18与中国的神秘渊源

抗日战争之前，德国与中国的国际关系曾有着一段甜美的"蜜月期"。

1928年底，德国方面派鲍尔上校来华担任军事顾问，开启了中德军事交流。国民政府决定以德国体制来建立新的中国军队。德国装备与德式训练自然也跟着而来。

★二战时期正在作战的SFH18榴弹炮

1934年，大量的德制装备开始运到中国，在一批价值1500万银元的军火中，包含24门150毫米重型榴弹炮（即德军SFH18），20门37毫米战防炮（即德军Pak35/36），数千支毛瑟二四型步枪，数千支捷克造轻机枪（即德军ZB-26），与瑞士奥利根公司合作生产的20毫米机关炮，此外西门子的通讯器材、蔡司望远镜、德制轻战车、架桥器材、防空探照灯等装备，开始进入中国部队服役。

1936年，德国运交中国2300万马克军火，1937年德国运交中国8200万马克军火，其中有150毫米要塞大炮（用于长江江防）、高射炮、步枪、机枪、迫击炮、重机枪、大批各式弹药、M35钢盔，以及鱼雷240枚、快艇、若干通信器材，还有制钢、炼焦、化工、兵工生产机具等设备。一时间，在南京附近可以看到戴着德国M35式钢盔的中国兵操作的德国制88毫米口径的高射炮、德国制75毫米炮、博福斯炮，以及其他德国武器在南京街上列队行进。相对于中国需要德国的协助，德国有求于中国的是稀有战略金属——钨矿砂，它是制造钨合金钢的关键材料，与制造枪炮有密不可分的关系。当时亚洲的产量占全球产量的80%，中国华南地区的产量又占亚洲第一，中国的钨产量占有世界举足轻重之地位。双方议定用以货易货的方式来进行贸易，中德两国通过这样的双边经济往来均深蒙其惠。

1934年，国民政府从德国进口了第一批共24门莱茵金属公司生产的32倍口径的150毫米榴弹炮，当时对那批榴弹炮要求的射程是15千米，而30倍口径的SFH18的射程只有13千米，不能达到要求。于是莱茵金属公司专门为中国设计了这种32倍口径的150毫米榴弹炮，并最终在几个厂家的投标中胜出。该炮中方的全称是"32倍15厘米重型榴弹炮"，简称"32倍15榴"。由于莱茵金属公司也是SFH18的制造商之一（克虏伯公司生产炮架，莱茵公司生产炮身），所以这种火炮和SFH18有着密切的渊源。这批重型炮的引进也颇费周折，由于德国外交部、国防部、经济部在对华政策上有分歧，1934年春，国民政府订购的24门150毫米野战重型榴弹炮遂被禁止于1935年交付运抵中国，甚至德方一度连1936年是否运交也不置可否。国民政府订购这批重型炮是为了组建重型榴弹炮兵团，德国迟迟不交货，此事只好一拖再拖。所幸后来德方在1936年年底交了货，国民党陆军摩托化重型炮团才得以建立（即炮兵第10团），而这比原计划晚了近两年的时间。

1936年，国民政府又从德国进口了24门150毫米榴弹炮，这批就是德军在二战期间使用的SFH18。据当年接收人员回忆，这批火炮其中有一些明显被使用过，有的炮身上甚至还标有德军的番号。这让人联想起国民党军队向德国订购的M35钢盔，当时德军自己也刚刚开始换装M35钢盔。但由于中国要货要得急，以致当年德国生产出的M35钢盔要优先供给中国。

用德军武器打日军：SFH18中国战场初建功

1936年的中国，鉴于全面抗战迫在眉睫，南京国民政府紧急向德国和卜楼洋行采办大量军火。蒋介石的心腹爱将、炮兵专家陈诚通过外文杂志得知，德国国防军新装备了世界领先的SFH18型150毫米重型榴弹炮，它射程远，威力大，如果能够装备中国军队并用于未来的抗日战场，那么将会增强中国军队炮兵的作战实力。

于是陈诚千方百计地游说和卜楼洋行把这种火炮也列在采购清单上。由于国民政府要货非常急，德国把自己部队刚刚装备的SFH18型大炮也装箱发给中国。专赴香港验收的人员发现炮身上还有德军部队的标记。

根据德国军事顾问法尔肯豪森的建议，国民党军的第36、87、88德械师把这些从德国、瑞典买来的少数先进火炮集中编成独立炮兵旅或炮兵团，统一使用，达到支援作战的目的，其中SFH18型榴弹炮全部集中配给了第10炮兵团。

由于SFH18型150毫米榴弹炮的重量过大，已超出骡马所能拖载的限度，第10炮兵团还配备了德国产亨合尔Typ33G1牵引车。

1937年7月7日，日军发动卢沟桥事变，抗战全面爆发。在华北战场炮火连天、硝烟弥漫的同时，国民政府统帅部主动开辟华东战场。最为现代化的炮兵第10团，装备德国金属厂150榴弹炮24门，于8月11日动员开赴上海参战，最初为1个营，后来为2个营。

1937年"八·一三"淞沪抗战爆发后，炮10团成为首批参战部队，由于这支重型炮队伍对于当时缺少重型武器的中国军队而言实在是太宝贵了，所以并没有派往一线战场作战，而是将装备有SFH18型150毫米榴弹炮的炮10团安

★中国抗日战场中的SFH18

排在步兵、野炮、师属炮营之后的第四线，主要依靠自身高达15千米～20千米的远射程对日军基地进行远程打击，因此炮10团往往根据其他友邻部队提供的信息进行"隔山打鬼"的游击炮战。

1937年9月中旬，日军将新占领的跑马场空地作为临时野战机场，对中国军队构成了极大威胁。9月下旬某天，炮兵第10团奉命派遣一排炮兵摧毁日军跑马场空地的临时野战机场。炮10团秘密派出两门火炮到真如镇建立临时射击阵地，每门备弹50发，各项射击诸元也早通过侦察兵预先测量完毕。

当晚10点，排长张士英命令火炮开始发射。两门"德国炮神"以10分钟急速射击的威力，向跑马场倾泻大量炮弹，慌乱中的日军赶紧呼叫停泊在黄浦江的军舰予以反击，但他们根本没想到中国能有射程超过10千米的火炮，结果日舰打来的炮弹都落在远离火炮阵地的位置。事后得知，这次炮击摧毁了敌机数架，炮10团因此获得嘉奖，并获得赏金2000银元。

不过，随着炮10团的出现频率日益增多，日军也渐渐知道了它的厉害，于是千方百计地派出间谍寻找10炮团的位置，并派出飞机进行尾随轰炸。为了避免损失，炮10团不得不每次炮击后都立刻转移隐蔽，夜间再重新进入阵地开火。

在这段漂泊不定的日子里，还发生了一段后来被传为神话的小插曲。有一次团侦测队在真如镇构筑工事时，居然从地下意外掘到180块银元，报缴炮兵总指挥部后复批："犒赏官兵。"此事后来变成了"将军炮立威杀敌，土地爷地下孝敬"的传说故事。

或许读者朋友不相信这些神鬼之说。但是有意思的是，炮10团在抗战期间从上海打到武汉，再从长沙打到缅甸，一路血雨腥风，竟然建制不乱、装备不少、人员不缺，确实是个奇迹。特别是在1941年第三次长沙会战中，炮10团在长沙岳麓山上只部署了两门SFH18大炮，就给予日军以重大杀伤。

🚫 长沙保卫战：SFH18功不可没

1941年12月7日，日军偷袭珍珠港，太平洋战争爆发。为策应香港作战，日军第十一军集结第三、第六、第三十四、第四十师团等部约12万人再度于湘北发动攻势，并演变为第三次长沙会战。第9战区吸取第二次长沙会战的教训，决定将战区直辖炮兵全部部署在岳麓山占领阵地，对长沙外围阵地及核心阵地狙击，特别对天心阁及其东南地区准备歼灭射击。

与长沙隔湘江相望的岳麓山，其主峰海拔为295米，在其周围绵延分布着凤凰山、天马山、桃花岭等9个小山头，南北朝刘宋时的《南岳记》就提到："南岳周围八百里，回雁为首，岳麓为足。"紧邻古城长沙的这座名山，因其横亘于长沙市区西面，对长沙城具有瞰制的地形地势，使其成为抗战时期湖南战场极为重要的一个军事制高点。

第二次长沙会战结束后，第9战区的炮兵指挥官王若卿与炮兵第二团第二营营长董浩等人积极备战，对长沙周围进行了测地，特别是将长沙近郊及城内可资为标志的建筑物，详细地加以测量，制成了二万五千分之一的标点图，使战斗展开后，炮兵能根据步兵的请求，依照调制完善的标点图上的射击指令而立刻开始射击，后来的事实证明，此举对步炮协同、誓守长沙起到了不可估量的作用。

★长沙会战时第9战区炮兵总指挥王若卿在SFH18榴弹炮旁的留影

1942年1月1日，日军第三师团第十八、六十八联队开始攻击长沙城外东南阵地，守军预备第十师第二十九团受到重创，日军第三师团进一步将善于夜战的加藤大队投入战斗，薛岳命令炮兵射击，王若卿指挥官令董浩营长亲自发号施令，董营长早已通过炮队镜详加观察，信心十足地大声喊道："二号装药！榴弹，瞬发信管！全连！四千五百！递加一百，三距离，各放一发！"随着董营长一声令下，炮兵第一团第九连的两门博福斯山炮开始急袭射击，紧接着炮兵第二团第二营第一连的4门俄造野炮也加入炮击，湘江东岸长沙城东南阵地顿时被烟雾笼罩，持续30分钟的炮火将加藤大队第五、八中队压制在前沿阵地无法抬头，并与加藤大队的大部队失去了联系，守军预备第十师第二十八团得以在午夜击毙加藤素一少佐。

1月2日晨，长沙南门和东门同时出现激烈战事。岳麓山8门火炮全部动山摇般地怒吼！炮兵指挥官王若卿在妙高峰、杜家山发现日军的炮兵观测所，毅然调整火力，使用炮兵第十四团第四连两门苏制SFH-18150毫米榴弹炮向其猛烈轰击，日军第3师团师团长丰岛房太郎刚巧进入观测所，生猛的炮火成功破坏了观测设备，压制了日军炮兵。向南门东西一线发起进攻的的野联队也被杀伤不少，炮弹坑像鱼鳞般排列得层层有序。

由于各炮长时间实施射击，部分炮管因发射过久而变得灼热，官兵们牢记《炮兵操典》里的一句话，"炮是炮兵的第二生命，炮是炮兵的爱人"，纷纷抱着沾了水的棉絮包裹炮身以使其降温。尽管如此，还是有一门苏制m1900/3076.2毫米野炮炮管灼烫红透，引起炸膛，好在事先有所防范，人员无伤亡。

1月3日拂晓，日军第六师团第二十三联队第十二中队急袭长沙城北侧阵地，13时左右推进到湘江畔，炮兵第十四团第四连的德造榴弹炮奉命进行炮击，炮弹呼啸划过长空，日军不断出现死伤。识字岭、东瓜山阵地告急，第三师师长周庆祥、预备第十师师长方先

★长沙会战中的SFH18榴弹炮

觉纷纷请求炮火支援，岳麓山炮兵忙开了锅，董浩营长分析战情，将一门博福斯山炮对准进攻识字岭的日军进行射击，董营长大声发令："三号装药！第二炮发射！方向盘！两千八百！高低正十二！一发！"炮声响起1分钟后，改用较大幅度的摆射，形成扇面射击，日军人仰马翻，识字岭险情瞬间缓和。日军飞机以三架、五架至10多架轮番助战，向我炮兵阵地投掷了烧夷弹，因为战前构筑了隔火道，所以火势没有大面积蔓延。

1月4日凌晨2时，第七十七师将突入南门的日军赶出城外后，向黄土岭的敌人发起了反击，薛岳下令炮兵予以炮火助威，预备第十师第二十八团乘势收复东瓜山阵地。日军第六师团在下午冲入湘雅医院，炮兵在战前曾把湘雅医院作为标志性建筑物进行测量，炮兵第十四团第四连迅速轻车熟路地调整炮口，先行交叉射击，炮弹准确地落在医院前后门，将敌退路封锁，进而施行歼灭性打击，官兵们飞快装填发射，炮弹所到之处，日军血肉横飞，非死即伤。日落时分，日军执行撤退命令，枪炮声渐渐在长沙消失。

第三次长沙会战，在中国军队的前堵、侧击和追击下，日军惨败，中国军队取得重大胜利。珍珠港事变以来日本的南方军，在百日之内，就横扫盟国在亚洲所有的据点和要塞。中国在三次长沙会战中获得大胜，是同盟国在这一时期亚洲战区中唯一的胜利。

英国《泰晤士报》发表社论说："12月7日以来同盟军唯一决定性的胜利系华军的长沙大捷。"蒋介石评价："此次长沙胜利，实为'七七'以来最确实而得意之作。"此役中SFH18型150毫米榴弹炮强大的威力发挥了巨大作用，有效压制了日军炮兵并大量杀伤日军步兵，为战役的胜利立下了功劳，为中国的抗日战争作出了贡献。

"帕拉丁战神"
——M109自行榴弹炮系统

🚫 被改造的牧师：M109艰难出世

第二次世界大战中，美军机械化炮兵的标准装备是M7"牧师"105毫米自行榴弹炮，另外还有少量M37式105毫米自行榴弹炮。二战后，美军装甲师的指挥官们觉得有必要装备更大口径的155毫米自行火炮作为105毫米火炮的强有力的补充，因而在1945年，用M41式155毫米自行榴弹炮和M40式155毫米自行榴弹炮装备美国陆军。然而，这两种火炮并不能让陆军满意。

从20世纪40年代末期开始，美军试图用新一代自行火炮替换这些老式自行火炮。20世纪50年代，美国陆军又装备了M52式105毫米和M44式155毫米自行榴弹炮。这两种炮均采用M41轻型坦克底盘，炮塔虽然高，战斗室空间却不大。这两种火炮都有十分明显的缺点：体形庞大，无法空运；采用顶部敞开式炮塔，无三防能力。这两种过渡性质明显的自行火炮在美军中很快便转为预备役装备。

★作战训练中的M109自行榴弹炮

为了贯彻全球部署战略和打核战争的需要，1952年1月，美国国防委员会在华盛顿召开自行火炮会议。从1952年8月起，美国陆军即着手研制新型自行榴弹炮。陆军要求新炮采用包括旋转炮塔在内的新颖总体布局，并使用专用的通用底盘以减轻后勤的负担。1953年4月，美国陆军坦克及机械化装备司令部（OTAC）授权开始发展T195式110毫米和T196式156毫米自行榴弹炮，并很快制造出了木制模型，在此基础上，美军发展出M109 155毫米自行榴弹炮。

1963年6月，M109自行榴弹炮系统加入美国陆军服役，定型后即展开大规模生产，到1969年通用汽车公司为美军生产了2111辆M109自行榴弹炮，其中陆军装备1961辆，海军陆战队装备150辆；另外还生产1675辆供出口。这些M109自行榴弹炮在克利夫兰坦克厂生产，开始两年由通用汽车公司麾下的卡迪拉克机动车辆分部制造，第三年由通用汽车公司旗下的克莱斯勒公司生产，随后交由通用汽车公司阿里逊分部生产直至生产计划结束。

◎ 世界领先：M109堪称经典

★ M109自行榴弹炮系统性能参数 ★

口径：155毫米	**方向射界**：360度
战斗全重：23.786吨	**最大射速**：3发/分
身管长：3.565米（23倍口径）	**持续射速**：1发/分
弹丸重：42.91千克	**高低射界**：−3度～+75度
炸药重：TNT6.63千克、B炸药6.69千克	**最大行驶速度**：56.3千米/小时
供弹方式：半自动	**最大行程**：354千米
炮口初速：562米/秒	**爬坡度**：60度
最大射程：榴弹14.60千米	**行军战斗转换时间**：1分钟
火箭增程弹24.00千米	

M109自行榴弹炮系统性能优良，堪称自行榴弹炮的经典之作。

M109自行榴弹炮系统是第一个吃"螃蟹"的榴弹炮，它是第一种采用铝合金车体和旋转炮塔的自行榴弹炮。它采用了与之前自行榴弹炮不同的全新结构，即发动机前置、炮塔可作360度旋转、车体开尾门。由于这种新布局对自行榴弹炮来说十分合理，因而成为此后出现的众多现代自行火炮的设计典范。

M109自行榴弹炮系统摒弃了过去美军自行火炮多以现役或二线主战坦克底盘改造而成的传统，采用通用汽车公司阿里逊分部研制的动力前置、炮塔战斗室靠后的专用底盘。

★正在执行任务的M109自行榴弹炮

该底盘采用铝合金装甲焊接而成，全长6.19米，宽3.15米，尾部设有一扇向右开启的大尺寸尾门，尾门两侧的车体下部各有一个折叠式大型驻锄。驾驶员位于车体左前部，它右边的动力室内装有一台功率约为298千瓦的底特律SV-71T水冷涡轮增压柴油发动机。与发动机配套的是通用汽车公司阿里逊分部研制的拥有4个前进挡或2个倒挡的XTG-411-2A传动系统。底盘采用扭杆式悬挂系统和单鞘式挂胶履带，每侧有7个挂胶负重轮，第一和第七负重轮处配有液压减震器。

M109自行榴弹炮的火力系统采用1门M126式23倍口径身管榴弹炮，配用M127式炮架，炮口有大型制退器，身管中部有火炮抽气装置，身管全装药寿命达到5000发。火炮配有传统的瞄准镜，并配有液压式半自动装填系统（半自动装填弹丸，人工装填装药），火炮的高低俯仰和炮塔的旋转均采用液压驱动。M109自行榴弹炮在车上备有28发155毫米炮弹，包括M107式榴弹、M449式杀伤子母弹（每发炮弹装160枚M43A1子弹）、M485式照明弹、M110/M116式发烟弹，另外还可以发射M110/M121A1化学炮弹和采用W48核弹头的M454核炮弹。M109自行榴弹炮的最大射速为3发/分，在发射榴弹时最大射程为14.6千米。辅助武器为一挺安装在指挥塔上的M2HB式12.7毫米机枪。

由于动力前置且大尺寸炮塔靠后，M109自行榴弹炮的战斗室空间十分宽敞，用美国大兵的话说"可以在车内打手球"。这种底盘成本较采用坦克底盘的高，但是完全克服了坦克底盘空间相对不足、不方便炮班人员操炮和弹药储存空间不足的缺点。M109自行榴弹炮在长时间射击时可以利用尾门从外部供弹，大大提高了持续作战能力，而且发射后的药筒可以经尾门直接抛出车外，改善了战斗室的环境。

⊘ 饱经战火：M109自行榴弹炮在战火中壮大

自从M109自行榴弹炮系统出世以来，这种先进的自行榴弹炮就成为美军主要的陆地火力支援武器，北约其他国家在与美国达成战略合作伙伴关系后，也引进了M109自行榴弹炮。近几十年以来，M109自行榴弹炮成为北约组织炮兵部队的标准化装备。在世界炮兵中流传着这样一个共识："M109自行榴弹炮是现代机械化炮兵的先驱。"世界上没有哪一种火炮受到如此重视，M109自行榴弹炮被公认为二战后生产数量最多、装备数量最多、装备国家最多、服役时间最长的自行火炮。M109自行榴弹炮自服役以来，已参加过越南战争、中东战争、两伊战争和两次海湾战争。

越战前期，M109自行榴弹炮所向披靡，其强大的炮火支援给越共带来了很大麻烦。无奈之中，越军从苏联引进了口径更大、射程更远的自行榴弹炮。此后，M109自行榴弹炮优势不再，相对于苏联榴弹炮来说，M109自行榴弹炮采用M126式23倍口径身管，其射程不足的缺点便暴露出来。美国陆军深刻地感到有必要提高其射程，使之能够和越军远程苏式火炮相抗衡。

★M109A6自行榴弹炮正左侧45度图

1967年5月，美国陆军开始着手对M109自行榴弹炮进行增加射程的改进。他们采用的手段是改用M185式39倍口径身管，同时对火炮的高低机、方向机以及底盘的悬挂装置（强化了前两个负重轮的扭杆）进行改进。改进后的火炮战斗全重为24.07吨，在使用M118式8号发射药装药时，最大射程增加到18.1千米。

1970年8月，新炮被正式定型为M109A1。从1973年至1981年4月，美军已装备的M109自行榴弹炮在部队维修厂全部被改进为M109A1的标准。

美国人的战争思维是将一种优秀的武器发展到极致。所以，从20世纪80年代初期开始，美军对服役多年的M109A1自行榴弹炮进行两项全面的现代化改进："榴弹炮延寿计划"（HELP）和"榴弹炮改进计划"（HIP）。其中，根据HELP计划在M109A2/A3上安装了"三防"系统并增加外接电源启动系统，改进后的原型被称为M109E4，在1983年交付时定型为M109A4。由于美国陆军对HIP计划更感兴趣，所以M109A4只装备了国民警卫队和预备役部队。HIP计划从1985年开始实施，1990年2月根据HIP计划研制的M109自行榴弹炮最新改型被正式定型为M109A6"游侠"自行榴弹炮，由于"游侠"是罗马神话中骑士的名字，所以，美国国内也将M109A6音译称为"帕拉丁"。

M109A6是M109系列自行榴弹炮中最重要也是最先进的型号，也是美军第一种可独立作战的数字化火炮系统。

M109A6自行榴弹炮是目前美军重装师和装甲部队的主要支援火力，从外观上看它和早期的A2/A3型有着明显的区别。它拥有一个大尺寸的新炮塔，在炮塔后部有一个很显眼的发射药隔舱，全炮弹药携带量达到39发（37发普通弹和2发"铜斑蛇"）。M109A6的身管行军固定器也和以往型号不同，采用底部作了专门强化以承载加长型身管重量的遥控身管行军固定器。和原来配用的手动身管行军固定器相比，遥控身管行军固定器大幅度减少降低了锁定和解脱身管固定所需的时间，只需要15秒就可以完成相关操作。

除了外观的改变外，M109A6在火力、火控和生存力方面都作了重大改进。M109A6在M109系列中首次拥有了360度全向射击能力。为了最大限度地发挥M109A6的威力，美军在1988年发展了M898SADARM自锻破片反装甲子母弹，该弹从1995年投入生产，并在2003年首次用于对伊战争。

M109A6最重要也是最核心的改进是采用了全自动火控系统（AFCS）和定位导航系统。这套系统先后经历了三次改进，系统拥有三台独立运算的计算机，分别运行射击数据处理软件、战场数据链软件和故障自诊断软件，利用MIL-STD1553数据总线连接。M109A6的反应速度得到大幅度提高，在60秒之内就可完成从接受射击命令到开火的一系列动作，并可执行"打了就跑"的战术；操作人员的操作负担大大降低，全炮仅需4人就可完成操作。

为了提高火炮的生存能力，M109A6为发动机加装了专门的废气冷却系统，可以降低车辆的红外特征。2003年3月27日，美军在伊拉克纳杰夫附近与伊军激烈交战时，一门

★M109A6自行榴弹炮正右侧45度图

M109A6自行榴弹炮发生了内部爆炸，但只有两名士兵受伤，这证明了上述加强生存力的措施有较好的效果。

"神剑"是美军第一种"发射后不管"的GPS/惯性制导炮弹，每发"神剑"装有64枚双用途子母弹。2005年9月在尤马试验场的射击试验中，"神剑"在15.2千米射程上的命中精度达到令人咂舌的7米。为了与这些新弹药相匹配，美军对M992A2弹药补给车也作了相应改进。

2007年10月8日至10日，在华盛顿举行的美国陆军协会年度研讨会上，BAE公司（由BMY公司和FMC公司联合组建的联合防务公司在2005年被BAE公司兼并）展示了最新的M109A6-PIM（PIM的含义是游侠集成管理项目）自行榴弹炮。M109A6-PIM战斗全重增加到33000千克，主要进行了三方面的改进：一是用"布雷德利"战车上的600马力（441千瓦）康明斯柴油机和HMPT-500液力传动系统取代原发动机和传动系统，显著改善战术机动能力并提高了武器装备的通用性。二是采用为"未来战斗系统"非直瞄火炮（NLOS-C）研制的自动装弹机，显著提高了射速。三是用同样为NLOS-C研制的火炮电力驱动系统取代现有老式液压驱动系统，提高了火炮的瞄准速度和精度，并改善了安全性。在M109A6-PIM上，自动装弹机、电驱动系统和空调系统的电力将统一由功率达35千瓦的通用模块化电源系统（CMPS）提供。

根据BAE公司和美国陆军签订的《弹道谅解备忘录》，美军和BAE公司将分别在亚拉巴马州的安尼斯顿陆军维修供应基地和宾夕法尼亚州的约克、南卡罗来纳州的艾肯以及俄克拉何马州的埃尔金兵工厂内将现有的M109A6自行榴弹炮中的600辆进行升级。升级后的M109A6-PIM从2009年开始交付，预计在美国陆军重型旅级战斗队中会服役到2050年。

据统计，M109系列（含变型车）的总生产量至今已经超过9000辆，共计向约30个国家和地区出口了5000辆以上。

战事回响

◉ 大时代的"小钢炮"：M-1式75毫米榴弹炮二战纪事

美国M-1式75毫米榴弹炮在国际上通称为"pocket-rocket"，按字面意思应翻译成"盒子炮"，抗战时中国军队引进后把它翻译成了"小钢炮"，之后中国人民解放军就沿用了"小钢炮"和"75炮"的说法。

M-1式75毫米榴弹炮是第二次世界大战中美国陆军常用的火力支援武器，此炮虽然在二战群英荟萃的武器中显得不太出名，但是在战士的眼中它的确是一件靠得住的武器。依靠紧凑的外形和可靠的性能，无论在丛林还是沙漠，它都能有效地给予敌人炮火杀伤。

1945年2月的硫磺岛战役，美国海军陆战队员们正小心翼翼地跟在LVT履带式两栖战车后潜行，白色的沙滩映衬着远处的火山格外美丽，但是老道的陆战队员并没有因此放松警惕，因为他们知道在这平静的外表下隐藏着无数黑洞洞的枪口。其实自从塞班岛战役后，日军已经从决战滩头阵地的战斗模式改为放弃滩头进行岛内杀伤盟军的模式，美军火力之强大和兵力之强大已经让日薄西山的日军吃不消了。在经历过瓜岛、塞班岛等惨败后，日军发现与其在滩头被美军炮火轰掉，还不如利用火山形成的山洞与敌人周旋更有效。

此时，第二两栖火力支援营的本森中士十分着急，周围的兄弟连队早就冲上滩头深入岛内作战了，而他的LVT两栖车却陷在火山灰里。该车是LVT（A）4战车两栖火力支援战车，炮塔装备一门75毫米榴弹炮，主要在海军舰炮进行弹幕射击后对陆战队进行火力掩护使用。在太平洋的岛屿争夺战中，由于日军通常在近岸设置大量障碍物如地雷、暗堡等，所以需要使用大口径海军舰炮对日军工事进行火力清除，而登岸后的火力支援则需要LVT（A）4型两栖火力支援战车等武器来进行火力掩护，作为第一冲击波的本森中士正是担任此任务的一员。可这时本森中士目睹了许多战友倒在敌人暗堡的火力下，他立即和车组成员把两栖战车上的M-1式75毫米榴弹炮卸下并架设在前沿阵地上，对可疑目标进行炮击。由于火炮十分轻巧再加上战士们训练有素，他们立即消灭了许多敌人的火力点，但是敌人的火力仍旧像长了眼睛一样杀伤了很多陆战队员。这时炮长发现在距离海岸线不远处有一个日军的观察哨所，这个观察哨所正在利用无线电指挥日军的火力点进行进攻，不过日军躲在一块巨大的岩石后面。这需要用迫击炮攻击，时间刻不容缓，本森中士管不了那么多了，立即指挥队员将火炮转向，开火！结果，令人大为震惊，连巨大的火山岩竟然都被击成了粉末！

这是一段真实的M-1式75毫米榴弹炮战斗实录。虽然该炮在战场上屡建奇功但却鲜为人知，之所以被人遗忘主要是因为有M-1式75毫米榴弹炮、M1-105毫米和155毫米榴弹炮这样高大威风的火炮存在，紧凑小巧的75毫米榴弹炮就显得不起眼了。不过正是因为这些特点，M-1式75毫米榴弹炮在战场上更为实用一些。首先其使用的灵活性最为士兵们称道，无论是山地还是丛林，只要是需要火力支援的战场环境，该炮都可以发挥作用，比如像意大利卡西诺的山区作战和太平洋的岛屿攻坚战，需要近距离火力支援的地方都会有M-1式75毫米榴弹炮的身影。

一个成功武器的标准之一就是能否被应用于多种复杂的作战环境，比如既适合常规的地面火力支援也适合空降特种作战。M-1式75毫米榴弹炮就做到了这一点。因为其轻巧灵便所以可以按照需要分解成零部件，很适合复杂多变的战场环境，这也使得M-1式75毫米榴弹炮成为了当时二战盟军阵营中的常青树武器。以美国为例子，无论陆军还是海军陆战队都装备了此武器。

★二战时期的M-1式75毫米榴弹炮的训练

★硫磺岛战役经典的一幕——折钵山上升起的美国国旗

第二次世界大战中，M–1式75毫米榴弹除出了美军自用之外，美国还成功地利用《租借法案》，大量援助包括中国在内的多个反法西斯同盟国家。为世界反法西斯战争的胜利作出了贡献。这从另一方面也证明了M–1式75毫米榴弹炮因为其构造简单，所以生产上也是占尽先机的。

20世纪下半叶，第二次世界大战的硝烟渐渐远去，M–1式75毫米榴弹炮也成了博物馆中的展品，但是它震耳欲聋的炮声仍能回响在天空中。

如今，M–1式75毫米榴弹炮化身为M–120礼炮，作为战争纪念仪式上的礼仪用炮。也许那些参加纪念仪式的老战士在那隆隆的炮声中仍能够回忆起当年征战的岁月以及和M–1式75毫米榴弹炮生死与共的日子。就像那句名言"老兵不死，只是悄然地隐去"。M–1式75毫米榴弹炮如同一个老兵一样，悄然地隐去了……

3 加农炮

大口径的攻城利器

🐬 沙场点兵: 平射的攻坚利器

加农炮和榴弹炮一样，是炮王国里最先登场的元老之一。榴弹炮杀伤力很大，在战争中出尽了风头。但是，人们对光有榴弹炮并不满足了。为什么呢？原来榴弹炮也有自己的缺点：它射程短，发射的炮弹初速度低，不能射击较远的目标，特别不适宜打击活动目标，于是就出现了加农炮。

"加农"一词是根据英文"Cannon"的译音而来，原文有长圆筒的意思，指的当然就是它的那副长相。可它的模样，恰恰是加农炮的本钱。加农炮炮管细长，一般都超过其口径的40倍。而且弹道低、初速度高，特别适合直接瞄准射击活动目标，平时被人们称做"平射炮"。

过去，人们都是用榴弹炮来发射爆破弹和燃烧弹，这些炮弹都是球形的，由装着火药或燃烧物的两个半球形弹体组成的。一爆炸，就黑烟滚滚，臭气熏天，让人实在受不了，而且射得也不远。于是，人们就把炮管加长，制成了加农炮，用加农炮来发射爆破弹。

真正让加农炮逞威风的是线膛炮的出现。这时的加农炮主要用来对付有装甲防护的战船。魔高一尺，道高一丈，战船装甲不断加厚，火炮的口径也不断加大，最后出现了450毫米的大口径加农炮。

★具有强大杀伤力的加农炮

不过，并不是口径越大越好。口径大了，膛压跟着提高了，但是火炮本身的结构和材料却难以满足要求。结果是，这种大口径的加农炮，只能发射几发炮弹，然后便报废了。于是加农炮又开始缩小口径，口径缩小了，杀伤力更大了，寿命也加长了。

加农炮由于有能发射各种炮弹的多用途特点，火炮威力大，所以，仍然是现代部队的重要装备。但是，由于现代战争除了广泛使用坦克部队、空降兵和空中机动部队等进行大力协同作战外，还实施宽正面、大纵深和高速度的突击进攻，因此对炮兵的要求也就高了。在这种情况下，就相应产生了一种机动性强、射速高和威力大的新型自行加农炮，这种炮的威力比加农炮更大，并将会得到更进一步的发展。

⚙ 兵器传奇："长脖子炮"担当穿甲奇兵

加农炮诞生于17世纪。当时人们为了提高火炮的初速和射程，争相研究有较长身管的火炮，于是"加农"一词便应运而生。但当时，由于加农炮发射的是球形炮弹，强度低，而炮的膛内压力大，温度高，常常使弹丸发热而炸膛，搞得炮毁人亡，损失很大。1846年，世界上第一门发射长筒尖头形的线膛炮昂首露面后，才使高膛压的加农炮扬眉吐气，充分发挥其特长。

战争在发展，新武器不断出现，第一次世界大战中，出现了一种"全身披甲的爬行怪物"——坦克，于是，加农炮又义不容辞地担负起了打坦克的任务。

由于加农炮的身管长，火药燃烧所产生的气体压力大，弹丸的初速度高，穿透装甲的性能强，所以是当之无愧的反坦克卫士。

为了打坦克方便，人们一开始把加农炮直接装在坦克底盘上，后来，又根据加农炮作战的特点，设计出专用的加农炮的自行底盘，成了"自行加农炮"。从外形上看，自行加农炮和坦克长得差不多，但是，自行加农炮明显比坦克矮一截，而且，它有比较厚的装甲保护。这种自行加农炮在第二次世界大战中得到了广泛的应用，发挥了巨大的威力。当时交战双方都制造了自行加农炮，如德国有"斐迪南德"1943年式自行反坦克炮、"黑猎豹"1944年式自行反坦克炮；英国有"箭手"反坦克炮；美国有M18式自行反坦克炮等。

由于加农炮身管长，火药燃烧所产生的火药气体压力大，因而弹丸的初速高（一般为700米/秒～900米/秒），碰击坦克装甲时的功能大，穿透装甲的能力就强，正好满足发射功能穿甲弹的要求。因此，穿甲弹一般都采用加农炮来发射，效果极佳。

到了二战以后，加农炮的脖子更长了，其炮身已达口径的40倍～61倍，初速达950米/秒，最大的射程为35千米。如果使用火箭增程弹，更是能把炮弹掷到43千米以上，堪称射远健将。此外，配用于加农炮长脖子的"口粮"也在不断改进，除一般的实心穿甲弹外，又出现了次口径超速穿甲弹，长杆式脱壳穿甲弹等。其弹芯材料已由硬质合金改为硬度和强度都很高的铀合金或"钨合金制造，称做"铀芯弹"，或"钨芯弹"。

慧眼鉴兵： 地面战场突击主力

加农炮是弹道低伸的火炮，属地面炮兵的主要炮种之一。

加农炮主要由炮身、炮架、瞄准装置等部件组成。主要特点是身管长（一般为口径的40倍～80倍）、初速大（通常在700米/秒以上）、射程远（如152毫米～155毫米加农炮的最大射程可达22千米～35千米）。加农炮主要用于射击装甲目标、垂直目标和远距离目标。加农炮对装甲目标和垂直目标，多用直接瞄准射击；对远距离目标，则用间接瞄准射击。

加农炮按其口径可分为小口径加农炮（75毫米以内）、中口径加农炮（76毫米～130毫米）和大口径加农炮（130毫米以上）。

加农炮按运动方式和结构分为牵引式、自运式、自行式和运载式（安装在坦克、飞机、舰艇上）四种。反坦克炮、坦克炮、高射炮、航空炮、舰炮和海岸炮也属加农炮类型。

加农炮使用弹种有杀伤榴弹、爆破榴弹、杀伤爆破榴弹、穿甲弹、脱壳超速穿甲弹、碎甲弹、燃烧弹等。所以，加农炮是进行地面火力突击的主要火炮。

名噪一时的"巴黎大炮"
——德国"威廉"火炮

德国火炮中的"巨无霸"

在第一次世界大战期间，空袭是德军惯用的方式，德军士兵也对空袭习以为常，尤其是飞行员们，自从福克战斗机被发明以来，他们屡战屡胜。1916年，德军司令部在讨论空袭巴黎时，空军自然是得意扬扬地接受了任务，他们准备给巴黎带去突然的"灭顶之灾"，但在这时，一位年轻军官却站出来建议用大炮轰击巴黎，这无疑是在空军的众多功勋将军头上泼了一盆冷水，也让在场的人目瞪口呆，一时间议论纷纷。原来，当时德国火炮的最大射程只有21千米，而德法边界距离巴黎有120千米，这个提议显然是不可能的。

希特勒却很喜欢这个想法，命令统帅部研制新型的远程火炮。德军统帅部将研制远程火炮的任务交给著名的克虏伯兵工厂火炮设计师兼总监弗里茨·罗森伯格教授。为了论证这一设想的可行性，克虏伯兵工厂首先在其"麦喷"靶场进行了远程火炮发射低阻力弹的试验。试验取得了成功，但此时德军统帅部提出要研制能炮击巴黎的射程100千米以上的超远程火炮，许多人认为这是根本不可能的。

罗森伯格力排众议，极力主张并积极组织研制。经过一段时间的探索和试验后，罗森伯格运用数学计算来推定所有的因素——k弹、火药量、3分钟空中飞行和大地的曲率间的相互关系，他认为完全可以制造出射程达100千米从法德边界炮轰巴黎的大炮。

根据罗森伯格的研究成果，1917年2月，德国军方又提出将射程延长到120千米。此时正值第一次世界大战激战正酣，军方要货很急。因此罗森伯格决定利用当时尚未装到舰上的L52-5型355毫米口径的舰炮进行改装，1917年夏天，

★火炮中的"巨人"——巴黎大炮

第一批远程火炮终于研制成功，这种远程火炮由克虏伯兵工厂建造，被命名为"威廉火炮"。因为这种大炮是为了轰击巴黎而研制成功的，后人也管它叫"巴黎大炮"。

◎ 超重量级的巴黎大炮

★ 克虏伯大炮性能参数 ★

口径：210毫米	炮弹重：120千克～126千克
战斗全重：375吨	最大射程：131千米
炮身长：36.1米	生产数量：7门

巴黎大炮口径不算太大，只有210毫米左右，可是它却显得又高又大，堪称火炮中的"巨人"，炮管长到36.1米，倘若把它竖起来足有十几层楼高。起初，德国人将它安装在混凝土基座上，它的炮口只能瞄准法国首都。可是，又长又重的炮身使火炮本身产生了弯曲变形，只好在炮身后半部的上面加了一个支架。此外，为了解决这个庞然大物的机动问题，还专门为它设计了有轮缘的特制车轮，可以在机车轨道上滚动，巨大的铁路旋转盘可以使火炮作水平转动以改变射击方向。

巴黎大炮堪称火炮"巨无霸"。发射一次炮弹要用195千克的火药。假如要炮弹发射到120千米以外的目标区，需将弹丸发射到3.2万米的高空，以此减小弹丸飞行的阻力。

尽管巴黎大炮堪称当时世界上射程最远的身管火炮，然而这个庞然大物却同时有许多令人遗憾的缺点。这种炮的炮管寿命只有50发左右，使用到一定程度后，炮身要送到工厂去扩充内膛。

这种火炮越用口径越大，其口径最初为210毫米，之后变成了240毫米，最后扩至260毫米，因此，还要为它准备3种口径的炮弹。不仅如此，这种炮射程远得令人吃惊，但命中精度也差得令人伤心。据介绍，尽管用此炮发射了180发炮弹，竟没有一发炮弹击中战略目标。

◎ 炮轰巴黎：超级大炮昙花一现

1917年8月，德军将3门大炮的阵地选择在克雷彼。那里树木茂密，利于隐蔽，即使敌机飞临上空也不易发现。1918年2月，德军将火炮秘密地运往阵地，牢牢地安装在水泥基座上。

这种为空袭巴黎而生的克虏伯大炮终于在1918年3月23日7时20分这刻找到了它的历史位置，它开始发威了。

这一天是耶稣受难日，巴黎的所有教堂里都跪满了做礼拜的人。几声巨响突然在法国首都巴黎塞纳河畔响起。只见浓烟滚滚中，市民从睡梦中惊醒，四处奔逃。这种爆炸声每隔15分钟响一次，一直持续到了下午。不久，德军攻入巴黎的传言便不胫而走。当天黄昏，法国的电台就广播了这样一则消息："敌人飞行员成功地从高空飞越法德边界，并攻击了巴黎，有多枚炸弹落地，造成多起伤亡……"然而，对于电台的说法，巴黎市民并不相信，因为他们没有看到飞机，也没有听到飞机的轰鸣声。

这让街上的市民惶惶不安，纷纷议论是否德国人已经攻占巴黎。就在这时，法国特工在靠近法德边界的克雷彼发现了其中的秘密，原来是德国新修造的远程大炮。要知道，当时普通大炮射程不过20千米，而克雷彼距离巴黎有120千米，真的难以想象。事实的确如此，德军飞机并没有轰炸巴黎，而是使用了

★一战时期德军使用的"巴黎大炮"

新研制的秘密武器——"威廉火炮"。鉴于其威震巴黎的光辉业绩，德军又把它称为"巴黎大炮"。

德军出动大批人马，把超级大炮分解开来，装满了48节火车车皮，秘密地运到靠近德法边界的圣戈班森林里，换个地方重新对准巴黎射击。据介绍，从1918年3月23日至8月9日，3门"巴黎大炮"从不同位置向巴黎共发射了300多发炮弹，其中有180发落在市区，其余的落在了郊外，造成200多人死亡、600多人受伤。

不过，这门火炮并没有发挥出更大作用。在它进行射击时，由于炮膛中的压力太大，膛线受到严重磨损，打了十几发炮弹后射击的精度就明显下降。再打几十发炮弹以后，炮管就不能使用，需要用大吊车把它卸下来，换上新的炮管。如此一来，这么笨重的火炮显然不能适应实战要求，所以在名噪一时后就退出了历史舞台。

火炮之王
——德国"多拉"巨炮

◎ 炮王出世：为马其诺防线量身定做的巨炮

历史和战争其实就是一场博弈——一场有关政治的博弈。第一次世界大战过后的欧洲，希特勒上台后，便开始和英法两国争斗起来，德国先是恢复了德意志的军国主义本色，之后，希特勒对英法二强可谓是步步紧逼。面对处心积虑的德国人，法国人开始了

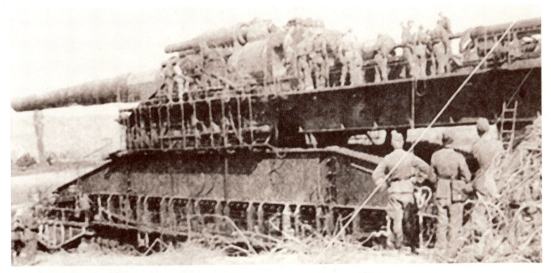

★二战时期正在准备作战的"多拉"巨炮

行动，为了抵御德国的再次入侵，他们沿法德边界构筑了举世闻名的马其诺防线。该防线全长390千米，约由5800座永备工事组成。工事坚固，其掩蔽部顶盖与墙壁厚达3.5米。即使有像大贝尔塔炮（德国重炮）那样420毫米口径火炮的炮弹直接命中，也难以造成人员的伤亡与装备的损坏。

这一切，自然逃不过希特勒的眼睛，从马其诺防线竣工那天起，他就在心里盘

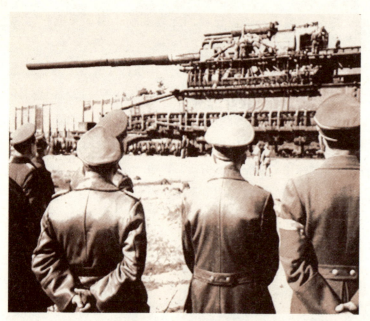

★希特勒（右二）与众德军官员视察新建成的800毫米口径巨炮，并将该炮命名为"重型古斯塔夫"炮。

算着如何突破这个世界级的堡垒。1935年，为了以后能够突破法国的马其诺防线，希特勒下令研制一种超过"巴黎大炮"的新型超级巨炮，这一命令在德军军官内部引起了很大的震动，因为巴黎大炮的个头就已经属于"炮中巨人"了，想要超过巴黎大炮，这无异于纸上谈兵。专断独行的希特勒是个眼大心细的人，他把这个任务直接交给了"巴黎大炮"的研制者克虏伯兵工厂。

经过7年的努力，1942年春，克虏伯兵工厂终于造出了一种800毫米口径的超级巨炮。它大得出奇，炮膛内可蹲下一名大个子士兵。为纪念该厂的创始人古斯塔夫·克虏伯，希特勒叫它"重型古斯塔夫"。而设计师布尔博士为纪念自己的妻子，将巨炮命名为"多拉"，德国炮兵则更喜欢叫它"多拉"炮。

火力至尊：比巴黎大炮还大的巨炮

★ "多拉"炮性能参数 ★

口径：800毫米　　　　炮宽：7米
战斗全重：1350吨　　　炮弹重：4.81吨或7.1吨
炮长：约43米　　　　　最大仰角：53度
炮高：12米　　　　　　有效射程：40千米

★即将建造完工的"多拉"巨炮

　　"多拉"炮除了身管长度和射程不如"巴黎大炮"外，在许多方面都堪称世界之最：全炮约长43米、宽7米、高12米、重1350吨，几乎是"巴黎大炮"的两倍。炮弹也大得惊人，其中榴弹丸重4.81吨。

　　另一种用于破坏混凝土掩蔽部的弹丸则重达7.1吨，内装200千克炸药。据说它的威力足以击穿3千米以外厚度为850毫米的混凝土墙。作为对比，衣阿华级战列舰有9门406毫米主炮，每发炮弹的重量才是1200多千克，就足以在地面上炸出足球场那么大的大坑，一发炮弹就足以摧毁一个炮兵连，更不要说"多拉"大炮的7.1吨重炮弹的威力了。

⊘ 多拉之谜：希特勒的秘密武器

　　"多拉"一出世，便成为希特勒手里最高级别的秘密，同时也是德军最高统帅部的王牌武器。希特勒亲自任命一个陆军少将担任总指挥，该炮直接受最高统帅部指挥。在执行任务时，比如说射击，由一名上校具体指挥。直接操作大炮的士兵多达1400多名，加上两个担任防空任务的高射炮团、警卫人员、维修保养人员，共需4000多人。

　　不过，由于个头太大，"多拉"炮的运输、操作、保障都极为不便，这极大地影响了它的实战能力。仅就运输而言，需要首先把各部件卸下来分别装车，运炮车与两层楼的楼房相当。整座大炮及所需的弹药需动用60节车皮。而且，由于炮身过宽，标准宽度的铁路无法运输，需要专门铺设特制的轨道。到达发射阵地后，先用2台巨型起重机吊装底座，然后安装炮架、炮管和装弹机构，全部工作就需要1400人～1500人整整工作3个星期。

1942年夏天，希特勒为了夺取高加索石油区，为自己储存足够多的战略资源，他调集200多个师兵力，在苏联德战场南部地区发动大规模进攻，妄图一举全歼部署在顿河东岸的苏军。

苏军为了抵抗德军的进攻，在塞瓦斯托波尔战略要地筑起坚固的防御工事和地下弹药库，决心进行持久防御。不料有一天上午，突然传来轰隆隆的巨响，一座秘密弹药库发生意外爆炸。这座弹药库是动员数千军民经过长期苦战建造起来的。为了防御敌机轰炸或炮火袭击，弹药库建造在地下30米的深处，上面覆盖有厚厚的钢筋混凝土，里面储藏了大量武器弹药。究竟什么原因引起这次爆炸？

长期以来众说纷坛。有的人分析是德国"斯图卡"轰炸机扔下了巨型炸弹，有的人说是德国派遣间谍破坏的。直到战争结束后很长时间，美国某军事刊物才披露真相，说是在清理废墟时发现有个直径特别大的弹坑，德军使用超重型火炮发射的巨型炮弹击中了弹药库，引起链式反应般的弹药爆炸，毁灭了这座无比坚固的地下建筑物。

原来超重型火炮就是"多拉"炮。事情的经过是这样的：1942年，德军进攻克里米亚受挫，德军高层遂决定把"多拉"炮派上战场。苏联黑海舰队司令部在塞尔斯托波尔城安营扎寨，抗击着德军的多次进攻，苏军凭借坚固工事，使德军多次进攻失败。德国炮兵调

★ "多拉"巨炮800毫米口径的炮管

来上千门各种炮，要进行报复，其中就有"多拉"炮。从6月7日起，"多拉"炮向塞城的7个主要目标进行轰击，共发射48发希特勒炮弹，使塞城成了一片废墟。其中有一发击毁了埋在岩石下数十米深的一个巨型弹药库。后来，"多拉"炮又连续参加了进攻斯大林格勒及莫洛托夫城的作战，但也没有建立什么特殊功勋。

1944年，波兰地下武装起义，德国秘密警察头子下令镇压，又使用"多拉"炮。在离华沙30千米的地方，发射30发炮弹，使成千上万的人民死亡。但从此以后，"多拉"炮就销声匿迹了。

从初次登场到最后镇压华沙起义，"多拉"炮总共发射104发炮弹。尽管"多拉"炮取得了一些战果，但与人们对它的期望相差很远，与制造它的成本更是不成比例。"多拉"炮尽管威

★让人望而生畏的"多拉"巨炮

★斯大林战役中的德军将"多拉"巨炮拆卸后装上火车，准备运往前线。

力巨大，但它非常笨重，运输、架设都很费时费力，而且它的寿命也很短，每个炮管只能发射几十发，就得吊换新炮管，不然就会爆炸。

二战结束时，"多拉"炮成为苏军的战利品，以后又被运到盟军占领区，成为盟军研究巨炮的样品。最后，这座空前绝后的超级巨炮被盟军拆解，结束了它短暂而奇特的一生。尽管德国制造了这种世界上最大的炮，但终究不能挽回希特勒的失败，只不过在兵器史册中，多了一个传奇而已。

"红色"火炮
——苏联ZJS-3型76毫米加农炮

◎ 横空出世：师属加农炮

20世纪30年代后期，苏联开始了新一轮的军事改革。当时，苏军步兵师仍然大量装备着帝俄时代设计的1902/30型3英寸（76.2毫米）加农炮，而这种老旧火炮已远远不能适应当时的战场环境。针对这种情况，著名的格拉宾火炮设计局（高尔基市第92厂设计局）在1936年~1939年先后设计了F-22和F-22USV型76毫米加农炮，虽然性能上有了一定提高，但总体设计仍不理想。

工程师A.E.科伏洛斯金、E.A.山金和A.F.格尔德耶夫在瓦西里·格拉宾将军的领带下开始了研究工作，他们的目标是一种新型加农炮——ZJS-3加农炮。由于斯大林的喜怒无常和库力克元帅的独断，ZJS-3险些夭折，但最后还是投入生产。

位于高尔基的第92设计局和位于伏帖斯克的第235厂接受了生产任务，后来第7厂也生产了为数很少的几门ZJS-3。德国人称此炮为"拉修·巴姆"（意思就是"急速响"），原因是ZJS-3加农炮的初速太高，刚听见炮响，炮弹就已经飞到了。

★苏联1936年设计的F-22型76毫米加农炮

★ "一鸣惊人"的ZJS-3型76毫米加农炮

1939年，在苏军中一个普通步兵师的标准装备是32门ZJS-3加农炮，近卫步兵师则为36门。

ZJS-3的成功研制使得科伏洛斯金的设计团队声名大振，独断专行的斯大林为了给前线部队配备一种超级反坦克武器，命令这个设计小组研制107毫米口径的反坦克炮，但这个小组直到战争结束也没有设计。

◎ "急速响"：便于大量生产的火炮系统

★ ZJS-3型76毫米加农炮性能参数 ★

口径：76毫米	火线高：0.875米
战斗全重：1.85吨	辙距：1.400米
炮身长：6.095米	炮口初速：680米/秒
并架状态宽：1.645米	最大射速：25发/分
至防盾上切面高：1.375米	持续射速：15发/分
周视瞄准具目镜高：1.060米	乘员：8人

ZJS-3型76毫米加农炮一出世便带来了震撼的效果，ZJS-3不同于以往火炮，它的战斗任务是消灭敌方有生力量，破坏敌步兵火力点和压制敌方炮兵，击毁敌坦克装甲车辆，破坏敌铁丝网障碍物，消灭敌掩蔽部和永备火力点。

ZJS-3的炮手班由8人组成，炮长、副炮长各1人，炮手6人。炮长负责训练炮手和指挥全班人员进行战斗；副炮长兼瞄准手，负责瞄准操作瞄准具、瞄准机和发射；一炮手负责开闭炮闩，检查和报告后坐量；二炮手是装填手；三炮手是引信手，负责装定引信和传递炮弹。

和旧式M1939式火炮相比，ZJS-3型76毫米加农炮保留了前者的火力性能，但简化了设计，重量减轻，便于机动和快速作战，而且ZJS-3的生产时间减少了1/3，生产成本降低了2/3，因此便于大批量生产。

ZJS-3型76毫米最大特点是炮口初速为680米/秒，能在500米距离上击穿90毫米厚的装甲，在当反坦克炮使用时，该炮的命中率和摧毁率是相当高的。由于该炮炮口初速高，攻击坦克所需时间少，所以通常在炮弹出膛后不久就听到炮弹撞击坦克装甲的碰撞声，这表明敌方坦克已被摧毁，所以德军士兵称其为"急速响"。

🚫 火炮史上的精品，社会主义阵营的装备

1940年，ZJS-3型76毫米加农炮服役后首先装备了新组建的最高统帅部直辖的反坦克炮兵团，每团5个连，每连4门炮。1942年5月，反坦克炮兵团首先在危如累卵的哈尔科夫前线参战，重创德军坦克。

★在苏联卫国战争中，苏军反坦克炮兵团使用ZJS-3型加农炮反击德军的进攻（彩绘图）

★具备超远射程的ZJS-3型76毫米加农炮

1943年后，反坦克炮兵团扩编，拥有了24门ZJS-3型76毫米加农炮。之后，步兵师也开始装备ZJS-3型加农炮，每个师有32门，其中12门编入师辖的反坦克狙击炮营。

在ZJS-3服役后，又有几种口径大于76毫米的轻型火炮服役，一种是1943年式85毫米野战加农炮，该炮射程为16000米，战斗全重为1600千克，炮弹重为9.5千克，随后服役的1944年式（D-44）85毫米野战加农炮全重为1725千克，射程15500米。1944年5月7日，由W.G.格拉宾领导，A.E.克佛洛斯汀、I.S.格拉班和K.K.若恩等人研制的100毫米口径的BS-3加农炮开始服役，BS-3和ZJS-3一样具有强大的反坦克能力，该炮能够在500米距离内垂直击穿160毫米厚的装甲，对德军的虎I、黑豹坦克以及斐迪南重型坦克歼击车构成严重的威胁。

1927年式团属加农炮配属红军骑兵师和步兵师，该炮虽然过于笨重导致在进攻中无法及时提供火力支援而备受指责，但该炮炮身结实，不太容易在高强度的运动中损坏，所以也有部分红军士兵对其情有独钟，直至1943年，性能更好的OB-25服役，该炮由M.J.兹鲁尼科夫领导的团队设计。

苏联在二战时期还研制了两款76毫米口径的山炮，即1909年式和1938年式山炮，这些火炮都能方便地拆卸开来，可以装载在驴子或者马匹等上运到交通不发达的山岭地区作战。

　　克虏伯公司火炮部的总设计师沃尔夫教授在日记中写道："从总体上来说，德国的火炮要强于除苏联以外其他国家的火炮。在战争中，我测试了缴获的英国和法国火炮，测验很清楚地反映出德国火炮的优越性。但是我要说俄罗斯的ZJS-3型是二战中最好的火炮。我可以毫不夸张地断言，这是火炮历史上最杰出的作品。"德国尖子坦克王牌奥托·卡里欧斯在他的回忆录——《泥泞中的老虎》中写道："……如果第一发炮弹没能击毁你的坦克，那么在挨第二发炮弹之前你是没有多少反应时间的。"他指的就是这种火炮。

　　在卫国战争中ZJS-3主要执行伴随步兵冲击、遂行火力支援和反坦克任务。苏军转入反攻后，许多先遣支队都加强有1个ZJS-3炮连或炮营。二战结束后ZJS-3成为社会主义阵营的标准装备。朝鲜人民军和中国人民志愿军曾经在朝鲜战争中广泛使用这种火炮，中国仿制品成为五四式76毫米加农炮。

苏联"风信子"
——2S5式152毫米自行加农炮

⊘ 冷战产物："郁金香树"上结出的火炮

　　苏联的火炮以"体形大，威力大"闻名于世，二战过后，苏联和美国开始进入冷战状态，为了加大对美国坦克和炮兵的威胁，苏联炮兵急需一种火力更加威猛的加农炮代替ZJS-3型76毫米加农炮。

★当时世界上口径最大的2S4"郁金香树"自行迫击炮

2S5式152毫米自行加农炮计划就这样出笼了。为了大大提升加农炮的运动能力，苏军也开始了自行加农炮的研制。

2S4"郁金香树"是1974年前后苏联设计制造的一种自行迫击炮。此炮是当时世界上口径最大的自走迫击炮，于1975年首次发现已配属苏联陆军服役。

苏联人在2S4"郁金香树"自行迫击炮的基础上研制出来的，但与2S4自行迫击炮不同的2S5的动力系统采用一具四缸涡轮增压引擎，可使用多种燃料，最大输出520匹马力，可提供19马力/吨的推重比，路面极速为63千米/时。扭力杆承载系统虽与2S4自行迫击炮相同，但路轮间距依重量分配作过调整，并在前后各两对路轮内侧加装吸震器。

经过十余年的努力，2S5式152毫米自行加农炮于20世纪80年代初装备苏联部队，到90年代初苏联解体前，苏联炮兵部队已装备了大约1650门，总计生产量在2000门以上，部分产品出口到国外。

◎ 设计先进、机动性能超群

★ 2S5式152毫米自行加农炮性能参数 ★

口径：152毫米	毫米机枪
战斗全重：28.2吨	**炮口初速**：942米/秒
身管长：7.8米	**最大射速**：6发/分钟
最大速度：63千米/小时	**最大射程**：27千米~37千米
最大行程：500千米	**配用弹种**：榴弹、火箭增程弹
武备：一门152毫米火炮，一门7.62	

2S5式自行加农炮采用全焊接钢制结构，底盘和2S4自走迫击炮相同，皆是GMZ型装甲布雷车底盘改进而成，外形扁平低矮，两侧有6对橡胶负重轮。车体前部装有推土铲，用于开设阵地时清除各种障碍物。驾驶员位于前部左侧，炮长位于驾驶舱后部指挥塔内，前部有7.62毫米机枪，一侧有红外探照灯和观察设备，发动机位于驾驶舱右侧。大功率4缸水冷式增压柴油机可保障火炮以63千米/小时的速度在公路上行驶，最大行程达500千米。

2S5式自行加农炮的火炮安装在车体后部，全部暴露在车外，瞄准手位于炮身左侧，前方有防盾保护。其他3名炮手位于车体后部的扁形炮手舱内，顶部有潜望镜供观察车外情况。炮身长达7.8米，前端装有5室炮口制退器。

为使2S5式自行加农炮的长身管在行军时保持平稳状态，车体前部有固定器支撑。在

★正在前进的2S5式152毫米自行加农炮

发射阵地展开时，先将火炮尾部的大型驻锄降下并插入地面，使整个炮车成为十分稳固的发射平台。通过炮尾部电力控制的链式输弹机，可将弹丸和发射药方便地传送到炮膛内。火炮既可使用车内的弹药，也可使用车外堆放在地面的弹药；还可以由炮手站在车后用遥控方式操纵自动装弹。车内携带30发炮弹，分3层直立放置在后舱左侧。借助自动输弹装置可使火炮的最大射速达到6发/分钟。

🚫 一炮多弹：衍生产品更加火力十足

2S5式自行加农炮有良好的越野机动性能和远射性能，它是同口径火炮中射程最远的一种。但是它也存在明显的不足，由于没有炮塔，就不能为炮手提供有效的防护，一旦遭到敌人反炮兵火力的袭击，炮手便容易遭受杀伤，同时它也不能在核、生、化污染的环境中使用。

2S5式自行加农炮一个炮兵连的6门火炮共可发射出40发炮弹。火炮方向射界±15度，高低射界－2度~+57度，发射普通榴弹的最大射程为28.5千米，而发射火箭增程弹可达38千米~40千米。此外还可配用核弹、化学弹、子母弹、混凝土爆破弹和"红土地"激光制导炮弹。

火炮的方向射界较小，不便于向快速机动的目标瞄准射击。针对这些不足，在以后设计的2S19式火炮中采用了全封闭炮塔结构，显著提高了战场生存能力和全方位作战能力。

20世纪80年代，苏联在2S5式自行加农炮的基础上，发展了2S7自行加农炮。

2S7自行加农炮的前段为密闭式驾驶舱，车长、驾驶员及2名炮班组员乘坐于此。车长和驾驶员并列，其前方设有可下拉防护钢板的风挡，两人各装有一具配备潜望镜的圆形舱盖。动力舱后方车体中央段设有第二个乘员舱，可容纳3名炮班组员，故单辆炮车共有7名乘员。

2S7自行加农炮的动力舱紧邻驾驶舱后方，传动系统则位于驾驶舱下方。动力系统采用一具V-12水冷式柴油引擎，最大输出744马力，提供16.17马力/吨的推重比，路面极速50千米/小时。因为车内未配备辅助动力单元，所以射击时引擎必须持续运转，以供应所需电力，以致大量消耗燃料。底盘扭力杆式承载系统的两侧各装有7对路轮和6对顶支轮，射击时其底盘后半部会调低姿态，并将车尾驻锄插入地面，以形成稳固的射击载台。

2S7自行加农炮的主炮采用2A4459倍径203毫米榴弹炮，炮身上无炮口制退器和抽气装置，采用螺旋式炮闩、弹药抓举系统和分离式弹药设计，炮管寿命450发，炮口最大初速为960米/秒。火炮俯仰范围在0度～+60度间，方向射界左右各15度，利用液压与电动系统驱动。

★陈列在博物馆中的2S5式152毫米自行加农炮

2S7自行加农炮射击ZOF-43高爆炮弹（单枚重110千克）时，最大射程为37.5千米，最高射速达2发/分～4发/分，炮车上装有4枚炮弹和药包，其余放置于弹药补给车上。射击火箭助推式高爆弹（单枚重102千克）时，最大射程为47千米，远超过M110A2自行火炮的30千米。化学炮弹、特殊装药炮弹和战术核子炮弹也是可选用和射击的弹种。

由于具备发射战术核子炮弹的能力，2S7自行加农炮多配署于方面军重炮单位中，每个团拥有24门炮（3个连），每个连配备8门2S7自行加农炮。

2S7M自行加农炮是2S7自行加农炮的改良型，配备新的通信设备，并能承载更多弹药，最高射速获得提升，系统整体可靠度也较高。

战事回响

◎ 超级大炮：挖掘火炮射程极限

人类从发明第一个投石机和第一门大炮起，就开始研究如何才能将炮弹射得更远、更快、更准和更致命。为适应未来战场，大幅度提高炮弹的射程和精度，人们又开始用新一代超级炮的技术，改造广泛装备的普通火炮，比如给炮弹引信两边安上"小翅膀"，使其远距离命中精度达到"米"级。

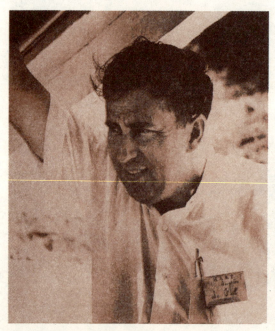

★加拿大武器专家杰拉德·布尔

★超级大炮"巴巴多斯岛大炮"的遗迹

如今，射程超过100千米的"超级大炮"已经不是新闻。但在过去，射程超过100千米的大炮绝对算得上是"超级大炮"。

二战结束后，制造"超级大炮"的念头并没有在武器专家们的脑袋中消失过，至少加拿大武器专家杰拉德·布尔就是一个"超级大炮"迷。

加拿大布尔博士是二战后在世界上享有盛名的"超级火炮专家"。1960年～1970年的10年时间，他与美国陆军共同研究"超级大炮"，成功地把包含仪器的"炮弹"射到卫星轨道的高度，要把天打一个"窟窿"。

布尔博士在历史上具有独特地位，他的射击计划的实施证明了炮射系统具有的巨大发展潜力。在20世纪60年代，他试图发明一种可以将物体射进太空的大炮，他将两门战舰大炮的炮膛焊接在了一起，终于制造出了这门"太空炮"。

这门被称做"巴巴多斯岛大炮"的太空炮有两个可行的用途：一是它可以将炮弹射到地球上创纪录远的地方；二是它还可以将炮弹射入太空。

布尔的"高海拔研究计划"是由加拿大蒙特利尔的麦克吉尔大学和美国政府予以资助的，在美国政府停止资助前，"高海拔研究计划"已用"巴巴多斯岛大炮"进行了一系列向太空中发射借助火箭推动的太空探测器的尝试。当美国政府停止资助后，为了使自己的"超级大炮"梦成真，布尔

★ "巴巴多斯岛大炮"发射时的壮观场面

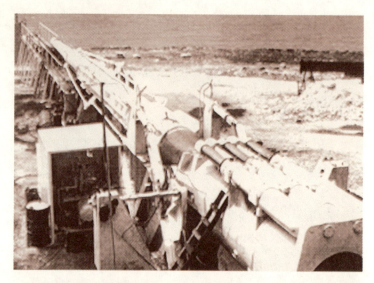

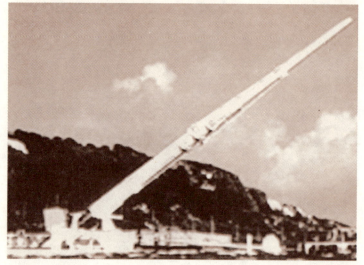

★ "巴巴多斯岛大炮"的纤细体态

接受了一系列糟糕的买卖和订单。其中一项生意让他受到非法走私武器的指控，并一度被关进了美国监狱。布尔后来又接受了伊拉克前总统萨达姆的订单，萨达姆要布尔为他制造一门"超级大炮"——巴比伦大炮，当时许多人担心"巴比伦大炮"可能会被装上大规模杀伤性武器用来对付以色列。于是，布尔终于招来了杀身之祸。

1990年的一天，当布尔准备走进自己位于比利时首都布鲁塞尔的公寓时，突然遭到了刺客的暗杀，他的后背和脖子中被射入了5颗子弹，一些人怀疑刺客可能是以色列的特工。布尔遇刺后，他的最后计划——"巴比伦大炮"也随着他的死而寿终正寝了。

在海湾战争"沙漠风暴"行动中，以美国为首的多国部队士兵发现并彻底摧毁了布尔还未完成的"巴比伦大炮"。

加拿大武器专家杰拉德·布尔仅仅是当年试图制造"超级大炮"的众多人中的典型代表之一。当初还有很多人试图制造"超级大炮"，并且试图把它们推向战场。

在今天看来，这些人当初对"超级大炮"的探索是无谓的，甚至是荒唐的，但是这些探索毕竟是武器发展史上的一种尝试，而且其建造目的与对未来战争的战略眼光更是值得肯定的，那就是实现战术层面的中、远程打击与战略层面的武力威慑。但是，想法是好的，却没有选对发展方向。第二次世界大战末期出现的导弹才是用以战术层面的中、远程打击与战略层面武力威慑的最佳武器。导弹的出现与发展，把建造"超级大炮"的梦想彻底终结于人们的想象之中，超级大炮也成为了火炮的一个最终幻想。

世界著名加农炮补遗

德国K3型240毫米加农炮

1935年莱茵金属公司根据德国陆军远程反炮兵重型火炮的要求，开始研制一种新型的重炮。第一门炮在1938年试制成功，并被命名为240毫米加农炮K3型。

K3是一种相当大型的火炮，采用的双重驻退系统安置在一个可以方便进行360度旋转的炮台上。炮管的仰角可以达到56度，这时发射的炮弹可以尽可能有效地攻击防御工事。K3的炮架采用了很多新技术。为了尽可能地提高机动能力，整个火炮可以被分为6个部分，并且设计为快速组装，为此设计了不少斜道和绞车。另外还有许多安全组件以保证组装的正确。全部的组装需要25个人工作90分钟才能完成。在火炮操作时，还需要有一个专门的发电机来提供工作动力，这个发电机在运输时单独作为一个部件进行运输。

★德国K3型240毫米加农炮结构示意图

K3的产量很少，大部分的资料指出有8门或10门（可能有14门，其中4门在战前生产），全部在一个单位中作战，第83（摩托化）重炮营有3个连（每连两门炮），作战的区域，

★正在准备作战的德国K3型240毫米加农炮

从苏联到诺曼底都可到达。另外K3也承担了许多试验任务。主要是试验各种的发射药和弹头。

例如为了增加射程而设计的脱壳弹，或者箭形弹。虽然是由莱茵公司设计的，但由于生产的安排，火炮是由埃森的克虏伯工厂生产。克虏伯认为K3的设计并非尽善尽美，于是自行开始研制一个新型号火炮：240毫米K4。这是一个先进的火炮设计，底盘基于"虎"式坦克但其大小是"虎"式坦克的两倍。1943年原型车在空袭中被炸毁，计划终止。

K3加农炮的作战记录一直持续到战争结束，至少有一门火炮被美军俘获，并被运美国国内进行大量测试。测试结束后这门火炮被放置于马里兰州阿伯丁试验场，后归还德国，现在这门火炮位于德国科布伦茨国防科研博物馆。

长脚汤姆——美国M59式155毫米加农炮

美国参加第一次世界大战时，发觉其陆军极度缺乏新型野战重炮，当时为了应急向法国购买授权生产的155毫米GPF加农炮，但是直到战争结束前，参战的美军部队使用的重型火炮都没有任何一门是美国制品，全部是外国货。

第一次世界大战后，1920年美国陆军为了避免如同上次战争时发生的窘境，因此积极运作开发自制大口径火炮，此时美军向威斯特费尔特理事会授命研发新型火炮，新型火炮采用共通炮架，可安装当时开发中的155毫米与203毫米火炮，而这次开发于1922年制造出M1920和M1920M1这两款共通炮架火炮，在性能上虽然符合要求，但由于美国政府缺乏经费因此计划遭到冻结。

计划被冻结了5年后，1927年美国政府获得了足够经费，计划再次进行，此时除了共通炮架以外还增加了机械化高速牵引的需求，在1929年制造出了T2炮架，而对应炮

★早期的美国M59式155毫米加农炮

★被誉为长脚汤姆的美国M59式155毫米加农炮

★正在进行军事演习的美国FH-70榴弹炮

架的155毫米炮管也被持续研发（榴弹炮管计划为T3，加农炮管计划为T4），相关改良直到1938年才结束，而155毫米长炮管版本被定名为M1加农炮，此加农炮的生产版本有M1A1、M1A1E1、M1A1E3、M2、M2E1，但是在外观上这几种衍生型皆没有大幅度的改变，第二次世界大战结束后，美军在重新编号时将相关火炮通通纳入M59编号。

M59服役后第一次参加作战的战场是北非战场的34野战炮营，在战争结束前M59部署了49个野战炮营。M59凭借其长射程以及精确的炮击精度获得美军的信赖；除了美军以外，英国和法国借由租借法案也获得了少量的M59（英国184门，法国25门）。

初期服役时，M59的拖曳是运用麦克货车所制造的6轮驱动型7.5吨载重车，后期使用履带驱动的M4高速牵引车进行拖曳。

二战后，除了美军重炮兵部队以外，美国海外盟邦也接收了部分M59。直到20世纪70年代M59才被欧美的M198榴弹炮以及FH-70榴弹炮取代。

4 加农榴弹炮

数字化战场之神

兵典
THE CLASSIC
WEAPONS

沙场点兵: 火炮家族中的新主角

在野战火炮这个大家族中，主要有加农炮、榴弹炮和加农榴弹炮三种。加农炮身管长、初速大、射角小，是火炮中的"老前辈"，至今已有七百多年的历史了。但在使用加农炮的过程中人们发现，加农炮虽然适合于向远距离射击，但对起伏地形或障碍物后面的目标却时常显得无能为力，而且它的后坐力颇大，须有极坚固的炮架，体形十分笨重，因此就诞生了榴弹炮。

初期的榴弹炮只能发射石块制成的榴霰弹，"榴弹炮"这个名字也就被叫开了。榴弹炮具有炮管长度短、初速低、射角大、弹道弯曲等特性，既可在低射界对垂直目标进行射击，又可在高射界对反斜面上的目标进行射击，且重量较轻，特别适合当时第一次世界大战的攻防战场，占整个战争中被使用火炮总数的一半，在第二次世界大战中也很活跃，但射程方面一直鲜有突破，似乎已遇到了瓶颈。

为了进一步增大射程，二战后期发展起来了一种新型榴弹炮——加榴炮。它的身管长度介于加农炮和榴弹炮之间，弹道兼具前二者的特性，正逐渐取代加农炮和传统榴弹炮，成为21世纪火炮家族中的新主角。

兵器传奇: "独角兽"的进化

1756年，俄罗斯人马尔梯诺夫发明了一种身管长度介于榴弹炮和加农炮之间、既可平射又可曲射的"独角兽"炮。这种因炮身刻有独角兽而得名的滑膛炮可看做是最早的加榴炮的雏形，它的身管长度为口径的10倍。在第一次世界大战的欧洲战场，由于构有堑壕体系的筑垒阵地防御战的发展，交战各国都需要增加平射火炮和曲射火炮。为了适应战术上的这种要求，又便于生产和部队装备使用，1915年德国研制出了世界上第一门现代加榴炮。

1937年，苏联研制成M1-20式152毫米加榴炮，炮身长为口径的32.3倍，初速为655米/秒，最大射程为17230米，装药号数多达13个，战斗全重达7128千克。由于加榴炮具有平射和曲射两种性能，其战术适应性明显优于其他火炮。因此，自从它诞生后，受到了各国军队的重视，成为炮兵部队的重要装备。第二次世界大战中，交战各国都广泛装备使用了加榴炮，加榴炮在战场上发挥了重要的作用。

20世纪60年代以来，各国发展装备的新型榴弹炮多是加榴炮，但都以榴弹炮命名，口径也是越来越大。

慧眼鉴兵：一炮兼两炮

加榴炮，兼有加农炮和榴弹炮的弹道特性，用大号装药和小射角射击时，其弹道低伸，接近加农炮的性能，可遂行加农炮的射击任务；用小号装药和大射角射击时，其弹道较弯曲，接近榴弹炮的性能，可遂行榴弹炮的射击任务。恩格斯在《论线膛炮》一文中，把法国在19世纪中期使用的既能发射实心弹又能发射爆炸弹的轻型12磅炮称做加榴炮。

加榴炮主要用于射击较远距离的目标和破坏较坚固的工程设施。它由炮身、炮架和瞄准装置组成，具体结构与加农炮和榴弹炮相似。加榴炮可以平射和曲射；比加农炮炮身短，弹丸初速范围广（使用变装药），炮身射角和弹丸落角大；比榴弹炮炮身长，射程远。

现代加榴炮的口径多为152毫米～155毫米。身管长一般为口径的25倍～40倍，弹重为45千克左右，最大射程为17千米～25千米，配用弹种与榴弹炮的弹种相似。

加榴炮按其运动方式可分为牵引式、自运式和自行式三种，是进行地面火力突击的主要火炮。其中机动性能最好的当属自行式加榴炮，是各国陆军主要发展的加榴炮。目前，世界上比较有名的自行式加榴炮有德国PZH-2000、英国AS-90、韩国K-9、日本的99、南非的G6和法国的AUF系列自行加榴炮。

★AS-90自行加榴炮

苏军"重锤"
——D-20牵引式加榴炮

🚫 "重锤"出世：D-20设计理念源于二战

　　D-20，也称M-1955式加榴炮，由苏联制造，于20世纪50年代初期研制定型的152毫米牵引式火炮，1955年装备部队，是苏军在50年代中期至80年代广泛使用的、典型的中口径火炮，装备摩托化步兵师及以上各级炮兵部队。现已退役，为2S3式152毫米自行加榴炮所取代。包括华约在内的东欧、远东、近东、北非各国都有使用。中国有仿制，称66式加榴炮。

　　提到著名的D-20牵引式加榴炮就要从二战之前说起。二战中的苏军方非常重视炮兵武器的发展，在1929年和1934年先后执行了火炮发展的两个五年计划。1932年，苏军拥有10700门火炮和迫击炮，到了二战前，便增至34200门火炮和迫击炮，增长了两倍多。除迫击炮外，其余很大一部分是M1937式152毫米加榴炮。

★ "重锤"出世的D-20牵引式加榴炮

D-20加榴炮的前身便是M1937式152毫米加榴炮。M1937式152毫米加农榴弹炮于1937年装备苏联陆军。它主要用于对炮兵作战，实施远距离破坏射击和拦阻射击。该炮一直在苏军中服役到1955年，后来苏联陆军在M1937式152毫米加榴炮的基础上才发展出D-20式152毫米牵引式加榴炮。

◎ 冷战王者：机动性能大大提高

与老式的M1937式152毫米加榴炮相比，D-20牵引式加榴炮的特点十分突出：采用D-74式122毫米加农炮的炮架，大大减轻了重量，提高了机动性；鞍部之下装液压千斤顶。

D-20牵引式加榴炮各装有一个升降机和滚轮，便于操作；圆座盘与滚轮结合使用，可使火炮实施圆周射击。

D-20牵引式加榴炮采用立楔式半自动炮闩，提高了射速；采用双室炮口制退器。

M1937发射榴弹时最大射程达17000米；发射穿甲弹时，可在1000米的射击距离上击穿124毫米厚的钢装甲。可用马匹拉曳或用卡车、拖拉机等来牵引。这种加榴炮是苏军用来打击敌方炮兵阵地的有力武器，也可用来打击敌方的装甲武器。这款152毫米榴弹炮还因成为SU-152毫米自行火炮上的主要武器而名噪一时。

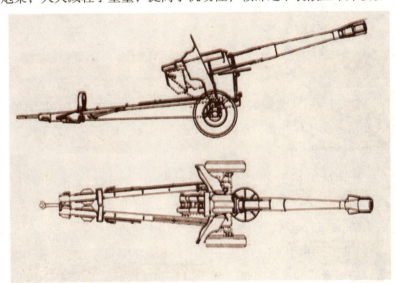

★D-20牵引式加榴炮两视图

★陈列的D-20牵引式加榴炮

🚫 武装世界：D-20的身影遍布全球

★ D-20牵引式加榴炮性能参数 ★

口径： 152毫米	**弹重：** 43.6千克
战斗全重： 5.65吨	**弹药基数：** 60发
炮全长： 8.69米	**配用弹药：** 常规弹药多种
炮口初速： 670米/秒	**方向射界：** 60度
最大射速： 4发/分	**高低射界：** −2度～+63度
最大射程： 18.50千米	**乘员：** 10人
直射距离： 850米	

　　D-20牵引式加榴炮可以称得上是冷战期间欧、亚、非洲各国陆军最喜爱的加榴炮。从20世纪60年代开始，D-20被20多个国家一直装备到80年代，并在1973年的中东战争中发挥了重要的作用。

　　中国从20世纪60年代初开始仿制苏联D-20式152毫米加榴炮，并于1966年装备部队，定型为66式。20世纪70年代中期，中国对仿制的D-20式152毫米加榴炮又进行了较大的改进，命名为66-1式152毫米加榴炮，并于80年代中期装备部队。

　　20世纪70年代初，冷战正酣，为了能在加榴炮上抗衡美国，压制和歼灭火器及有生力量，破坏野战和永备工事，摧毁坦克和自行火炮，苏联对D-20式加榴炮进行了改进，采

★苏军D-20加榴炮夜间作战训练时的射击场面

用28倍口径长身管、半自动立楔式炮闩、双室炮口制退器和炮膛抽气装置，采用SA-4防空导弹发射车改进型底盘，命名为M1973式自行加榴炮。该炮初速为655米/秒，发射火箭增程弹时最大射程为24千米，最大射速为3发/分，携弹量为46发。

D-20式152毫米加榴炮及其改进型M1973式自行加榴炮在苏军和华约集团陆军中曾被大量装备和广泛使用，曾是摩托化步兵师炮火支援的主要炮种，并装备华约以外的印度、越南等国。

"非洲的长矛"
——南非G-6轮式自行加榴炮

◎ 从牵引到自行的加农榴弹炮

冷战末期，世界上很多国家跟中国一样，采购不到大型的武器装备，缺少技术支持。南非也一样，但这不是因为政治因素，而是南非独有的种族歧视政策受到了国际孤立，更不要说技术支持了，就是武器装备都买不到。与此同时，南非军队在与安哥拉解放者同盟的作战中，吃尽了远程火炮的苦头，对方火力威猛的远程火炮来自于古巴的支持，所以，南非军方绞尽脑汁，经过艰苦的谈判，最后他们与与加拿大魁北克航天研究公司合作，而魁北克航天研究公司的老板就是鼎鼎有名的布尔博士。

在布尔博士的帮助下，南非于20世纪80年代初制成G-5式155毫米45倍径牵引式加榴炮。该炮采用45倍口径的长身管，发射全膛底部排

★布尔博士，世界著名的火炮弹道学家。

★烽烟中的G-6轮式自行加榴炮

气式远程弹，最大射程可达39千米。美中不足的是该炮虽然装有辅助推进装置，能在短距离上行驶，但是作为牵引式火炮，在战场机动时仍然显得比较麻烦，跟不上南非的机械化部队在安哥拉的作战行动。因此，南非军方委托南非国家武器公司在南非国产的G-5牵引式加农榴弹炮的基础上，研制具有自行能力的自行155毫米加榴炮。

1982年～1986年，南非国家武器公司制成了4台样车，于1987年定型，并在得到了南非国防军的订单后开始了小批量生产，正式定型为G-6自行加榴炮。在各种不同类型的自行火炮中，绝大部分都是采用履带式车体结构，一般都是利用主战坦克或装甲车的底盘改装而成，有的则是专门设计制造新的车体。但是南非由于受到武器禁运的限制而只能立足于国内，利用南非重型汽车工业比较发达的便利条件，使用轮式装甲车作为自行火炮的底盘。

🚫 "南非猛兽"：专门打击纵深目标

G-6轮式自行加榴炮给人感觉很笨重，战斗全重达到46吨，净重42.5吨，仅凭车重一项，G-6就够得上是"重量级"的了，比很多履带式自行火炮都重得多，真可谓是重型火炮。而世界上大口径的自行榴弹炮中，绝大多数采用的是履带式，因为履带式的自行火炮比较安全，不受地形和外界的限制。以轮式车辆做底盘的，只有G-6和原捷克斯洛伐克的"达纳"（DANA）152毫米自行榴弹炮。"达纳"只有23吨，采用了8×8的太脱拉载重汽车的底盘。而法国的"恺撒"155毫米榴弹炮虽然也使用德国奔驰6×6汽车底盘，但"恺撒"只是简单的车载炮，炮手不能得到装甲防护，而且重量很轻。而46吨重的G-6同样采用了6×6的底盘。南非陆军之所以采用轮式底盘，是因为轮式车辆比履带车辆生产和使用成本低，维护方便，并且可以和南非国防军装备的大量轮式装甲车形成配套。

★ G-6轮式自行加榴炮性能参数 ★

口径： 155毫米

战斗全重： 46吨

炮全长： 10.335米

炮全宽： 3.400米

炮全高： 3.800米

最大速度： 90千米/时

最大行程： 600千米

最大爬坡： 50度

发动机功率： 521匹

单位功率： 11.3匹/吨

燃料储备： 700升

武器装备： 1门155毫米炮，1挺12.7毫米机枪

炮口初速： 897米/秒

最大射程： 30800米

弹药储备： 炮弹47发

弹重： 45.5千克

方向射界： 360度

高低射界： −5度～+75度

乘员： 6人

　　从整体来看，G-6轮式自行加榴炮的体形较大，装甲也不算厚，但为什么会受到如此追捧，它有什么样的秘籍呢？主要是因为G-6轮式自行加榴炮可以在远程用原地射击的方式打击敌人的纵深目标。行军机动时，火炮向前，用行军固定架将火炮固定在车体上。发射瞬间，火药气体从炮口制退器向两侧喷出。

　　因为采用重量轻的轮式底盘，使G-6的火炮的左右射界被限制为40度，在火炮射击时，还需要放下4个稳定支架以保证射击稳定性，就少许增加了火炮的反应时间。

★正在野外训练的G-6轮式自行加榴炮

★体形庞大的G-6改进型轮式自行加榴炮

G-6轮式自行加榴炮的炮弹补给很方便，全部6名乘员在15分钟内就可以补给完毕。防护装甲可防御20毫米炮弹和大口径炮弹破片，由于安哥拉解放者同盟非常擅长使用地雷，所以G-6有着防地雷的能力。G-6的车体布局上采用了一系列防护措施：驾驶室除装有防弹玻璃外，还在外面装有一层活动的装甲板。车体底部加装的装甲可以承受3个地雷爆炸时产生的冲击波。底盘前部设有带孔的三角形加强板，一旦触发地雷时可使爆炸气体迅速向上散开，战斗室底部还有紧急出口。

G-6轮式自行加榴炮的炮塔和驾驶室有良好的空调设备。在车外气温高达50℃的环境下，超压通风装置可使车内温度保持在25度以下。车体上配备了数挺机枪和设了多个枪眼，以提高近距离的防御能力。

G-6轮式自行加榴炮从行军模式转为作战模式很方便，在机动时火炮是由行军固定架固定的，要转为作战模式必须将行军固定架解脱；同时驾驶员或车长操纵液压装置将4具液压支架放到地面并顶紧，以支撑底盘，吸收火炮射击时的后坐能量，确保整车稳定，利用炮塔上安装的间瞄或直瞄系统（包括激光测距仪、夜视仪、炮口基准和弹道计算机）进行射击，恢复行军状态可以在60秒内完成。

轮式车辆与履带式相比，轮式自行火炮行驶平稳，操作方便，适宜在公路和平原地区使用，轮式火炮高速机动。在战术机动能力方面轮式火炮明显优于履带式火炮。同时轮式自行火炮的构造简单，利用现有轮式装甲战车或民用载重车就可以进行改装，生产成本可降低50%，部队使用和战场维修费用可降低60%。

⊘ 一炮打响：G-6进军中东

苏联解体之后，世界进入了"冷战后时代"，大规模的战争虽然趋于减少，但各种中低强度的局部战争不断发生。许多国家适应新的形势，纷纷组建了快速反应部队。这些部队要求有良好的战略机动能力，能在短时间内投入世界上的任何战场，这就要求部队尽可能使用重量较轻的武器装备。

为使G-6式自行火炮适应战争的需要，G-6仍在改进的途中，它甚至掀起了"52倍径革命"。G-6式自行火炮用52倍口径的身管取代现有39倍口径的身管，并将研制先进的自主式火控系统，使它具备全自动化瞄准能力和导航能力，同时还研制了可以安装在T72型坦克底盘上的52倍径的T-6炮塔，最大射程达40.7千米，受到传统上使用苏联的武器装备国家的青睐，印度对此尤为觉兴趣。G-6除装备南非装甲师炮兵团外，还销售到阿联酋、阿曼等国。同时智利也得到了特许生产证进行生产。1990年，阿联酋订购了78门改进型G-6火炮，该炮配有改进型辅助动力组件和更大的窗口。G-6火炮的第二个海外用户是阿曼皇家陆军，阿曼皇家陆军于1995年订购了18门。这些火炮使用米其林子午线轮胎，可以提高操作、转向和沙漠机动性，并配有BAE系统公司的环形激光陀螺（RLG）惯性导航系统和火炮定位传感器。

在G-6自行榴弹炮一炮打响后，南非迪奈尔公司显然并不满足于目前仅仅一百余辆的销售量，他们希望的是进军国际155毫米榴弹炮市场，与美国和欧洲国家一争高下。因此，从20世纪90年代中期开始，迪奈尔公司就以G-5、G-6榴弹炮为基础，先后研制出G-52000牵引榴弹炮、G-652自行榴弹炮、T-6履带式自行榴弹炮（将G-6的发射系统装到履带式底盘上）等多型产品，形成了一个日渐兴旺的火炮家族。迪奈尔公司最新的G-6式自行榴弹炮改进型是出售给科威特和沙特的M-1A3式，这是迪奈尔公司在G-6基础上作的最大程度的改进。M-1A3保留了G-6的45倍口径身管，但是其设计没有特别注重北约标准。其膛线缠度为1:20，膛线有48条，膛线深1.27毫米，这是符合《联合弹道谅解备忘录》关于39倍和52倍口径身管规定的。

可以这么说，G-6炮是一种投入费和产出效益的比值很高的武器，这对军费有限的第三世界国家和其他正在削减军费的国家都有很大的吸引力。随着高新技术的迅速发展及其广泛应用，轮式自行火炮的性能还将进一步提高，它们将作为一种新式炮兵武器在21世纪战场上显示更大的威力。

★南非装甲师炮兵团装备的G-6轮式自行加榴炮

韩国之星
——K-9型155毫米52倍自行加榴炮系统

⊘ 韩国自制武器的杰出代表

韩国的武器就像韩国电影一样，主张开放，他们从20世纪70年代末期开始锐意发展国防工业，陆地装备方面第一种具有代表性的产品是20世纪80年代末期推出的K-1（88式）战车，不过只能算是韩国版的M-1，其设计制造仍大量仰仗美国的协助。不过随后，韩国国防工业迅速成长起来，走出一条属于自己的路，其自制武器的水准也开始朝世界一流水平迈进，K-9自行加榴炮便是象征韩国自制武器挑战最先进水平的代表作之一。

20世纪80年代末期，韩国陆军开始规划用新一代自行加榴炮系统来取代现役的1040辆K-55自行加榴炮。在1989年起展开了新一代自行加榴炮的研发作业，其需求包括：长射程、高射速、高命中率、高机动性、高存活性等，并且能尽量缩短进入阵地、瞄准、射击、离开阵地之间所耗费的时间，这就是K-9的由来。为了满足长射程的要求，韩国陆军设定K-9的武装为一门155毫米/52倍径火炮，然而这是个极具野心的计划，因为当时全世界只有德国在研发中的PZH-2000自行加榴炮使用155毫米/52倍径炮身，服役中的则完全没有。

★军事演习中的K-9自行加榴炮

　　而后，三星重工获选为K-9的主承包商，而首辆K-9原型车则于1994年推出。接着，三星继续制造了三辆预量产型的K-9并对其进行测试与改进，测试作业一直持续到1998年年底才完成，而这些预量产车总共行驶了18000千米，发射了12000发炮弹，测试之严密谨慎直追德国的PZH-2000。测试完成后，首辆K-9正式生产型于1998年完成，并被正式命名为"雷鸣"式。第一辆量产型K-9则在1999年进入韩国陆军服役，成为继1998年服役的PZH-2000之后全球第二种使用155毫米/52倍径炮身的自行榴弹炮系统，比日本的99式155毫米52倍径自行榴弹炮要超前，韩国陆军预计采购500辆以上的K-9。

◎ 性能卓越：先进科技的结合物

★ K-9自行榴弹炮性能参数 ★

口径： 152毫米	轮增压柴油机
战斗重量： 46.3吨	**武备：** 155毫米/52倍径主炮，
全长： 7.44米（不含炮管）	M-212.7毫米防空机枪
全宽： 3.40米	**最大射速：** 3发/15秒
全高： 2.75米	**持续射速：** 20发/分钟
最大速度： 67千米/小时	**最大射程：** 30千米
最大行程： 360千米	**乘员：** 5人
发动机： MTUMT-881K-500V-8涡	

★K-9型155毫米自行加榴炮

★韩国陆军装备的K-9型自行加榴炮

　　韩国陆军宣传K-9自行加榴炮是最先进的科学的结合。K-9的基本构型的发展来自M109，不过细部方面均采用最先进的科技。

　　动力方面，K-9采用一具与PZH-2000相同的MTUMT-881K-500V-8涡轮增压柴油机，在每分钟2700转时能输出987马力；不过K-9的战斗重量比PZH-2000轻，故推力重量比高达21.6，最高路速达67千米/小时，加速至32千米/小时仅需12秒，从32千米/小时的速度刹车仅需12米就能完全停止，速度性能略胜于PZH-2000，大概是目前机动性能最好的155毫米履带式自行榴弹炮。此外，K-9采用一具爱利森ATDX-1100-5A3自动变速箱，改良自M-1主力战车的ATDX-1100-3B自动变速箱，有四个前进挡与两个后退挡；由于此变速箱最初是为了搭配M-1那具1500马力的燃气涡轮而设计的，要匹配K-9上的1000马力左右的柴油机自然是很容易的。

　　K-9的双鞘式履带与韩国K-1所使用的完全不同，为全新设计的产品，履带上可加装橡胶块以减低对一般路面的破坏。K-9的车内配属相当传统，分为前方驾驶舱与车身中央炮塔段的战斗舱，车上乘员（包括驾驶员）都由车尾舱门进入车内，此外炮塔左侧另设有一个舱门；此外，还有上方的驾驶员与车长的舱盖。

　　K-9的主要武装就是一门韩国自制的155毫米/52倍径主炮，此炮采用半自动垂直滑楔式炮闩，附有大型栅状炮口制退器与炮膛排烟器，俯仰范围为-2.5度～+70度，炮座装有两组液压驻退复进机，炮塔可作360度旋转；不过相对于PZH-2000的以护罩遮住的炮身缓冲器筒，K-9的炮身缓冲器筒则暴露在炮盾外，在防护上较为不利。与PZH-2000、AS-90等20世纪90年代开发的自行榴弹炮相同，K-9也配备了自动化的炮管行军锁，大幅节省了人力以及进出阵地的时间。

　　由于K-9配备了自动装填系统，K-9最多仅编制五名人员：驾驶员、车长、炮手、辅助炮手与装填手，而标准编制人数应该更低。K-9在1小时内能以20发/分钟的射速持续射击，而爆发式射击的速率则是前15秒3发，在标准状况下，K-9使用北约制式M-107高爆弹（HE）的射程为18千米，以五号装药发射美制M-549A1火箭辅助推进高爆弹时则能达到30千米的射程。此外，K-9也能发射K-307弹底吹气高爆弹以及K-310弹底吹气次弹械散布弹。

在射控方面，K-9也有良好的表现，因为它拥有汉纬的模块化惯性导航定位系统以及自动射控系统，能依照车辆行驶状况随时随地进行自动定位，无须费时地进行传统测地作业。炮兵观测单位的目标信息则通过数字数据链传至K-9，各K-9之间也能借此互相传递相关信息。

⊘ 立足国内，进军国际：成功的K-9

近年来，韩国国防工业已经有了比较高的水平，K-9自行加榴炮便是很好的证明。

K-9自行加榴炮一出世，便赢得了满堂彩。为了配合K-9的服役，韩国三星公司还进行了野战炮兵弹药补给车计划，以K-9的底盘为基础研发K-10弹药补给车，以一具伸缩机械臂与K-9炮塔后方的活门联结，以尾对尾的方式为K-9快速装填弹药。最初，韩国陆军规划一辆K-10能携带3辆K-9所需的弹药，不过后来传出将增为六辆K-9的弹药量。

★代表韩国武器技术先进水平的K-9型155毫米自行加榴炮

　　K-9的战斗力至少是老一代K-55的三倍，其长距离精准打击能力以及快速机动能力绝非后者所能想象。

　　外销方面，K-9首先参与了土耳其的新一代自行加榴炮的竞标案，并在2000年3月底击败对手脱颖而出，这是韩国国防工业在国际市场上一次重要的胜利。2001年，土耳其与韩国正式签约，采购超过300辆K-9。

　　土耳其称该国购买K-9的行为是"土耳其风暴"，赋予其T-155K/M的编号。土耳其购买的第一批16辆T-155K/M由三星重工生产，其余则以渐进式技术转移的方式在本国制造或组装。由于K-9的柴油机为德国产品，而德国政府基于土耳其人权记录不佳，最初并不愿意出口其动力套件，因此韩国与土耳其打算如果无法取得德制动力系统，就另以英国帕金斯的产品取代，而后这个问题终于被解决了，韩国国产武器得以又一次成功出口。

战事回响 ‹ ‹‹‹ ‹‹‹ ‹‹‹

◉ 世界著名加榴炮补遗

装甲部队的王牌——苏联2S3式加榴炮

2S3式加榴炮是苏联于20世纪60年代末研制的一种152毫米自行加榴炮。

2S3在20世纪70年代早期是以每师18辆配属的，但稍后增加为24辆。它和其他大多数自行榴弹炮类似，驾驶区和传动系统在车体的前部，大型炮塔则在后方，驾驶员乘坐于左前部，在其后方有一个以铰链接合的单片式舱盖。

★苏联2S3式加榴炮

2S3式加榴炮由PI-20式加榴炮和萨姆-4导弹发射车底盘结合而成，身管长29倍口径，装有炮口制退器和抽烟装置，由机械装填机装填弹药，车体封闭，三防能力强，可空运。2S3式加榴炮发射榴弹时初速为670米/秒，最大射程是18.5千米，最大射速为4发/分钟，可发射榴弹、火箭增程弹、穿甲弹、化学弹等多种常规弹药或核弹。

2S3的炮塔右边有一个舱盖，在炮塔顶的左侧则有一个供车长使用的指挥塔，车长指挥塔有一单片后开式

★德国PZH2000型155毫米自行加榴炮

舱盖以利于观测，在指挥塔的前部有一挺7.62毫米机枪，可以由车内向外瞄准并射击。间接瞄准器装在炮塔顶车长位置的前方，直接瞄准器则装在主炮左方，在车体的后方有一个弹药补给用舱门。和美制M109不同的是，在车后没有驻锄以供发射时吸收后坐力，承载系统是采用扭力杆式，包括六组橡皮轮缘路轮、传动轮前置、惰轮后置，并具有四个顶支轮。2S3的主炮是2A33式152毫米榴弹炮，是由D-20型152毫米牵引加榴炮发展而来。该炮配有双炮口制退器和排烟器，运动时火炮以在前斜板上竖起的行车锁固定，举升仰角60度、俯角负3度，并可作360度全方位旋转。它所使用的主要弹药是命名为OF-540的高爆杀伤弹，重达43.5千克，最大射程达18500米。

虽然它持续发射速率为每分钟2发，但其最大射速则为每分钟4发。2S3可以在没有准备的情形下涉渡深达1.5米的河水，而不像大多数的苏联装甲战斗车是非两栖的。它同时也有完整的核生化系统和夜视装备。

德国PZH-2000自行加榴炮

德国在研制自行火炮方面具有强大的实力。第二次世界大战中，德国是自行火炮型号最多的国家，众多型号在性能、威力、技术水平等方面表现出众。如德军装备数量最多的T3突击炮，总量达到10500辆；以"黑豹"坦克底盘研制的"猎豹"坦克歼击车，是当时德军最好的自行火炮；以"虎王"重型坦克底盘研制的"猎虎"坦克歼击车，火炮口径为

128毫米，身管长为55倍口径，是德军威力最大的坦克歼击车，它所发射的穿甲弹可以击毁二战时期所有重型坦克的主装甲。德军还利用过时的坦克或缴获的坦克为底盘改装成自行火炮，做到了物尽其用。

基于德国二战时在自行火炮研制方面所取得的瞩目成就，德国最先进的PZH-2000型155毫米自行榴弹炮在性能、威力、机动性、自动化程度、技术水平等方面居世界领先地位，目前已经赢得一些世界之最：世界上最早投入现役的52倍口径155毫米自行榴弹炮；世界上最早投入现役的符合北约第二份《弹道谅解备忘录》（即52倍口径身管长度，2.3升药室容积）的自行榴弹炮；世界上最重的52倍口径155毫米自行榴弹炮，同时具有出色的机动性；世界上最早能改装在舰艇上的火炮；还可能是世界上现役性能最先进的自行火炮。

法国GCT式155毫米自行加榴炮

GCT式155毫米自行加榴炮于也称AU-F1式，是法国陆军军械工业集团于20世纪70年代初期研制定型的155毫米装甲自行火炮。

GCT式155毫米自行加榴炮，1978年装备部队，用以取代AMX-155式155毫米自行火炮，装备军属炮兵团；取代AMX-105式105毫米自行火炮，装备装甲师属炮兵团，每团4连，每连5门。全师两团，共有炮40门。配用榴弹、火箭增程弹等多种弹药并发射FH-70加榴炮弹。射程远，使用AMX-30坦克底盘，机动性好，配有输弹机，射速快、三防能力强。

GCT式155毫米自行加榴炮现为法军主力火炮。共装备190门。

★法国GCT式155毫米自行加榴炮

奥地利GHN45式155毫米加榴炮

奥地利GHN45式155毫米加榴炮是由加拿大魁北克航天研究公司研制的GC45式155毫米加榴炮发展而来的。1979年11月，加拿大魁北克航天研究公司把生产GC45的许可权授予奥地利的沃斯特·阿尔派恩公司。

沃斯特·阿尔派恩公司发现该炮的性能很好，但也发现，该炮在野外操作还有不便之处，且不符合欧洲牵引条例的要求。因此必须对其进行改进后才能大量生产。为此，该公司对GC45式加榴炮的原设计作了许多改进，有些改进已应用于生产，改进后的火炮被定名为GHN45式155毫米加榴炮。

沃斯特·阿尔派恩公司曾在不同的国家，在不同的气候和其他环境条件下，如在严寒地区、沙漠地区和高湿度地区，从海平面到海拔4000米的不同高程上，对GHN45式火炮进行了多次试验。试验中，该炮在39千米射程上的精度稳定。试验证明，发射阵地高程即使高达4000米，GHN45式火炮的射表也是适用的。

1981年9月在中东进行的射击表演中，GHN45式火炮在高程为600米、气温为30℃～35℃的发射阵地上，把远程全膛弹和远程全膛弹底排气弹分别发射到了32千米和43千米的距离上。

为确定火炮的使用寿命，沃斯特·阿尔派恩公司还对第一批批量生产的GHN45式加榴炮中的两门进行了破坏性试验。试验中，在标准条件下共发射3000多发炮弹（全装药），没发生任何问题。到目前为止，所试验的最大膛压为5340千克/平方厘米，没发生过事故。

1981年下半年，GHN45式加榴炮在奥地利开始批量生产。

GHN45式加榴炮由沃斯特·阿尔派恩公司的诺里肯分公司负责生产和销售，到1983年12月已生产了200多门，其中200门是卖给约旦陆军的，其余一小部分卖给了其他三个国家。

GHN45式加榴炮的突出特点是炮身长、射程远、弹道机动性好、炮管寿命长（达1500发）、威力大，采用半自动螺式炮闩和气体输弹机，火炮射速大。有辅助推进装置，机动性好。最大射程达8000米，射速为40发/6秒，有40根定向管，可单发或连射，携弹量为160发，战斗全重为5350千克。

★奥地利GHN45式加榴炮

5 火箭炮

千里之外的雷霆之击

◉ 沙场点兵：从"喀秋莎"火箭炮说起

　　火箭炮是炮兵装备的火箭发射装置，发射管赋于火箭弹射向，由于通常为多发联装，又称为多管火箭炮。火箭弹靠自身的火箭发动机动力飞抵目标区。

　　火箭炮特点是重量轻，射速大，火力猛，有突然性，适合对远距离、大面积目标实施密集射击。说起火箭炮，还要从二战时的"喀秋莎"开始。

　　第二次大战期间，德国军队用"闪电战"这种方式踏遍了欧洲的大地，也占领了苏联的许多地方。1941年7月，苏军队在斯摩棱斯克的奥尔沙地区，展开了抗击德国侵略者的斗争。

　　1941年8月，苏军的一个火箭炮兵连一次齐射，仅仅用了十几秒钟，就将大批的火箭弹像冰雹一样倾泻到敌人阵地上，其声似雷鸣虎啸，其势如排山倒海，火焰熊熊，浓烟滚滚，打得敌人晕头转向，狂呼乱叫，嚷着"鬼炮！鬼炮！"四处夺路逃跑。

　　大炮一下子就摧毁了敌人的军用列车和铁路枢纽站，消灭了敌人大批的有生力量，给敌人精神上以极大的震撼，以致后来德军一听到这种炮声，就胆战心惊，恐惧万分。这种火箭炮的名字叫"喀秋莎"。

　　这种被苏军称做"喀秋莎"火箭炮，就是世界上第一门现代火箭炮——BM13型火箭炮。

★ "喀秋莎"火箭炮的发射场面

它是苏联于1933年研制成功的。这种自行式火箭炮安装在载重汽车的底盘上，装有轨式定向器，可联装16枚132毫米尾翼火箭弹，最大射程约8500米，1939年正式装备苏军，1941年8月在斯摩棱斯克的奥尔沙地区首次实战应用。

从此以后，火箭这一古老的武器又获得了新生，重新登上了历史舞台。

⚜ 兵器传奇：老炮新生，更胜当年

火箭炮是一种发射火箭弹的多管齐射火炮，比起榴弹炮和加农炮来，它既是"新兵蛋子"，又有资格卖老，因为早在966年，中国就已制成了世界上第一支火箭，到13世纪时，欧洲也曾大量使用过火箭武器。后来由于线膛炮和反后坐装置的出现，火箭才被人打入冷宫，不再受重用。

但是，严格地说，BM13型是导轨火箭炮，而不是多管火箭炮。最早的具有炮管式发射装置的多管火箭炮，是德国于1941年正式装备部队的158.5毫米6管牵引式火箭炮和280/320毫米6管牵引式火箭炮。

在第二次世界大战末期和战后，各国都非常重视火箭炮的发展与应用。进入20世纪70年代以后，火箭炮又有了新的进步，其性能和威力日益提高，已成为现代炮兵的重要组成部分。

在现代战争中，坦克及装甲车辆日益成为地面战斗的重要突击力量，而火箭炮正是对付大面积集群坦克的有效武器之一。在火箭炮上配备破甲子母弹，末段制导反坦克火箭弹和可撒布的反坦克地雷，就能从坦克顶部、侧面和车底等不同方向给坦克以致命打击。

⚜ 慧眼鉴兵：快速机动的"闪击"尖兵

相对于历史悠久的身管火炮，现代的火箭炮有着很大的不同，而且也只能算是火炮家族的"新兵"，但是这个"新兵"却有着特别的威力。

从射程上来看，火箭炮比其他身管火炮远得多，可以达到普通身管火炮的几倍之远。

射程远是火箭炮的最大特点，早期的火箭炮能够达到几十千米以上，如今的火箭炮可达几百千米。而普通火炮的射程一般都在一百千米之内。

从射击精度上看，一般来说，身管火炮（野战火炮）的精度远远高于火箭炮，纵然有的远射程火箭弹装了简易控制系统，但是精度仍然比不上身管火炮。

从威力方面来看，火箭炮拥有身管火炮不可比拟的威力。火箭炮可在短时间内发射几倍、几十倍于普通火炮的炮弹，并且火力持续性强。对于低防护或地面目标较集中的地区可以进行大范围火力压制。火箭炮可以成面积地杀伤地面有生力量，压制敌方火力进行火

★ "喀秋莎"火箭炮的发射瞬间

力支援。由于火箭炮的射程远，机动性强，所以火箭炮能在发射后撤离战场，以免被敌报复火力打击，并可在短时间内再次装填炮弹给敌方以毁灭性的打击

　　以18管火箭炮为例，可以做到30秒内发射完18发火箭弹，如果集中30门火箭炮，在30秒内，可以对目标区域发射540发炮弹（还没有计算子弹药）。而身管火炮，就算是最先进的身管火炮，就算是急促射，在第一分钟最多也只能发射10发炮弹，并且不能持续地以这种速率射击。众所周知，540发炮弹在30秒内爆炸和在30分钟内爆炸的效果是完全不一样的。如果在30秒内集中在一个区域几乎同时爆炸几百发炮弹，不仅仅是摧毁工事，也可以摧毁人的心理。这种瞬间性的毁灭性打击，在所有常规性武器中，只有火箭炮能够做得到了。

　　火箭弹可以装很多子弹药，可以有效增强打击效果。毕竟火箭弹也是炮弹，起的不仅仅是威慑作用，杀伤才是主要的。火箭弹由于初速低、战斗部大，所以可以容纳多种类型的子弹药，可以有效增强杀伤效果。

暴力女神
——苏联"喀秋莎"火箭炮

🚫 德军的噩梦："喀秋莎"火箭炮

　　苏联火箭武器研制历程比较悠远，可以追溯到沙俄时代。一战爆发后，苦于飞机装备的武器威力不足，俄罗斯人便想在飞机上安装大威力的航空武器。大口径机枪和机炮的重

量和后坐力太大，难以在简陋的战斗机上安装。聪明的俄罗斯工程师想到了航空火箭。但是由于不信任自己的技术，俄罗斯高层未能允许工厂开发航空火箭弹。1918年，十月革命胜利后，苏联在航天火箭方面投入了很大的精力。

1921年，专门研制火箭的苏联第2中央特别设计局成立。经过不懈努力，苏联设计师先后研制出了可以稳定飞行400米的固体火箭，射程1300米的火箭弹，以及PC-82毫米和PC-132毫米航空火箭弹。

1938年10月，火箭炮车载实验正式开始。1939年3月，沃罗涅日的"共产国际"工厂8导轨的BM-13-16试制成功，它的发射架是工字形的，在上下可分别挂1枚火箭弹。这样BM-13总共可以携带16枚M-13（PC-132的改进型）132毫米火箭弹，发射架拥有左90度～右90度的方向射界。苏军方随即对其进行了各项严格的测试。

1940年，BM-13已经试生产了6门，1941年军方又订购了40门，到了6月份，又增加了17门的订货。1941年6月17日，BM-13向国防人民委员铁木辛哥元帅、总参谋长朱可夫大将以及军械人民委员乌斯季诺夫进行了成功的发射表演。

6月21日，苏德战争爆发的前夜，在BM-13的定性测试尚未全部完成时，苏联政府作出决定，全力生产BM-13火箭炮及M-13火箭弹。而这种BM-13火箭炮就是大名鼎鼎的"喀秋莎"火箭炮。"喀秋莎"火箭炮的名字来源于发射筒上的英文标志"K"字，炮兵们看见发射筒上的"K"字，索性想起了一个名叫喀秋莎的姑娘，她淳朴、善良，是一位才华显著的女子，她的故事一直激励着后人。

★陈列在博物馆中的苏制BM-13"喀秋莎"火箭炮。

★BM-13"喀秋莎"火箭炮的改进型——BM-21轮式火箭炮

"喀秋莎"火箭炮一出世，便在苏德战争中立下了赫赫战功，对于德军来说，"喀秋莎"的火力之强，杀伤力之大，简直就是噩梦。

🚫 威力巨大：威震德军的"喀秋莎"

★ BM-13"喀秋莎"火箭炮性能参数 ★

口径： 132毫米	**最大射程：** 8470米
战斗全重： 6200千克	**发射准备时间：** 5～10分钟
发射架长： 1.90米	**一次发射时间：** 7～10秒
发射架重： 42千克	**发射管俯仰角：** -7度～+40度
发射管： 16管	**发射管方向射界：** 左右42度
最大速度： 90千米/小时	**乘员：** 3人
飞行速度： 70～355米/秒	

BM-13"喀秋莎"火箭炮的最大特点就是火力威猛。"喀秋莎"火箭炮特别适合打击密集的敌有生力量集结地、野战工事及集群坦克火炮。由于"喀秋莎"是自行火箭炮，因此也适合打击突然出现的敌军以及与对方进行炮战。

"喀秋莎"火箭炮的唯一弱点就是：由于喀秋莎火箭炮发射时，烟尘火光特别明显，且完全没有防护，因此它不适合在敌炮火威胁比较大的地域里作战。

　　"喀秋莎"火箭炮共有8条发射滑轨。在滑轨的上下各有一个导向槽，每个槽中可挂一枚火箭弹。一门火箭炮可挂16枚火箭弹，既可以单射，也可以部分连射，或者一次齐射。重新装填一次齐射的火箭弹约需5～10分钟，而一次齐射仅需7～10秒。因而，它能在很短时间内形成巨大的火力网，对敌人进行出其不意的袭击，使敌人来不及躲藏和逃窜，就被消灭了。

　　另外，"喀秋莎"火箭炮可以装在一辆汽车上，而运载汽车速度可达每小时90多千米，机动灵活，还没等敌人反应过来，就已经迅速转移了，使敌人难以追踪捕捉。

　　与其他大炮比较起来，"喀秋莎"火箭炮构造是比较简单的，它仅仅由发射装置、瞄准装置、发火系统和控制系统等组成。

　　火箭炮通过发射装置中的定向器飞向预定的目标，"喀秋莎"火箭炮用的是一种轨道式定向器，其形状和火车的导轨相似。火箭炮一般都是多管联装的，它由几管、几十管，甚至100多管组成。"喀秋莎"火箭炮发射的是不带控制装置的火箭弹，弹尾装有尾翼，用来保证炮弹稳稳当当地飞行，不摔跟头。

　　"喀秋莎"火箭炮发射时声音特殊，射击火力凶猛，杀伤范围大，所以苏联在作战部队中装备了数千门，给予德军有力的打击。

　　据说，在1942年的斯大林格勒大战中，苏军许多门"喀秋莎"一齐向德军炮兵阵地齐射。瞬间，火光闪闪，炮声隆隆，敌人大炮顿时成了哑巴，苏军还活捉了大批俘虏。一个被俘的德国兵在日记里这样写道："我从来没见过这样猛烈的炮火，爆炸声使大地颤抖起来，房上的玻璃都震碎了……"由此可见"喀秋莎"火箭炮的威力之大。

★苏军士兵正在为"喀秋莎"火箭炮装备火箭弹

☯ 烈火雄兵："喀秋莎"扬威二战

    1941年，BM-13"喀秋莎"火箭炮服役后，苏军最高指挥部决定组建一个BM-13特别独立火箭炮连。6月30日夜，2门火箭炮开到了驻地。第2天，炮兵连正式成立。当时只有7辆试生产型的BM-13，3000发火箭弹，连长是36岁的伊万·安德烈耶维奇·费列洛夫大尉。经过1个多星期的应急训练后，全连已经熟练地掌握了火箭炮的操作方法。由于极端保密，连炮兵连的人员都不知道火箭炮的正式名称。但是炮架上有一个K字（共产国际工厂的第一个字母），便爱称其为"喀秋莎"（Ｋａｔюша）。这个名字后来不胫而走，几乎成为红军战士对火箭炮的标准称呼。

    1941年7月上旬，独立炮兵连被编入西方方面军，来到了危如累卵的斯摩棱斯克前线。7月14日，7门喀秋莎隔着奥尔沙河，发射了112枚火箭弹，打击了对岸的德军，而对于德国人来说，这还只是个开始。在此之后，独立炮兵连躲过了德军的空中侦察和炮兵观测队，在斯摩棱斯克和叶尔尼亚，用自己愤怒的齐射，毫不留情地教训了德军。

    1941年10月初，德军发起了进攻莫斯科的"台风"战役。10月7日夜，正在行军的独立炮兵连在斯摩棱斯克附近的布嘎特伊村不幸与德军的先头部队遭遇。炮兵连沉着应战，

★装载在汽车上的"喀秋莎"火箭炮

炮手们迅速架起火箭炮，其他人员则拼死挡住德军的冲锋，为火箭炮的发射争取时间。在打光了全部火箭弹后，为了不让秘密落到敌人手里，苏联炮手彻底销毁了7门火箭炮。由于发射火箭弹和销毁火箭炮耽误了时间，炮兵连被包围。在突围过程中，包括连长费列洛夫大尉在内的绝大部分苏军官兵壮烈牺牲。苏军的第一个火箭炮单位就这样悲壮地结束了战斗历程。

在实战中，苏军很快发现，BM-13"喀秋莎"火箭炮在泥泞路况下的越野机动性不强，便想开发一种履带式的火箭炮。但是，能够搭载132毫米火箭发射架的履带底盘只有T-34坦克。显

★ "喀秋莎"火箭炮的M-13火箭弹

而易见，在当时急需坦克的战况下，炮兵是不可能获得这些底盘的。无奈，他们只好选择了过时的T-40水陆坦克底盘，安装了BM-8-2424联火箭炮发射器。BM-8火箭弹则是由PC-8282毫米航空火箭弹改进得来。不过T-40在1941年秋已经停产，车况和数量都远不能满足要求。所以定型生产的BM-8-24是以新的T-60轻型坦克为底盘的。BM-8-16的威力比BM-13小，射程也近些，不过它的机动性更好，火力密集度更高，适合打击近距离的敌有生力量和轻型野战工事。

到了1942年，美国正式参战，大批美援物资源源不断运抵苏联。其中最需要的当属各种运输车辆了。美国的通用GMC6X6卡车的性能比苏联自产卡车好得多。因此，1943年以后生产的火箭炮几乎都是以通用GMC卡车为底盘，这种型号的火箭炮改称BM-13H。不过由于绝大部分的BM-13都是以通用GMC为底盘，所以后来BM-13H就统称为BM-13。

1943年2月,苏军取得了斯大林格勒会战的伟大胜利。1531门"喀秋莎"火箭炮在战斗中发挥了巨大作用。为了对付德军的坚固火力点，苏军投入了刚刚研制成功的

M-31-4火箭炮，这是一种架在地上发射的火箭炮，发射M-30-300毫米火箭弹。为了减少研制难度，M-30是一种超口径火箭弹，战斗部的口径是300毫米，后部发动机的直径只有152毫米。这样就相当于减少了火箭弹发射药的药量，导致M-30的射程只有2800米。不过M-30火箭弹战斗部装药达28.9千克，比203毫米榴弹的威力还大，可以摧毁战争后期德军的坚固火力点。1944年，出现了采用M-31-4发射架的BM-30-1212联装自行火箭炮。BM-30火箭炮在布达佩斯、布拉格、科尼斯堡和柏林等城市攻坚战中发挥了巨大的威力。

苏联总共生产了2400门BM-8系列，6800门BM-13系列和1800门BM-30系列火箭炮。其中有3374门是装在卡车上的。到战争结束时，苏军已拥有7个火箭炮师、11个火箭炮旅以及38个独立火箭炮营，一大半的火箭炮都是BM-13。苏军的火箭炮部队已经成为整个炮兵中最具威力的一部分。

◎ 二战后的"喀秋莎"：宝刀未老后继有炮

随着科技发展，苏联将"喀秋莎"火箭炮的性能不断改进，继续发展了多种先进的火箭炮，其型号之多、数量之大遥遥领先于其他各国。仅20世纪50、60年代，苏军就装备了BM-14、BM-21、BM-24、BMA-20等多种火箭炮。尤其是BM-21因性能先进而名扬天下，先后生产2000多门，畅销50多个国家。BM-21型火箭炮原装备苏军摩步师和坦克师的

★俄罗斯"龙卷风"轮式火箭炮发射车

炮兵团，主要用来消灭敌集结地域的有生力量，压制或摧毁炮兵发射阵地，破坏多种野战工事和支撑点。早期的BM-21采用乌拉尔-375型载重车改装而成，最大行驶速度为70千米/时，以后改用轮式4轮越野车，最大速度达到85千米/小时。在车体后部的大型旋转架上有40个发射管，可在18秒内发射40发子母弹，摧毁20千米远的各种目标。无数炮弹铺天盖地地袭来，就像晴朗的夏天突然袭来的冰雹一样，所以俄军士兵常称它"冰雹"炮。

20世纪50年代初的朝鲜战争中，中国志愿军使用了苏联援助的"喀秋莎"火箭炮。"喀秋莎"火箭炮给予美军为首的多国部队以沉重的打击。在电影《英雄儿女》里可以看到朝鲜人民军的"喀秋莎"火箭炮。

在20世纪末的车臣战场上，俄军使用的BM-30"龙卷风"火箭炮，发射的火箭弹重达800千克，最大射程达到70千米。它采用了先进的制导技术，在发射管上装有一个"黑匣子"，可为每发弹自动编制程序。弹上的燃气发生器可根据指令产生高压气流，不断修正火箭弹的飞行方向，使它的命中精度提高了3倍，因而被誉为目前正式列装的武器中射程最远、威力最大、精度最高的火箭炮。

据最新报道，俄罗斯曾研制一种专用于战场侦察的火箭弹。它的中部和尾部装有折叠式弹翼，飞到空中张开弹翼便成为一架无人驾驶侦察机，可从9千米高的空中摄下目标图像后传到指挥中心。威力巨大的"龙卷风"火箭炮配上先进的无人火箭弹，将在21世纪战场上再放异彩。

配备8种弹头的"火神"
——巴西阿斯特罗斯Ⅱ多管火箭炮

🚫 巴西自制的火箭炮

在海湾战争中，美国阵地遭受了大量火箭炮的袭击，美军伤亡惨重，而袭击美军阵地的这种火箭炮就是阿斯特罗斯Ⅱ型火箭炮。在美军眼里，阿斯特罗斯Ⅱ型火箭炮就是"火神"，这种火箭炮能够提供最佳的目标火力覆盖功能，配备8种弹头和优越额高精度投放系统，可以进行9到90千米范围内的目标的饱和攻击。阿斯特罗斯Ⅱ型火箭炮由巴西生产，其研制过程也有几分政治色彩。

巴西地处南美洲东部，国土辽阔，经济落后，过去长期受葡萄牙殖民统治。第二次世界大战以后又受美国控制，陆海空三军的兵力只有28万人，几乎全部主要武器装备都从美国进口。为了改变这种状况，巴西阿维布拉斯航宇工业集团从1960年以来就积极研究设计

★即将发射的"阿斯特罗斯"II多管火箭炮

较简便的火箭和火箭炮。阿维布拉斯航宇工业集团于1961年建立，一些巴西空军航空技术中心的工程师创建了这个私人航宇公司。

1964年，阿维布拉斯接到了生产SondaI火箭的合同并从此成为了一家发展探空火箭的主要生产厂家，并参预了SondasII、III、IV多型导弹的设计生产。20世纪70年代后期，阿维布拉斯航宇工业集团在这些简易武器的基础上发展出一种炮兵饱和射击火箭系统ASTROS即阿斯特罗斯多管火箭炮。1983年制成样品后经过大量试验，最后正式定型生产并装备陆军的火箭炮部队。

在20世纪80年代末到90年代初期，阿维布拉斯集团在阿斯特罗斯多管火箭炮的基础上独立地研发并生产了阿斯特罗斯II型多功能火箭发射系统。

◎ 阿斯特罗斯火箭炮堪称经典

阿斯特罗斯II型多功能火箭发射系统由发射装置、运载车、射击指挥系统和弹药车组成。发射装置为发射箱式，有三种变型：32管127毫米火箭发射箱；16管180毫米火箭发射箱；4管300毫米火箭发射箱，均采用10吨越野车底盘。

★ 阿斯特罗斯II型多功能火箭发射系统性能参数 ★

口径： 127毫米	**最大射程：** 60千米
战斗全重： 66千克	**最小射程：** 9千米
战斗部重： 20千克，	**再射装填时间：** 10～12分钟
车长： 3.1米	**配用弹药：** 箭弹、子母弹

阿斯特罗斯II型多功能火箭发射系统的一个显著特点，就是它的发射装置采用活动组件式的结构，根据不同作战部队的不同要求，可以选用3种不同规格的发射箱。

第1种发射箱内密集地装有32个较细小的发射管，每个管内装有1发小型火箭弹，它的直径只有127毫米，长约3.1米，全重66千克。战斗部重20千克，最大射程达到了30千米，最小射程也有9千米。发射完全部火箭弹后，可以用弹药车上的起重机，在10分钟～12分钟时间内重新装填32发新弹。当起重机失灵时也可用手工方式在25分钟内装完。

第2种武器的发射箱内，共有16个发射管，每个管内装有1发中型火箭弹，它的直径增大到180毫米，长度增加到将近4米。1发弹的全重有146千克，战斗部重54千克，里面装有40个双用途子终弹，既可以攻击各种轻型装甲目标，又可以杀伤有生力量。由于重量增

★ "阿斯特罗斯" II多管火箭炮

★ "阿斯特罗斯"II多管火箭炮发射场面

加了一倍以上，发动机也加重了一倍，达到92千克，最大射程达40千米。这种武器被称为SS-40式火箭炮，它的装弹时间只需要6分钟。

第3种是远射程、大威力武器，它只有4个发射管，1次齐射发射4发大型火箭弹，每发弹的直径达300毫米，长5.2米，全重517千克。战斗部的重量就有160千克，里面装有64个子弹，最远可以攻击60千米远的大面积目标。

◎ 阿斯特罗斯的战斗和改良生涯

阿斯特罗斯II型多功能火箭炮的威力大、火力猛，战场使用机动灵活，既可以攻击大面积集结的有生力量，又可以破坏防御工事和武器发射阵地，因此从20世纪80年代以来受到世界各国的普遍重视，许多第三世界国家开始从巴西引进。20世纪80年代末，阿维布拉斯航宇工业公司向伊拉克出售了估计为66枚的阿斯特罗斯II型火箭炮系统，1991年海湾战争中，伊拉克曾用阿斯特罗斯II多管火箭炮攻击美军阵地。

出售给沙特、巴林和卡塔尔的数量不明，1982年至1987年间阿斯特罗斯II型火箭炮系统的销售总额达到10亿美元。马来西亚已经购买了一批阿斯特罗斯II型火箭炮系统，第一套已经于2002年交付使用。

随着战争的需要，火箭炮的射程成为了其制衡的标准，阿斯特罗斯II型火箭炮也在升

★ "阿斯特罗斯" II多管火箭炮齐射

级其射程。阿斯特罗斯III型系统是阿维布拉斯公司正在研制的ASTROS多功能火箭发射系统（MLRS）的未来版。此系统主要用于出口，并将配备新式的弹药补给车。

　　阿斯特罗斯IIIMLRS将会装在一辆8×8的卡车底盘上。此卡车具有高载荷和增强型的动力系统和更强的火力。SS-150火箭弹和AV-MT战术弹道导弹和阿斯特罗斯IIIMLRS同期研制，此武器将能够对150至300千米内的目标进行打击。

火箭炮之王
——美国"钢雨"M270式火箭炮

🚫 出身"高贵"：M270几乎穿上了所有豪华的外衣

　　美国M270式227毫米12管火箭炮于20世纪70年代开始研制，由美国、德国、英国共同开发，其间法国和意大利先后于1979年及1982年参与了研制工作。1979年，参加研制的各国达成一致的备忘录，其中称M270系统由北约成员国共同开发，同时将该武器系统正式定名为"全般支援多管火箭炮系统"（后称"M270多管火箭炮系统"）。

　　M270型火箭炮是在苏联地面支援武器系统迅速发展并逐渐占据技术优势之后，美国及北约盟国为了应对而研制的一款地面支援火力打击系统，最初是由美国陆军导弹与火箭研究局承担主要开发任务，后来逐渐有北约其他国家加入进来参与其开发工作。

★英国军队装备的美制"钢雨"M270式火箭炮

1983年，M270装备美军，由沃特公司负责生产。同年5月，根据和美国达成的协议，法国、德国、英国和意大利共同生产该型火箭炮，成为北约的制式武器，称为MLRS。

20世纪80、90年代，M270火箭炮装备了日本、韩国、泰国、新西兰、澳大利亚、荷兰、希腊、沙特阿拉伯、土耳其和以色列等国，总订购量超过1000门。

M270火箭弹采用模块化技术、机动性和防护性能好、火力密集且精度颇高，尤其是还可以同时具备发射陆军战术地对地导弹（ATACMS）的能力，被西方认为是最好的火力支援系统。

◎ 优势明显："钢雨"一出，谁可匹敌

在现代战场上，"钢雨"M270型火箭炮的优势是明显的。

M270系统采用了全新的火控和配属管制系统，其火控系统主要由火控装置、遥控发射装置、稳定基准装置、电子装置和火控面板五大部分组成。其配属管制系统由先进的硬件系统和高效率的"软件系统"（即管制人员和配属设备）组成，M270系统采用了BCS班用计算机系统，这样，营射击指挥中心就可以通过多种手段将进攻命令和打击任务直接下达到班一级火力单位，同时由于网络指挥手段的便捷和快速，使得指挥反应时间大大缩短

★ M270自行火箭炮性能参数 ★

口径：227毫米

战斗全重：25.9吨

最大速度：64千米/小时（公路）

最大行程：480千米

射速：12发/50秒

最大射程：子母弹32千米

布雷弹40千米

末制导反坦克子母弹45千米

发动机：一台VTA903型8缸水冷涡轮增压柴油机

功率：368千瓦

底盘：M2"布雷德利"步兵战车

最大爬坡度：30度

过垂直墙高：0.914米

越壕宽：2.54米

乘员：3人

了。为了加强M270系统的打击能力和对敌阵地确定能力，美陆军利用直升机、炮位侦察雷达、地面站、卫星定位系统形成了战场立体侦察和指挥管制体系。透过这种高技术手段，M270系统形成了战场多纵深和多平面的侦察打击能力。

M270系统由M933型运载车作为其作战载体，M933型运载车外观上像一种加长型的"布雷德利"步兵战车，其车体80%为通用部件，车体满载之后最大重量为24700千克。M933运载车爬坡度60%，涉水深1.1米，可爬越垂直1米的墙，可利用C-141B和其他大型

★M270自行火箭炮发射一瞬

★装载着12发炮弹的M270型火箭炮

运输机空运。运载车驾驶舱采用铝装甲结构，为乘员提供安全的弹道防护，车内安装的M13A1气体微粒过滤器装置与乘员防护面具相连接，可有效保护乘员不受到化学、生物制剂和放射性污染物的侵害。

M270系统的每个发射箱都含有六个火箭弹发射管或一个导弹舱，火箭炮发射管口径为227毫米，管数12，战斗射速为12发/50秒。其行军战斗转换时间为5分钟，战斗行军转换时间为2分钟，再装时间为5分钟，时速为64千米，最大行程达到了480千米。该系统还装备有集体三防系统，能够有效防范核、生、化武器的打击。

在作战期间，M270系统的初始校准时间需用时约8分钟，发射火箭弹时增加17分钟～60分钟，发射陆军战术导弹系统时则增加7分钟～28分钟。在发射车运动时，如果稳定基准仪呈关机状态或没有经过稳定，那么就会失去确定阵地位置的能力。当这种情况出现时，可以通过使用每运行6千米～8千米更新一次的数据进行修正。

M270系统适用多种弹药，从火箭弹到战术导弹都可以使用。基本上，它主要使用M26火箭弹、M28火箭弹、M28A1火箭弹、M39陆军战术导弹和M74反人员反装甲子母弹等几种弹药。

◎ 海湾"战神"：中东上空的"钢雨"

1991年，海湾战争爆发，伊拉克貌似强大的机械化部队，曾饱受美制M270火箭炮强大火力的迎头痛击，以至于幸存的伊拉克士兵把这种一次齐射抛撒无数发子母弹的可怕武器称之为"钢雨"。在海湾战争中，共有大约200辆M270火箭炮被投入战场，一共发射了9600多发火箭弹，这些火箭弹对伊拉克的地面目标射出约600万枚M77双用途子母弹药。美英军队因为这种火箭炮在全连齐射的时候，一次能覆盖并摧毁标准军用地图一英里方格上的所有物体，而亲切地称之为"方格终结者"。

　　面对M270系统所取得的战果，美国是没有想到的，这款为了对付苏联地面战术武器的领先而赶制出来的武器系统居然是这样的出色。如果说"战斧"巡航导弹、F-117A隐形战斗机等精确打击和空中打击武器给敌方造成的更多是经济上和心理上的压力，那么作为"战争之神"的炮兵直接造成的却是敌方人员上的巨大损失，尤其是这种伤亡伴随而来的心理崩溃。武器界有这样的一句话："炮兵是战争之神！"而M270多管火箭炮系统就是战争之神中的"雷神"，它的火力打击能力是绝对当得起这个称号的。

　　"钢雨"飞下，人心惶惶，这是伊拉克很多人的恐惧。经过战争的验证，足以看出"钢雨"的技术优势，以及其研制出身之高贵、自身设备和配属装备之先进。其实，"钢雨"不但火力威猛，还有一套打破常规的编制。"钢雨"多管火箭炮营隶属于军编制下，通常配属给军下的野战炮兵旅。其主要任务是在支援作战中提供野战炮兵火箭弹和导弹火力，另外还承担为其他的野战炮兵部队提供加强火力的任务。而多管火箭炮连则作为师炮兵的独立发射连，一般情况下配属给装甲和机械化步兵师，该连就是该师建制中的支援炮兵。

　　"钢雨"多管火箭炮营由1个营部、1个营部勤务连和3个发射连组成，每个连配备9部发射车。在作战时的单位火力配备上，一个多管火箭炮营的布置范围大概是13个阵地地域，这大约相当于3个直接支援身管火炮营所需的面积。其中有9个3×3千米大小的排作战地域，3个连部阵地和一个营部与营部勤务连阵地。如果是进行分散作战，还要增加4个阵地，分别是3个连辎重队和1个营辎重队。

★士兵正在为M270火箭炮装填火箭弹

为了更有效地应对战场态势和进行作战，"钢雨"多管火箭炮营的战时编制是这样的：

它由营部、连部、作战分排、射击指挥中心、情报分排、测地计划和协调分队、联络分排、通信/电子分排、无线电分排、人事与行政管理分排、营补给分排、医疗队、营部勤务连的炊事分排、营维修保养分排构成。这些作战编制制度有效地分化清楚了各自的责任和主管范围，并确定了彼此的分工，提高了整体的作战能力。

通过各种分工明确的职责划分，分管人员只要做好自己的工作就可以了，其他的工作自然有人会去做。这样的好处是避免了互相之间的扯皮和推脱现象的出现，再加上各部门间紧密的沟通，则更有效地强化了整体作战效能。

作为直接参与作战的连一级发射单位，它也有自己独立的编制体系和制度。按照规定，连的划分是这样的：它由连部、连作战中心、连炊事排、连补给排、连维修保养分排、战地救护组、弹药排、发射排部、发射排和发射分排组成。

由此可见，"钢雨"发射连的编制是基于独立作战和分散作战的原则设定的。为了提高战场上的快速打击和高度机动能力，独立编制有效地加强了多管火箭炮营的单位作战能力。适应了未来战斗的小型化、分散化和独立化的特征，并成为了一个小型的战场火力支援体系。

那么，"钢雨"编制构成又是怎样的呢？

联络分排：该排主要由联络参谋长负责，构成人员由一名联络军士和一名联络员组成。当多管火箭炮营被指定加强或执行全般支援兼加强任务的时候，该分排负责提供与被支援或被加强炮兵部队之间的联络，必要时，他们还要加入火力支援协调组执行协调工作。为了有效承担必要时的火力协调任务，该分排还配备有一部射击指挥系统。

测地计划与协调分队：该分队主要由侦察和测地参谋负责，构成人员为一名主测地员和一名汽车驾驶员。该分队是作为营战术作战中心的一部分进行工作的，职责是计划和协调营的测地工作，该分队并不承担实际的测地任务，它是作为管理中心而存在的，主要是收纳和安排各连测地分排的测地情报和测地计划。

★行进中的M270型火箭炮

射击指挥中心：该中心主要由营射击指挥参谋负责，构成人员为一名射击指挥计算机主操作手、一名射击指挥计算机操作手和四名射击指挥专业人员。该中心拥有所有发射连的战术控制权，同时为各连提供战术射击指挥。

★M270的发射装置是由12个298毫米口径的玻璃钢定向管组成的

测地分排：测地分排的任务是为各发射排提供准确的地形资料和所有的测地保障作战，测地分排测地组组长要向连作战参谋提出连作战测地计划建议，然后是利用"帕兹"测地系统建立起直接与各排连接的测地控制点。

形成M270系统战斗力的主要是武器系统本身和配属的各种技术装备，对于M270系统来说，承担的多数是战场的加强和全般支援任务。这就意味着它必须具备良好的视野、强劲有效的战场打击火力和准确的战斗地域情报及快速的信息反馈，这一切都由C3系统（指挥、控制和通信系统）、部队的编制结构和M270系统本身的射程和所用的弹药来解决。

M270系统的C3系统可与其他多种的C3系统和C3I系统连接，这样就使得M270系统的C3可以同目标侦察与探测系统相连接。这些主要是炮位侦察雷达、联合监视与目标攻击雷达系统和"护栏"通信情报系统，多管火箭炮营、连、排各级的射击指挥系统均可以与数字信息装置、其他的射击指挥系统、身管火炮连用计算机系统、情报综合分析系统"阿法兹"、机载目标移交系统、地面站设备和指挥员战术终端进行直接连接，有效提高了综合打击及战场应变能力。

在编制上，多管火箭炮营强调自主性，这种优秀的编制结构可以使营向连或排下达战术任务。多管火箭炮发射连的装备可以脱离营的直接指挥执行独立作战任务，完成各种标准或非标准的作战行动。如果发射排可以得到一定的加强，同样也会具备半独立的作战能力。

炮位侦察雷达适用于各种火炮系统的通用侦察系统，炮位侦察雷达在作战时可以同时侦察9个区域，这9个区域必须是下列四种区域之一或四种区域的任一组合区域。它们是重要的友军地域、火力呼唤地域、炮兵目标情报区和监视区。炮位雷达也存在极大的局限性，那就是它无法分辨迫击炮和身管火炮以外的武器，这样就影响了指挥官作出正确的战场判断；同时因为炮位侦察雷达采用的是非保密式数字通信，极容易遭到敌人的电子战攻击和干扰，所以也必须要随时准备修改预定侦察手段。因此，只有在确定了有足够弹药或发射车，同时敌人的电子战能力非常差的时候炮位侦察雷达才能发挥出它最好的效果。

在多管火箭炮营的生存能力问题上，被动地规避和强化装甲都不是好的措施。因此，美陆军在战术上进行了巧妙的安排。如火箭炮在进行作战时，会掀起巨大的烟尘，容易被敌方的雷达和空中侦察系统发现。为此，在作战地域配属上，多管火箭炮营在阵地选择上尽量靠近己方前沿配属阵地，并与其他火力支援系统混合配属，同时一切调动均在己方机动作战旅地域内进行，这样可以充分降低敌方发现多管火箭炮营作战企图和阵地位置的能力。但是，有的时候这种安排依然不能确保不会出现意外。由于火箭炮在发射时出现的闪光非常容易使本身和附近各分队遭到敌人火力攻击，为此，在作战上非常强调"打了就不管"和快速占领及退出阵地的战术手法。

由于M270系统采用了更先进的侦察手段、配备了更多的战场信息反馈手段和具备了充分的单位作战能力，在综合作战能力上，以战场火力支援和加强为主的M270系统成为了北约各国支援火力方面的主要列装武器。

"死亡风暴"
——苏联"龙卷风"火箭炮

🚫 "龙卷风"之谜：苏军的"龙卷风"到底是何物

苏军的"龙卷风"火箭炮堪称世界上火力最猛、口径最大的火箭炮，但"龙卷风"火箭炮至今还是个谜，让人摸不着"脉络"。提到"龙卷风"火箭炮还要从苏军的"喀秋

★俄罗斯在2008年莫斯科武器展上公开展示的"龙卷风"火箭炮

莎"火箭炮开始说起。

无论是二战期间，还是现在的和平时代，在世界火箭炮的范畴内，有这样一句名言：苏军出品，必属精品。苏军堪称火箭炮的鼻祖，二战时，苏军使用了著名的"喀秋莎"火箭炮，在战争中发挥了重要作用，它是第一代火箭炮。

★BM-21"冰雹"火箭炮的发射场面

1957年，苏联宣布竞争研制新二代火箭炮，获胜的是第147科研所，即后来的"合金"国家科学生产联合企业。该企业经过六年的艰苦研制，终于向世人推出了BM-21"冰雹"。"冰雹"系统不仅装备在苏军队中，也装备在世界上55个国家的军队中，其推广与普及程度在世界武器史上仅次于AK-47。

在不断发生的局部战争和武装冲突中，它均有出色的表现，这也给它作了很好的广告。另外，该武器装备长达35年之久，一直享有良好的口碑。许多使用该系统的军人都有这样的说法："我最为高兴的是'冰雹'落下的时候。"在越南战争期间，越南在"胡志明小道"上向入侵的美军发射了苏联专门为其制造、可用于丛林地带游击战的"冰雹"。

苏联的BM-21"冰雹"火箭炮，在苏军中一般配给师属炮兵团。"冰雹"的出现与著名设计师亚历山大·加尼切夫密不可分。他是位天才，组织才能强，被称为"火箭炮兵的卡拉什尼科夫"。在他的积极参与下，共研制了10种高效能的火箭炮、48种火箭弹。"冰雹"集中了当时的高科技成果，包括空气动力学、火药制造、爆炸物、引信、结构设计等。比如说，"冰雹"火箭弹的稳定器在发射前处于收起状态，从发射筒射出后打开并固定。亚历山大是这种结构的发明者。此后，许多国家制造火箭炮时都利用了这一结构。即使是现在，"冰雹"也是威力强大的极为可怕的武器。它强大的威力和有效性还为自己的大块头弟弟——"龙卷风"起到了广告作用。

在相同的理念下，苏军开始研制威力更大的"龙卷风"火箭炮，并于1987年开始装备

★具有强大杀伤力的俄制"龙卷风"多管火箭炮

苏联陆军，到目前为止，世界上还没有出现与其性能相当的类似装备。"龙卷风"火箭炮系统一次齐射可覆盖几十万平方米的区域，射程可达90千米。

世界领先：最大口径的火箭炮

在各国炮兵的口碑中，他们都认为"龙卷风"就是强大的代名词，"龙卷风"多管火箭炮系统的各种优势都非常明显。

"龙卷风"最大的优势在射程、火力效率、对敌方有生力量和装甲设备的杀伤面积上，其武器性能远远优于其前身和国外同类产品。"冰雹"火箭炮射程为20千米，覆盖面积为40万平方米；"飓风"射程为35千米，覆盖面积为29万平方米；美国MLRS射程为30千米，杀伤面积为33万平方米；而"龙卷风"12枚火箭弹一次齐射最大射程为100千米，最小射程为20千米，杀伤面积高达67.2万平方米。

★ "龙卷风"火箭炮性能参数 ★

口径: 300毫米

战斗全重: 43.7吨

全长: 2.4米

底盘长: 12.4米

底盘宽: 3.1米

底盘高: 3.1米

定向管数: 12

最大射程: 100千米

最小射程: 20千米

火箭弹重量: 800千克

齐射时间: 38秒

单发发射间隔: 3秒

再装填时间: 36分钟

回旋角度: 60度

俯仰度: 0度～+55度

火控系统: PG-1M全景瞄准镜（PANTEL）

瞄准仪: K-1

火控计算机: CBK-400计算机

乘员: 4人

　　"龙卷风"发射的导弹重800千克，战斗部重为280千克，这种活塞发动机和弹药杀伤成分之间的比例也是举世无双的。战斗部采用子母弹配属，弹匣内有72枚各重2千克的子炮弹，在迎向攻击时，与呈水平30度～60度攻击角的普通炮弹不同，它采用特殊配属，严格保障90度垂直角度，确保命中敌方装甲运输车、步兵战车、自行火炮、履带式坦克的炮塔和顶层等装甲防护相对薄弱的"软肋"。火箭弹的战斗装药有不同方案，从反步兵、反坦克地雷到燃料弹、高爆弹、智能炸弹，最多可有20种，战斗部内装配惯性制导和轨迹校正系统，确保搜索并找到既定攻击目标。

　　"龙卷风"火箭炮命中精度较高，能与搜索敌方战斗装备引导弹药瞄准目标的"动物园"火控雷达系统配套使用，可与A-50远程预警指挥机保持密切联系，甚至能发射"远东洋茅"无人侦察机，在战场上空停留20分钟，向多管火箭炮连指挥计算所传输方圆10千米内的新目标坐标。这样，"龙卷风"系统事实上已成为一种高精度武器系统，其火力效率甚至超过了战术导弹。为提高命中精度，图拉"合金"国家科学生产联合企业的设计师们从20世纪50年代以来在著名工程师加尼切夫、杰涅什金的领导下，成功研制出了能根据既定仰角和方向角自动校正飞行轨迹的无控火箭弹。此后，与"冰雹"、"飓风"相比，"龙卷风"的火力精度和密度提高了1倍～2倍。

　　"龙卷风"主要用于杀伤远接近地域内的群目标，消灭开阔地带和掩体内的有生力量，摧毁摩步连、坦克连和炮兵部队的非装甲、轻装甲和装甲设备，攻击战术导弹、防空系统和机坪上的直升机，也可摧毁指挥所、联系枢纽和军工设施。因技术先进、威力巨大，俄罗斯对"龙卷风"系统的出口监督非常严格，海湾战争后仅向印度和科威特出口供应，所以世人对其实战应用效果知之甚少。

◎ "龙卷风" VS "钢雨"——谁是世界火箭炮之王

"龙卷风"与"钢雨"分别是俄罗斯和美国最先进的多管火箭炮系统，同时也是世界多管火箭炮的佼佼者，如今已分别成为东西方各国多管火箭炮的标志型产品。1991年的海湾战争中，被形容为"钢雨"的美制M270式多管火箭炮一战成名，号称"世界上最好的火箭炮"。但俄罗斯军方则不以为然。他们心中最好的火箭炮是"龙卷风"（BM－30式）火箭炮。如果这两种火箭炮能在战场上一较高下，那么场面一定相当壮观！只不过目前为止我们还无法目睹"龙卷风"与"钢雨"之间的"风雨"对抗。不过我们可以将"龙卷风"与"钢雨"这两种世界上最先进的多管火箭炮系统作一番比较，看看究竟谁更胜一筹。

首先，从结构上来看，"钢雨"更占优势。

"龙卷风"采用管式定向器，共有12根发射管，配属在8轮的MAZ-543M型汽车底盘上，车体长达12.4米，高3.1米。该炮整体结构较复杂，体大、笨重，战斗全重高达43.7吨，不便于战略运输。

"钢雨"发射车由履带式底盘、发射箱和火控系统三大部分组成。发射车采用改进型M2"布雷德利"战车底盘，防护能力好，机动性强，能够保证火箭炮实施"打了就跑"

★美制"钢雨"多管火箭炮

的战术。新颖的整体结构发射装置为集装箱式发射箱，由两个分别可装6枚火箭弹或1枚陆军战术导弹的发射、存贮器组成，突破了传统的弹药装填、存贮和保养的观念，该炮结构紧凑、体积小，重量相对"龙卷风"要轻得多，战斗全重只有25.9吨，比"龙卷风"轻了近一半，因此便于战略空运。"钢雨"的遥控发射装置可以使炮手在远离火炮的位置上发射，而"龙卷风"要在发射车的驾驶室内控制发射，也可用手持式操纵台控制，但不如"钢雨"方便、安全。另外，"钢雨"发射、存贮器中的火箭弹在出厂前已检测完毕，10年内无须任何保养，这点"龙卷风"只能甘拜下风。

其次，从射程与精度方面来看，则是"龙卷风"更胜一筹。

"龙卷风"素有"射远冠军"的美称，早期的9K58杀伤子母弹型火箭弹的最大射程为70千米，改进后的9K58-2火箭弹因采用了新型发动机和改进的发射装药，使最大射程提高到了100千米。而"钢雨"的M26式双用途子母弹的射程仅为32千米，海湾战争后研制的M261A式增程火箭弹的射程也只有45千米，而"龙卷风"已经达到了100千米。因此，在射程上"钢雨"远不及"龙卷风"。

远程火箭炮除射程的优势外，提高精确打击能力也是衡量火箭炮性能的重要指标。"龙卷风"是世界上第一个在火箭弹上装备控制系统的火箭炮。该炮采用初始段简易惯性制导，并通过火箭弹自身姿态控制、弹体旋转稳定和自动修正技术，提高了火箭弹的散布精度。该炮在射程70千米时，可将偏差控制在射程的0.21%之内，密集度指标与传统火箭炮相比提高了3倍，达到1/300×1/300，接近普通身管火炮的精度，较好地解决了火箭炮射弹散布大的致命弱点。最大射程上的偏差平均为横向100米～120米，纵向约为150米。

为了进一步提高"龙卷风"的射击精度，俄罗斯最近为"龙卷风"研制了该炮自己的目标探测／毁伤评估装置——R-90无人侦察机——一种可由"龙卷风"火箭炮发射的无人侦察机。这种小型侦察机与普通无人侦察机不同，它可像普通的火箭弹一样由"龙卷风"发射，可直接穿过敌方的前沿防空网抵达目标区，防空武器难以拦截。这种侦察机抵达目标区域后自动开始盘旋，可测定出20千米～70千米范围内目标的精确位置，并能在20分钟内持续地向指挥中心传送火力修正信息。通常在实施远程射击时先发射一枚R-90，随后，"龙卷风"便根据R-90传回的目标精确参数，以极为精确的火力席卷整个目标区域。

美国为提高"钢雨"的射击精度，采用了GPS制导方式，其偏差为0.7%。海湾战争后，美国为了加大该火箭炮的射程而又不降低射击精度，在研制增程火箭弹时通过改进弹体结构，减少了发射架晃动所引起的误差；修改射击指挥系统，采用激光多普勒测风仪，可测量约100米高度的风速，校正射击参数，可使发射误差减少35%左右；为火箭弹安装简易控制及子弹药末制导装置，据说其射击精度至少比早期的"钢雨"提高了一倍，但与"龙卷风"相比，还是要甘拜下风。

其三，从火力方面来讲，"龙卷风"要胜过"钢雨"。

就火箭炮而言，口径越大，其威力也就越大。因为口径大的火箭炮可以发射更重的火箭弹，战斗部也相应重得多。"龙卷风"与"钢雨"虽然都是12管的火箭炮，但在口径上却相差很多。"龙卷风"为300毫米，而"钢雨"只有227毫米。"龙卷风"可配用带破片杀伤子弹药的集束式火箭弹、带可分离战斗部的杀伤爆破火箭弹和带自动瞄准子弹药的集束式火箭弹。其中破片杀伤集束式火箭弹弹重800千克，战斗部重为280千克，内装72枚直径为65毫米的预制破片子弹药。每枚子弹药可产生用于杀伤人员的0.8克破片300个，能够穿透10毫米轻型装甲的4.5克破片100个。一门火箭炮一次齐射能抛出864枚子弹药，可产生杀伤人员的破片25.92万个和攻击轻型装甲目标的破片8.64万个，对有生力量的覆盖面积为67.2万平方米，对轻型装甲目标的覆盖面积为10万平方米。由于精度高、威力大，一门"龙卷风"一次发射就可摧毁敌人一个指挥中心，2门~4门炮一次齐射可摧毁一个炮兵连，用10发~16发弹可以消灭一个摩托化步兵连，这是当今任何一种火箭炮都无法比拟的。俄罗斯军事装备科研部门曾透露，如对"龙卷风"火箭炮进行改进，其战斗力还能提高20%。

"钢雨"配备双用途子母弹、反坦克布雷弹、增程火箭弹和制导火箭弹。其中，双用途子母弹弹重310千克，战斗部重159千克。战斗部内装有644颗M77型子弹，每颗子弹重230克，一门火箭炮齐射12枚火箭弹可发射7728枚子弹药，覆盖面积达120000平方米~240000平方米，仅为"龙卷风"的五分之一至三分之一。不过就穿甲能力来讲，"钢雨"要比"龙卷风"更强。"钢雨"的火箭弹可击穿100毫米厚的装甲板，能摧毁轻型装甲车辆。但是，总体来说，在火力方面"龙卷风"略胜过"钢雨"。其四，在自动化程度方面，则是"钢雨"更胜一筹。

"龙卷风"和"钢雨"火箭炮都具有极高的自动化程度。"龙卷风"火箭炮连配有1辆射击指挥车，车上

★"钢雨"火箭炮的发射瞬间

★ "龙卷风"远程多管火箭炮

装有"饲养笼"自动化射击指挥系统。该系统主要包括1台E-715-1.1数字式计算机、无线电通信设备、数据传输和数据处理装置，可以接收、处理、储存、显示和发出指令，制订并给出集中攻击和对敌各纵队攻击的火力计划，可为一个连6门"龙卷风"火箭炮计算射击诸元和气象通报。

改进型"钢雨"配用的新型火控系统采用一种低成本火控面板，上面装有视频显示器、全功能键盘和与弹载设备连通的10兆赫双数据总线。可通过弹载惯性导航系统中的全球定位系统修正值和弹载气象传感器的数据回馈，将风力修正量列入决定射击诸元的考虑范围。该炮采用全自动操作系统，稳定基准装置能够自动定位和稳定火箭炮，自动收放炮装置代替了手动收放炮装置。进入阵地后，火箭炮自动放列、自动调平、自动计算射击诸元，并自动进行修正，大大缩短了火箭炮的射击指挥和瞄准的反应时间。每门火箭炮配有3名操作手，发射和再装填都可在车内进行，紧急情况下，一个人就能进行火箭炮的再装填和发射。

其五，在机动性能方面，"钢雨"更为灵活。

由于多管火箭炮发射时容易暴露目标，故在发射后必须快速转移阵地，以避免敌方反火力袭击，因此，机动性对于多管火箭炮而言，极为重要。"龙卷风"火箭炮采用轮式越野车底盘，最大公路速度为60千米／小时，最大行程为650千米。"钢雨"采用由M2步兵战车改进而成的M993式高机动、轻型履带式底盘。它的越野能力和机动性可以与M1坦克相媲美，最大公路速度为64千米/小时，越野速度为48千米/小时，最大行程为480千米，车上80%的部件为通用部件，便于战场维修及后勤保养。虽然"钢雨"的最大行程没有"龙卷风"那么远，但由于"龙卷风"采用轮式底盘，越野性能要比"钢雨"差些。另外，"钢雨"的体积要比"龙卷风"小，重量也比"龙卷风"轻得多，因此战略、战术机动性都比"龙卷风"要灵活。

其六，作战反应速度上，二者各有千秋，"钢雨"略占优势。

"钢雨"配3名操作手，即炮长、驾驶员和炮手。"钢雨"原型火箭炮的单炮反应时间为：待发状态15分钟，非待发状态30分钟。改进后的"钢雨"由于采用纯液压系统，使火箭炮的瞄准时间由原来的93秒减少到20秒以内，并将再装填时间缩短了45%，大幅度缩短了射击任务的处理时间，进而缩短了全系统的反应时间。"钢雨"处于待发状态时的反应时间缩短至5分钟，由战斗状态转为行军状态仅为2分钟。

"龙卷风"比"钢雨"多用了1名操作手，即驾驶员、操作员、装填手和炮长，通常从行军状态转为战斗状态和从战斗状态转为行军状态的时间均为3分钟。

★俄罗斯在2008年莫斯科武器展上公开展示的"龙卷风"火箭炮

"龙卷风"一次齐射仅需要38秒，"钢雨"则需要45秒；但由于"钢雨"采用整体式发射箱，火箭弹在工厂就已封装在发射箱内，因此在战场上，一旦发射箱内的火箭弹发射完以后，只需换上另一个发射箱便可继续发射，必要时可一人操作，装填一次(12发)只需5分钟。而"龙卷风"必须多人操作，一次再装填12发火箭弹需要20分钟。因此，综合来讲，在作战反应速度上，二者各有千秋，不过在实战中，"钢雨"则会因为填充迅速而占有优势。

综观两炮的各种战术技术性能指标，应该说各有所长。M270式多管火箭炮在机动性能、自动化程度和弹药上比较占优势；而"龙卷风"则突出射程和精度以及火力的威猛。因此，仅是纸上谈兵，一时间还真是难分高下。那么，到底谁能成为世界上的"火箭炮之王"呢？或许还得在战场上见分晓。

不过，我们宁愿这个谜能永远保持下去，也不希望看到"龙卷风"与"钢雨"对决的那一天。因为它们之间的对抗，是两强相遇，两虎相争，无论谁胜谁负，都将是人类历史上的又一场浩劫。

战事回响  ‹ ‹‹‹ ‹‹‹ ‹‹‹

🎧 世界著名火箭炮补遗

以色列轻型LAR-160火箭炮

相比号称世界上最先进的美国M270多管火箭炮系统，以色列轻型LAR-160（口径为160毫米）火箭炮系统具有显著特点：重量轻、整套装备体积小、采用新技术和新材料、射程最大达到45千米。

LAR-160轻型火炮火箭系统由一个多管火箭发射装置安装在移动平台上。该系统采用消耗发射集装箱的方式：多管火箭在再次发射时，只需整体卸下并换装消耗发射集装箱。这种方式广泛应用在众多国家先进火箭炮系统、性能稳定、安全可靠，作战迅速。

LAR-160轻型火炮火箭系统组合装载或者聚簇弹头射程上最大达到45千米。在它的标准配属中，使用两套每个存储13枚火箭的多管发射集装箱（LPCs）。系统能被适应到各种不同的平台，根据顾客需求定制：履带式，轮式或拖车底盘。轻型发射装置用于特殊的运输模式。它能被直升飞机载送运输，并且被设计成能够提供远射程（long-range）。该系

★具备多弹头的以色列LAR-160轻型火箭炮

统在猛烈地射击支援方面非常具有机动性。这个独立的系统包括一个发射装置，在地面能被一个轻型车辆例如一辆jeep或HMMWV牵引。

LAR火箭使用坚固的复合材料，进而可经减轻总重量，增大射程，提高部署灵活机动性。当火箭脱离发射装置的时候，折叠的稳定翼展开。每个标准发射集装箱保存13枚或18枚火箭，一个发射装置上使用两个发射集装箱。LAR火箭能使用一个HE-COFRAM类型或一个聚簇弹头。一个间接的设定电子时间引信到适当的高度打开（内装聚簇弹头）筒，每个聚簇弹头能覆盖大约31400平方米的范围。

印度"皮纳卡"多管火箭炮

印度对武器装备的需求往往作两手准备。一方面直接寻求外援；另一方面又不甘心于此，总想凭自己之力研制武器，但结果总是不尽如人意。"皮纳卡"应属此列。早在20世纪80年代初，印度就已开始研制"皮纳卡"火箭炮，名称来自于古印度史诗《摩呵婆罗多》中一种神奇且威力强大的火箭。然而时至今日，20多年过去了，印度陆军虽然对该炮有过装备的计划，但一直也没有该炮装备部队的准确消息。

在这期间"皮纳卡"进行过多次、多方面的试验，但结果尤其是精度等指标始终不能达到要求，几经波折，只得不断地推后列装时间。值得一提的是，该炮还曾参加过实战。在1999年的卡吉尔冲突中，"皮纳卡"在44秒内向敌方阵地齐射了12枚火箭弹。据称，该炮"取得了惊人的杀伤效果，在高海拔地区作战效果良好"。

此外，除了受技术的约束使"皮纳卡"始终不能成熟外，俄罗斯"旋风"多管火箭炮采购项目也使印度军方对"皮纳卡"的研制和装备不冷不热，在一定程度上影响了"皮纳卡"的进程。这也就造成了印度的一种火箭炮研制了20多年还在不断试验的罕见现象。不过，印度自研的几种武器装备一贯如此。

★印度"皮纳卡"多管火箭炮

"皮纳卡"是一种中大口径火箭炮，口径是214毫米，研制之初是为了超越印度已装备的BM-21"冰雹"122毫米多管火箭炮。当时BM-21的最大射程是20千米，因此"皮纳卡"的研制起点自然不高，而现在与BM-21同口径的火箭炮的最大射程已能达到40千米。214毫米的"皮纳卡"到现在经过改来改去后的最大射程也仅在40千米以上。"皮纳卡"整个武器系统包括1辆发射车、1辆弹药运输装填车、1辆指挥车以及气象雷达和多种火箭弹。发射车采用8×8越野车底盘，前部为驾驶舱和乘员舱，后部装有两个便于运输和装填的模块式发射箱，每箱装有6枚火箭弹。发射车上还装有火控系统和自动定位定向系统，可使发射车自主完成导航和定位，以及对目标的瞄准和打击任务。发射箱的方向射界为190度，最大仰角为+55度。发射车的最大公路行驶速度为80千米／小时。

"皮纳卡"214毫米的非制导火箭弹弹长4.95米，弹重275千克，战斗部重100千克。一门火箭炮一次齐射12枚火箭弹的时间为44秒，可将1.2吨的战斗载荷投向目标。"皮纳卡"火箭弹的精度不容恭维，其距离上的误差为射程的1%～2%，这还是改进后的结果。因此，印度与以色列合作，通过为"皮纳卡"的火箭弹配装弹道修正系统来提高火箭弹的精度。

"皮纳卡"的火箭弹配有多种战斗部以及近炸和电子时间引信。其整体式战斗部包括预制破片战斗部和燃烧型战斗部，子母弹包括反坦克子母弹和反人员、反坦克双用途子母弹。

此外，为了提高射程，印度正在为"皮纳卡"研制一种长7.2米的新型火箭弹，目前正在试验中，据称其射程可达120千米，250千克重的战斗部可以配装多种新型战斗部，包括具有自主寻的能力的末磁芯段制导子母弹战斗部等。这次的试射不知是不是这种新型火箭弹。

与当前世界上同类型的火箭炮相比，"皮纳卡"的性能一般。

苏联BM-21式火箭炮

BM-21式火箭炮是苏联研制的一种122毫米40管自行火箭炮。该炮于1964年开始装备陆军炮兵部队。现摩托化步兵师和坦克师属炮兵团均编有一个BM-21式火箭炮营，装备该炮24门。主要用来摧毁敌战术核武器，与敌炮兵作斗争，加强团炮兵群火力。它通常配属在己方前沿后2千米～6千米的范围内，压制纵深为14千米～18千米。

BM-21式火箭炮的主要特点是发射速度快，火力猛烈；行军状态和战斗状态转换快速，射击准备时间短；越野机动能力强；射击精度较低，稳定性稍差，发射时火光大，易暴露。

BM-21式火箭炮又发展了很多改进型。

★阅兵时的苏联BM-21式火箭炮

BM-21P火箭炮是在吉尔131（6×6）卡车底盘上换装36管火箭炮，北约称M1976式，该炮装备在苏军摩托化步兵团中，主要用于发射化学弹和杀爆弹，精度和稳定性都有所提高。

BM-21B火箭炮是装在嘎斯-66车上的12管火箭炮，北约称M1975式。该炮装备苏军空降师。还有一种新设计的改进型，用BM-21式30管自行火箭炮替换40管火箭炮，装在日本ISUSU（6×6）2.5吨卡车底盘后部，由两个发射器组成，每个发射器有15个发射管，分3层排列，每层5个发射管。

1982年黎以冲突中，使用了BM-21火箭炮的几种型号，包括6管和9管两种。1984年，阿富汗战争期间，苏军大量使用了BM-21，主要用于袭击游击队村庄营地和实施火力封锁，建立安全区等。两伊战争中，双方大量使用BM-21式火箭炮袭击对方境内目标。海湾战争中，伊军的BM-21未发挥其应有作用。

俄军在车臣冲突中，大量使用这种火箭炮轰击叛军据点，封锁道路，它是俄军火力突击的重要力量。

斯洛伐克RM-70式122毫米多管火箭炮

多管火箭炮火力迅猛，素有"钢铁暴雨"的美誉。近些年，利用高新技术对老装备进行升级改造，是许多国家实现火炮现代化的重要途径。这样不仅可以延长武器系统的服役期限、解决资金短缺的问题，同时也解决了为适应新的作战要求而研制新型现代化武器系统所带来的研制周期长、远水解不了近渴的问题。斯洛伐克的RM-70MORAK火箭炮系统称得上是传统多管火箭炮现代化升级改造的先锋，探索出了一条新途径。

斯洛伐克武装部队原装备有RM-70和RM-70/85两种多管火箭炮。RM-70式多管火箭炮实际上是苏联BM-21式火箭炮的变型，于1972年装备部队。RM-70/85式火箭炮是RM-70的第二代产品，于20世纪80年代中期装备部队。这两种火箭炮均采用"太脱拉"系列卡车底盘，并装有中央轮胎调压装置，机动性能较好。随着战争环境的变化，斯洛伐克武装部队认为现有多管火箭炮已不能满足现代战争的需要，提出希望对这两种火箭炮系统进行现代化升级改造，使其作战能力迈上一个新台阶的要求。具体要求包括为其配属现代化指

★斯洛伐克RM-70式122毫米40管火箭炮

挥与火控系统；进一步提高系统的射击精度；既能发射前华约的122毫米口径火箭弹，也能发射北约MLRS配用的标准227毫米火箭弹，特别要求加大武器系统的自动化程度，要能够自动进行瞄准和发射，而操作人员则不必离开发射车的装甲驾驶舱，以提高武器系统在战场上的生存能力。

2001年，斯洛伐克国防部与德国迪尔弹药系统（现在为迪尔BGT防御）公司签订合同，按照"现代化火箭炮（MORAK）计划"将RM-70式火箭炮系统改造成为一种现代化火箭炮系统。合同要求对斯洛伐克陆军现役的87门RM-70式122毫米多管火箭炮系统中的50门进行改造，内容涉及到发射箱、通信系统、导航系统、火控系统、计算机化射击指挥系统、瞄准系统、精度增强设备、液压装置等。

2003年2月，合同双方对MORAK火箭炮项目进行了调整。除了迪尔BGT防御公司以外，参与此项研究的还有斯洛伐克本国的康斯特拉克特防御公司。在生产阶段与德国公司一起合作的有位于东斯洛伐克普雷肖夫的VOP028军品维修厂和位于斯洛伐克中部新基的VOP015军品维修厂。新型火箭炮系统的生产厂家及其主要组装者是VOP028军品维修厂，该工厂还负责提供发射车新的装甲驾驶舱；VOP015新基军品维修厂负责生产新型弹药存贮器。

经过几年的研制与试验，包括斯洛伐克武装部队的用户试验后，RM-70火箭炮升级改造项目的研制工作于2004年5月结束，该产品最终定名为RM-70MORAK现代化火箭炮系统。目前，该武器系统正在被批量生产，斯洛伐克武装部队订购了26部。

2005年5月20日，迪尔BGT防御公司向斯洛伐克陆军交付了首部RM-70MORAK现代化火箭炮系统。据斯洛伐克军方称，到2005年年底，再接收7部，剩余的部分将分期分批交付，其中2006年交付10部，另外的8部于2007年交付完成。对这批火箭炮进行改进的总费用约合5000万美元。

6 高射炮
火炮中的防空利刃

⚙ 沙场点兵：打气球起家的高射炮

当被问到高射炮是用来打什么的时候，可能所有的人都会发笑，因为几乎所有人都知道高射炮是用来打飞机的，专业一点的说法是用来打击以飞机为主的空中飞行器的。但是，纵观高射炮的历史才知道，高射炮的传奇是从打气球开始的。

19世纪下半叶，西欧战事不断，纷纷扰扰。1870年普法战争爆发，9月，普鲁士派重兵包围了法国首都巴黎，巴黎同外界的一切联系被切断了。

法国政府为了突破重围，决定派人乘气球飞出城区，同城外联系。10月初，内政部长甘必大乘坐载人气球，飞越普军防线，在都尔市进行宣传和鼓动，很快组织了新的作战部队，并通过气球不断与巴黎政府保持联系。普军发现这一情况后，立即研究对策，决定首先击毁这些人的气球。普军总参谋长毛奇下令，研制专打气球的火炮，以切断巴黎与都尔之间的联系。

不久，这种打气球的炮就制造出来了。它是由加农炮改装的，口径为37毫米，装在可以移动的四轮车上。

为了追踪射击飘行的气球，由几个普军士兵操作火炮，改变炮位和射击方向，打下了不少气球，并由此得名"气球炮"。它就是高射炮的雏形。

★第一次世界大战时期使用的高射炮

1906年，德国爱哈尔特军火公司（莱茵金属公司的前身）根据飞机和飞艇的特点，改进了原来的气球炮装置，制成专门用来射击飞机和飞艇的火炮。这标志着世界上第一门高射炮正式问世。设计师将火炮装在汽车上，并采用了与现代舰炮相似的防护装甲。这门火炮口径为50毫米，炮管长约1.5米，发射榴弹的初速可达572米/秒，最大射高为4200米。

两年之后，德国又制成一门性能更优越的高射炮。这门炮的口径为65毫米，炮管长约2.3米，为口径的35倍。发射榴弹时初速提高到620米/秒，最大射程可达5200米，而且高低射界和方向射界也都相应扩大了。这门炮已开始使用门式炮架，并利用控制手轮调整高低射界。采用这些改进措施后，火炮的机动性能有了较大的提高。

继上述两种高射炮问世之后，1914年德国还制成了77毫米高射炮。1915年，俄罗斯研制成76毫米高射炮，它是一种防空加农炮，也可用来射击地面或水面上的目标。在这一时期，法国、意大利等欧洲工业发达国家也制成了高射炮。

兵器传奇：名副其实的防空火炮

在早期制成的高射炮中，性能最好的是德国1914年制造的77毫米高射炮。其突出特点是在四轮炮架上装有简单炮盘。这种炮盘在行军时可以折叠起来，用马或车辆牵引；作战时，打开炮盘，支起炮身即可对空射击。炮盘的使用既便于火炮转移阵地，又缩短了由行军状态转到作战状态的时间。由于它采用控制手轮调整身管进行瞄准，而且首次采用炮盘，因而射击命中率较高。

第一次世界大战爆发初期，法国在两架双翼飞机上装上了炮弹，用它代替炸弹轰炸德国军队的飞机库。1914年11月，英国的飞机又轰炸了德国飞艇库，德国损失惨重。

由于飞机特殊的优势，一些地面使用的武器弹药如炮弹、手榴弹、机枪、步枪，甚至手枪等，都相继成了"航空武器"，被装备在飞机上，用来攻击地面上的目标。随后不久，飞机上便装备了专用火炮和炸弹。

面对空中威胁，各国开始积极研制新的高射炮，着重改进了高射炮的瞄准装置，使其射击精度有了很大提高。一战前期，用高射炮射落一架飞机平均耗弹量为11585发，到一战后期，耗弹量已降为5000发。

从第一次世界大战结束到20世纪30年代初期，高射炮和飞机在结构和作战性能上都没有出现大的变化，发展得比较缓慢。

从20世纪30年代开始，日本、德国为了对外扩张侵略，加紧扩军备战，进而加速了飞机制造业和军火工业的发展。

到第二次世界大战结束前这一时期，飞机无论是结构还是性能都发生了质的变化。原来采用的木、布等软质结构材料已被高强度的合金材料所代替；飞行速度比原来提高了一倍，达到500千米/时左右；飞机的飞行高度普遍达到8千米～10千米。

与此同时，高射炮也毫不示弱，其作战性能得到了很大提高。在这一时期，高射炮在结构和性能方面有这样几个突出的变化：首先，高射炮采用了长炮管，借以提高初速和射高。有的小口径高射炮的炮管长度已达到口径的70倍，炮口初速达到1000米/秒左右，比原来提高近50%。中口径高射炮的射高达到10千米以上，是原来的3倍~4倍。其次，高射炮配备了先进的射击瞄准装置，提高了高射炮的命中率。

再次，在小口径高射炮上配备了装填和复进等装置，大、中口径高射炮则采用了机械输弹设备，提高了高射炮的射速。另外，大部分高射炮都采用了自动化程度非常高的火控系统，全面提高了高射炮的作战能力。

到了20世纪50年代初期，由于防空导弹投入战场，高射炮曾一度受到冷落。然而实战表明，防空导弹并不是万能的，它不能完全代替高射炮。由于地空导弹在低空存在射击死区的问题无法得以解决，从20世纪60年代中期开始，小口径高射炮又重新受到青睐。它反应快、命中率高、多管集中发射，可以迅速击毁低空进犯的敌机。

进入21世纪后，各国正在研究提高高射炮对空作战效能的各种新方法，高射炮正向着小口径化、自行化、炮弹制导化的方向发展。导弹和高射炮合一的防空武器系统在未来的战争中将发挥巨大威力。

慧眼鉴兵：多种高射炮脱颖而出

按不同分类方式，高射炮可分为很多种类。

按运动方式分类，高射炮可分为牵引式和自行式高射炮。按口径分为小口径、中口径和大口径高射炮。口径小于60毫米的为小口径高射炮，60毫米~100毫米的为中口径高射炮，超过100毫米的为大口径高射炮。小口径高射炮有的弹丸配用触发引信，靠直接命中毁伤目标；有的配用近炸引信，靠弹丸破片毁伤目标。大、中口径高射炮的弹丸配用时间引信和近炸引信，靠弹丸破片毁伤目标。

20世纪末，各国已研制并开始列装的高射炮与防空导弹结合于一体的防空系统堪称现代防空兵器的重要发展趋势。现代战争证明，高射炮是现代防空武器系统的重要组成部分，在地对空导弹已成为地面防空主力的今天，高射炮在抗击低空目标中仍将发挥重要作用。所以，进入21世纪之后，高射炮的种类和型号也越来越多，各种新型高射炮开始登上历史的舞台，如电磁高射炮、激光高射炮、隐身高射炮、火箭高射炮和智能高射炮。

电磁高射炮属超高速弹射武器，是未来超音速空袭兵器的克星。它以电磁装置代替传统高射炮的发射装置，以超大功率电磁感应原理，在炮膛内产生3兆焦耳以上的发射动能，是一种以弹丸撞击力毁伤目标的拦截武器，具有较强的防空能力，打击目标能力可提高5倍以上。美国在1995年电磁高射炮的试验中，连发8.5克重的弹丸，速度已达5.6千米/秒；俄罗斯在1999年用样炮进行打击目标试验，在4000米空中穿透了2枚"飞毛腿"靶弹；英国也在加紧实验，并声称按其计划电磁高射炮在2005年装备部队。

激光高射炮以激光发射镜为炮管，直接将激光射束能以接近光速投射到目标上，使激光射中处瞬间被高热能毁伤。激光高射炮具有发射无须弹药、无声、无后坐力等特点，只要光能充足即可，可灵活、快速、高效地打击不同方向的饱和攻击，所以发展激光高射炮备受世界各国青睐。美国在激光高射炮的研制中，曾多次击落靶机、靶弹，美国陆军曾在演习中使用"鹦鹉螺"激光高射炮，仅用5秒钟就击落3架无人靶机。俄军装备的激光防空系统由两辆车组成，一辆载电源，一辆载发射机，用雷达捕捉目标后，发射高能激光毁伤或激燃目标内的仪器。法、德两国也正在实施氧化碘化学助能激光高射炮的研制计划，让激光射束能更强、更远。2010年，世界上有20个国家装备激光高射炮。

由于雷达和侦察技术越来越高超，高射炮能否隐身就变得特别重要。隐形高射炮生存力强，最适应全天候、全频谱作战。目前，发展隐形高射炮有三种类型：

一是涂料隐形高射炮，英、法军在1993年率先用吸波涂料研制出隐形高射炮；俄军现正研制用电质变色吸波薄膜等视频隐形新技术，不但让其具备吸波能力，且能通过炮身颜色与地面背景调色，以求隐景"合一"；二是反红外隐形高射炮。这种高射炮电器部分工作时会不断向外辐射红外线，易遭红外侦察和红外导弹打击。为提高反红外探测能力，美国将"高灵敏"油冷装备安装在"回击者"自行高射炮各电器上，消除了热能的向外辐射；三是综合技术隐形高射炮。瑞典采用"综合隐身术"，将MK2式自行高射炮炮塔、甲板采用复合塑料制成，炮管护有玻璃钢筒体外套，电器部分加装速冷空调，用迷彩、隐身材料伪装车体，使红外、电磁波向外辐射几乎为零。

随着火箭技术的大幅度提高，把火箭和高射炮结合使用，也成为高射炮的一个新的发展趋势。火箭高射炮最适应反导作战。较传统高射炮无后坐力，可多管同时发射；管数多，射弹散布范围大，杀伤概率高；发射声极小，射速快。

2000年前后，法国炮兵首先装备了30毫米64管火箭高射炮，这种高射炮可在3秒钟内发射64发炮弹，发射速度是同口径高射炮的5倍。意大利在2000年装备了20毫米36管火箭高射炮，作战时以"集阵射"方式将36枚火箭同时射向目标，一次齐射击毁巡航导弹的概率达99%。俄罗斯最新服役的火箭高射炮，将"冰雹"40管地对地火箭炮进行改造，采用了新技术、新材料，射程

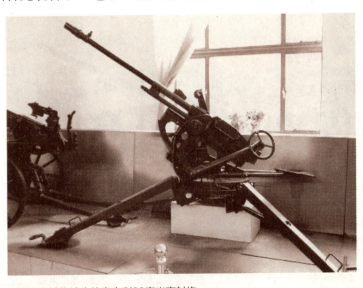

★陈列在博物馆中的意大利20毫米高射炮

比原来增加20%，毁伤目标的精度比普通高射炮增加20余倍。

科技引领兵器，对于高射炮来说也不例外，智能高射炮就是科技和火炮的又一个完美结合。由计算机自动控制，使火炮、导弹实现了共用一个控制系统的"软结合"。

火控系统能控制和决定火炮、导弹打击的先后顺序；火炮实现了自我装填发射；导弹发射后对目标"自动寻找"，打了不用管。

例如，俄罗斯"通古斯卡"自行高射炮应用了光电智能技术。"通古斯卡"具有"三光合一"（潜望镜、电视摄像机、激光）瞄准具、微光摄像机、计算机等特性，使捕捉、跟踪目标和计算射击诸元实现了自动化、精确化。

例如，瑞士双35高射炮采用了弹药智能技术。其"阿海德"子母榴弹，内装152枚子弹，母弹在发射时自动装定引爆时间，距目标8米～10米爆炸。爆炸后子弹药可对目标形成一个半径为8米的弹幕群，使目标无处可逃。

二战高射炮之神
——德国88毫米高射炮

🚫 战神出世：88毫米炮不仅由于防空

德国的88毫米炮是二战中最有名的高射炮，它因出色的防空能力而闻名于世，又因能进行反坦克作战而闻名遐迩。要论在第二次世界大战中使用得最成功的火炮系统，非德军装备的88毫米高射炮莫属。

★博物馆中的德国Flak 18型88毫米高射炮，此型火炮是二战中最广为人知的火炮之一。

第一次世界大战后，军用飞机技术，尤其是发动机技术的飞速发展，使得军用飞机的飞行高度和速度大大提高。在第一次世界大战中经过小小的修改就可以对空的火炮，再也不能满足需求。这意味着当时现存的防空炮几乎全部失去了作用，然而当时只有很少的国家针对这个状况设计新型的防空炮。

根据这种状况，德国军方

决定设计一种比以前威力更为强大的防空炮。这种新型火炮要有更快的出膛速度以保证射击高度，并且要有更高的射击速度。然而在第一次世界大战中战败的德国受《凡尔赛和约》的限制，几乎被禁止制造任何武器。为了躲开条约的限制，德国决定由克虏伯公司与瑞典的博福斯公司共同研制这种新武器。

后来，克虏伯公司和博福斯公司分道扬镳，克虏伯公司自己设计了88毫米火炮。该炮于1931年初步设计完成，1931年至1933年之间，由克虏伯公司及莱茵金属公司波西格厂负责生产。该炮量产后定名为"Geschtze88毫米Flak"，即88毫米高射炮。

1933年纳粹正式掌握德国政权，公开撕毁《凡尔赛和约》，开始大幅扩充德国军力。同年，88毫米高射炮进入德军服役。Flak18型88毫米高射炮，从此开始了该系列火炮颇具传奇色彩的服役生涯，并最终成为大战中最著名的高射/反坦克炮。

◎ 堪称绝世经典88毫米高射炮

★ 88毫米高射炮性能参数 ★

口径： 88毫米	**水平最大射程：** 14.50千米
战斗全重： 5.5吨	**俯仰角：** −3度～+85度
射速： 15发/分～20发/分	**方向角：** 360度
垂直最大射程： 10.35千米	**乘员：** 9人

但凡一种武器，如果能够在其主要用途上表现出色，就已经是优秀甚至经典的武器了。如果能被用于多项作战任务，且仍能表现不俗，就是堪称绝世经典的武器了。88毫米高射炮就属于这样一种堪称绝世经典的武器。由于88毫米高射炮高度的灵活性和较高射速（每分钟15发～20发），它在前线应用得十分广泛。

首先，作为一种高射炮，88毫米高射炮在其"本职工作"——防空方面有着精彩的表现。它是德军装备数量最多的高射炮，和105毫米及128毫米高射炮一起组成中高空对空防御火网，保护德国本土的重要工业中心，使其在英美战略空军的大肆轰炸下仍尽可能地维持生产。

88毫米高射炮除了可以用来在后方保卫重要军事目标和后勤基地免受空袭之外，在前线，88毫米高射炮也用来执行其他战斗任务，例如攻击坦克和碉堡、掩护部队地面作战等；在海岸它们还可以攻击海上的目标，并阻止敌军登陆。

特别是在反坦克作战方面，88毫米高射炮可谓是一种专业级的反坦克炮。88毫米高射炮的最大特点是火力威猛，88毫米的口径在当时的火炮王国中属于绝世之物，而88毫米高射炮的反坦克能力更是让盟军的坦克兵们吃尽了苦头。

88毫米高射炮对付坦克所取得的许多成功都要归功于它作为防空大炮所具有的性能。克虏伯公司的设计者们预见到，由于轰炸机飞得越来越快、越来越高，高射炮兵必须打出连发炮弹才有机会击中目标。所以，他们给"88"装备了一种弹簧装置，这种弹簧装置在大炮产生后坐力时会打开炮闩、弹出炮管，然后可以装入新的炮弹；装炮手只需把炮弹放在装炮架上。当炮管需要升高对准空中时，这种自动装炮架很管用，可是当需要把炮弹呈水平方向发射出去时，这种装炮架有它不利的一面。没有这种自动装炮架，优秀的炮兵发射速度会更快一些。所以，在反坦克作战中，一般都把它取下不用。

由于该炮的4根炮管中的每一根在一分钟内就能发射20发炮弹，一阵排炮一次就能对付几十辆坦克；有一次，88毫米高射炮的一阵排炮就击退了50辆坦克。

此外，88毫米高射炮的射程在轰击装甲车时具有先发制人的优势。88毫米高射炮的炮手在超过2000米以外的距离就可以击中坦克，不过德国人更喜欢等到目标进入1000米的射程内。在这样的距离内，炮弹可以在1秒时间内到达目标，并可以穿透盟军最厚的装甲车。

◎ 88毫米高射炮的反坦克之战

88毫米炮出世以后，在各个战场上均取得了不俗的战绩，但要说起它真正闻名于世的原因，除了它出色的反坦克能力之外，更离不开有"沙漠之狐"之称隆美尔。

1940年5月，隆美尔指挥德军第七坦克师从比利时境内向敦刻尔刻高速挺进，中途遭遇一支英军的反冲击。面对英军的"马蒂尔达"重型坦克，德军的37毫米反坦克炮束手无策。关键时刻，一个高射炮连的88毫米高射炮压低炮口，向英军开火，眨眼间击毁英军九辆坦克，迫使英军后撤。这一仗，给隆美尔留下了很深的印象。从此，88毫米高射炮成为他的一张得心应手的反坦克王牌。

★二战时期的德国88毫米高射炮

1941年2月，隆美尔率非洲军团开赴北非战场。与对垒的英军相比，隆美尔手中的坦克不论是质量还是数量都不占优势，但这个不足却让88毫米高射炮有了大显身手的机会。6月的萨拉姆战役中，英军的近240辆坦克向德军占据的海尔法亚隘口发动进攻。当英军坦克接近德军阵地，霎时间，在预先掘好并经过巧妙伪装的工事里，88毫米高射炮发出怒吼。英军被打得措手不及，仓皇败退。是役，英军丢下123辆坦克残骸，其中三分之二是88毫米高射炮的战果。

一般而言，反坦克炮是一种被动式的防御武器，通常的使用方法是将其预先布置在敌坦克可能经过的地点，待敌上门。但隆美

★二战北非战场上，一名德军士兵手托着的88毫米FLAK18高射炮的炮弹。

尔逐渐摸索出一套把88毫米高射炮作为主动性攻击武器使用的方法。他先把若干门88毫米高射炮伪装布置好，然后命令一小队德军坦克向英军阵地发起进攻，当英军派出坦克反击时，这队德军坦克就且战且退，逐渐把英军坦克引入设伏地域。等到88毫米高射炮射出炮弹，英军坦克就凶多吉少了。22磅重的穿甲弹可以在2000米的距离把英军重型坦克的正面装甲击出一个直径四英寸的大洞，但德军往往都等它们进入1000米之内才开火。这时，88毫米穿甲弹从炮口飞至目标只需一秒多一点的时间，英军坦克根本来不及反应。一个被俘英军坦克手沮丧地说："88毫米高射炮看起来不起眼，但我们没有任何东西是它的对手。"

除了在北非战场令英军坦克损失惨重，在东线，88毫米高射炮也成为德军反坦克力量的支柱。当德军在"巴巴罗萨"的节节胜利中初遇苏军的K-1和T-34型坦克时，陷入了比在法国战场还尴尬的境地。这两型坦克的装甲防护力是德军闻所未闻的，37毫米反坦克炮弹打上去就像搔痒一样。于是，德军又一次倚重88毫米高射炮，而它也再一次不负众望。

由于88毫米高射炮在反坦克方面的出色表现，德军决定进一步发掘它的潜力，在其基础上研制出专门的反坦克炮。1940年，德国军方责成克虏伯和莱茵钢铁公司展开竞争设计。最后莱茵钢铁公司成为胜利者，其产品被定名为PAK43。PAK43装在一个四脚座盘上，可以环向射击，它具有惊人的准确度和破坏力，是极其出色的反坦克炮。据报告，它曾在3500米以外的距离上击毁过盟军的坦克。一次，苏军一辆T-34坦克被一门距离它400米的PAK43击中后部，整个坦克发动机被巨大的冲击力击出5米，而坦克炮塔上的指挥塔也飞到了15米以外。直至大战结束前，仍没有任何盟军坦克能抵挡它的正面一击。

万国防空屏障
——瑞典40毫米博福斯高射炮

⊘ 炮王出世：瑞典人的杰作

在第二次世界大战的欧洲战场上，有一个很奇怪的现象，盟军和法西斯军队都装备了一种高射炮，这种高射炮被交战双方广泛使用，并作为标准的防空武器，这种高射炮就是40毫米博福斯高射炮。然而，40毫米博福斯高射炮却是由二战中立国瑞典制造的，其中的故事更是传奇。

40毫米博福斯高射炮由瑞典博福斯公司研制，这个公司的创始者更是大名鼎鼎，他就是瑞典著名化学家诺贝尔。1894年，诺贝尔为了加强祖国的国防工业，出资130万瑞典克朗，收购了位于韦姆兰省的博福斯·古尔斯邦公司并将其更名为博福斯公司，主要制造钢铁和炸药。在诺贝尔的苦心经营下，博福斯公司逐步壮大，开始生产多种武器并向国外出口，使得博福斯这个历史可以追溯至17世纪中叶的北欧小镇借此扬名于天下。

到第一次世界大战期间，由于瑞典保持中立，使博福斯公司能够方便地向战争双方出售武器，使其一跃成为世界上排名前列的武器制造商。一战结束后，作为战败国的德国受限于《凡尔赛和约》，不得开发任何新式大威力杀伤武器。

1925年，博福斯公司受瑞典海军的委托开发一种20毫米（0.79英寸）口径的全自动舰载型高射炮，但后来军方发现小口径高射炮的威力有限，于是便酝酿开发更大口径的高射炮。

1928年，瑞典海军要求博福斯公司设计一种威力巨大，且一发即可置敌机于死地的舰载型高射炮，口径被设定为40毫米。1932年，第一门40毫米样炮完工并被安装在舰上进行了试射，被命名为M32型。

1928年，著名的德国克虏伯公司收购了部分博福斯公司股份并转入了一些生产技术，与博福斯公司合作在瑞典设计和研制各种新式火炮。

这对于博福斯公司而言，无疑是难能可贵的机会。瑞典设计师们从德国设计师处获得了全新的设计思路和宝贵的设计经验。但实际上，由于博福斯和克虏伯两家公司的设计理念存在重大区别，瑞典设计师们一直专注于轻型火炮的研制，而德国设计师们则偏向研制重型火炮。20世纪30年代中期，待到国际上对于德国开发武器的限制逐渐放松后，两家公司的合作随即中止。分道扬镳后，德国克虏伯公司研制出了在二战中为德军立下赫赫战功的88毫米高射炮，而博福斯公司则开发出了著名的40毫米博福斯L/60高射炮。

1934年，众多国外军事代表团先后抵达瑞典进行考察，他们都对博福斯公司刚刚研制的陆军牵引式高射炮表示出极大的兴趣，纷纷提出了采购意向。然而，国外代表团对样炮采用水冷式炮管提出了意见。于是，博福斯公司针对其改进出使用气冷式炮管的牵引式40毫米野战高射炮，这便是40毫米博福斯高射炮的基准型号——M34型。

🚫 防空利刃：40毫米高射炮技术一流

★ M34型博福斯高射炮性能参数 ★

口径：40毫米	**最大射高**：7.2千米
战斗全重（英联邦军队）：0.438吨	**最小射高**：1.5千米
行军全重（含轮式炮架及备用弹药）：0.1981吨	**最大地面平射射程**：9.9千米
炮身长：2.25米	**最大理论射速**：140发/分钟
膛线长：1.93米	**最大实际射速**：80发/分钟～90发/分钟
炮管最大俯仰角度：-5度~90度	**炮弹重量**：2.15千克
回转角度：360度	**弹头重量**：0.9千克~1千克
炮口初速：2700米/秒	**炮弹装药重量**：300克

★射击精准度较高的M34型40毫米高射炮

★二战时期的M34型40毫米高射炮

M34型博福斯高射炮的出世，给了很多防空能力较弱的国家以希望，那M34型40毫米高射炮到底有什么特点呢？

M34型40毫米高射炮拥有一个轮式炮车底盘，炮架和所有操控部件全部置于其上。开放式的结构给予炮手极大的操作空间，但同时也带来了防护性差的缺点。上部炮架同炮身相连，包括高低机、平衡机、瞄准机构和耳轴；下部炮架呈十字形，主要包括旋转机构，与底盘连为一体。其中，前部和后部支撑架为箱形钢梁，左右两侧支撑架为可收放式，安装有可调节高度的千斤顶，以确保整个底盘保持平稳。

M34型40毫米高射炮的炮车底盘采用双轴式4轮布局，从牵引状态转为战斗状态时需要将炮轮收起，但遇到紧急情况时也可在牵引状态下立即投入战斗。底盘通过牵引杆与牵引车辆相连接，车轴前部装有一套阿克曼式转向系统。在行军状态下，炮口转向后方，被底盘后部的行军固定架锁住。

M34型40毫米高射炮下部炮架在火炮两侧分别设有一个坐垫，2名炮手坐于其上操作火炮。其中，右侧副炮手负责操控旋转机构，左侧主炮手负责操控高低机构并踩下脚踏板击发火炮。M34型高射炮的瞄准系统由一套反射式光学瞄准具和博福斯公司研制的用于快速追踪空中目标的简易机械式计算机构成。这套瞄准系统能使炮手对飞行速度达到563千米/小时（350英里/小时）的空中目标进行有效的修正，从而大大增强了射击精确度。但它也增加了操纵难度，炮手需要经过长时间的训练才能熟练掌握高射炮的射击要领。此外，下部炮架还在副炮手后方设有一个指挥官坐垫。指挥官负责观测目标和射击效果，并命令炮手开火。指挥官通过喊话下达所有命令。

M34型40毫米高射炮火炮部分包括了炮管、炮身和供弹机构。炮管采用气冷式冷却方式，长度为56倍径。炮膛后部是直立楔式炮闩，开关炮闩的动作一般情况下通过火炮后坐自动完成，但必要时也可由人工完成。首发炮弹必须由装填手手工装填。位于炮膛上方的供弹机构拥有3排导轨，每排能够容纳一个4发炮弹的弹夹。弹夹会被自动移除，每次只有一发炮弹被压入炮膛。射击后，通过后坐力将炮闩打开，抛出空弹壳，另一发炮弹进入炮膛，炮闩再度关闭，以此周而复始，实现全自动装填和射击。在射击过程中，主炮手只需踩下击发脚踏板，装填手负责在一旁以站姿或坐姿及时装填炮弹。一个训练有素的炮组能在一分钟内完成炮管的更换工作。

M34型高射炮的理论最高射速可达到140发/分钟，但由于受到装弹速度限制，实际最高射速只能达到80发分/钟～90发/分钟。最初，M34型高射炮只配备高爆曳光弹一个弹种，其弹头安装着发引信，重量为1千克（2.2磅），连同弹壳和装药整发炮弹重约2.15千克（4.74磅）。后来，博福斯公司又逐渐为M34型高射炮研制了高爆弹、训练弹以及穿甲弹等新弹种。

◎ 出口多国：40毫米博福斯高射炮踏上战场

40毫米博福斯高射炮受到众多国家的青睐，博福斯公司很快意识到商机来了，他们在M34型的基础上，对炮声部分略微进行了改动，产生了专供出口的M36型40毫米高射炮。

首批订购M36型40毫米博福斯高射炮的是波兰海军、奥地利陆军和比利时陆军，他们的采购数量都非常少。1935年，波兰和匈牙利获得了M36型40毫米博福斯高射炮的特许生产权，开始在其国内制造。至1936年，M36型40毫米博福斯高射炮的采购数量开始增加，新客户包括了英国和荷属东印度，他们分别采购了203门和72门。

波兰国立兵工厂在获得特许生产权后制造了500多门M36型40毫米博福斯高射炮，其中大部分装备了波兰陆军，有168门出口给了英国、罗马尼亚和荷兰。

匈牙利是获得特许生产权后制造40毫米博福斯高射炮数量最多的国家。其生产工作主要由匈牙利铁道部工厂（简称MAVAG）负责进行，在二战前生产了至少767门。匈牙利陆军十分欣赏40毫米博福斯高射炮的出色性能，但对于其仅仅依靠轮式车辆牵引的机动能力略感不足，于是委托位于布达佩斯的甘斯兵工厂负责在"38M托尔蒂II"轻型坦克底盘的基础上改进自行式40毫米博福斯高射炮，由此产生了"猎手"式40毫米自行高射炮。

"猎手"式40毫米自行高射炮改自于"38M托尔蒂II"轻型坦克，后者实际上

★陈列在博物馆的M36型40毫米博福斯高射炮

就是匈牙利获得特许生产的瑞典兰德斯沃克L-62轻型坦克。在其底盘上安装了一个由倾斜装甲板构成的敞开式炮塔，其内部容纳了40毫米博福斯高射炮的炮架和炮身，以及1名指挥官、2名炮手和1名装填手。炮管通过一道垂直的细槽伸出炮塔，拥有极大的射击仰角。其最大缺点在于完全依靠人力旋转炮塔和调整炮管的仰俯，使火炮的灵活性受到很大限制。

1941年10月，首辆"猎手"式自行高射炮的样车完工并接受了测试，其最初设计意图是成为既可防空又能反坦克的多用途自行火炮。但1942年正式服役后，在实战中表明其反坦克效果甚微，于是最终被当做了专门的自行高射炮。值得一提的是，40毫米"猎手"式自行高射炮是第一种拥有装甲防护的40毫米博福斯自行高射炮。

在二战中，加入轴心国集团的匈牙利总共为纳粹德国提供了262门40毫米博福斯高射炮以及多达735根的备用炮管。而且，匈牙利对40毫米博福斯高射炮进行了大量的技术改进，并最早将其与火控雷达配合使用，大大提高了射击准确度。在1943年提兹河的一次战斗中，1个配备了火控雷达的匈牙利40毫米博福斯高射炮营将苏联空军出动的所有25架Pe-2型轰炸机全部击落。此外，匈牙利还将少数40毫米博福斯高射炮改装为航炮，并安装于德国梅塞施密特股份公司为匈牙利空军生产的Me210Ca-1重型双发战斗轰炸机上。

◎ 柏林上空的利刃：Flak-28型40毫米高射炮

在世界各国疯抢40毫米博福斯高射炮的时候，希特勒对此毫无兴趣可言，他认为德国自己生产的Flak-36型88毫米重型高射炮和Flak-38型20毫米轻型高射炮构成的防空火力组合已经近乎完美。但德国空军中一些头脑清醒者认识到这种组合具有很大的火力空白，而最适合用来弥补这个空白的就是40毫米博福斯高射炮。

1938年3月12日，奥地利与德国合并。此前，奥地利已从博福斯公司取得了M36型40毫米博福斯高射炮的特许生产权。合并时，奥地利刚刚生产完24门，另有26门接近完工状态。

合并后，虽然德国空军希望能够将剩余的40毫米博福斯高射炮全部生产出来以装备德军防空部队，但德国陆军却执意要利用奥地利所有兵工厂为陆军生产地面野战火炮。直到1939年5月1日，在赫尔曼·戈林的亲自过问下，奥地利部分兵工厂才重新开始为德国空军生产40毫米博福斯高射炮，德军将其改名为Flak-28型40毫米高射炮。与M34型40毫米博福斯高射炮相比，Flak-28型唯一的改动在于安装了德国哥慈公司制造的瞄准具。

到1940年7月，随着大部分西欧国家为纳粹德军所侵占，这些国家的40毫米博福斯高射炮特许生产厂家也全部落入德军之手。不过，其中仅有挪威康斯堡兵工厂始终在为德军专门生产40毫米博福斯高射炮，其余厂家均被德军要求生产其他火炮。在1942年10月1日的《德国空军装备报告》中，记载了德军防空部队装备有340门40毫米博福斯高射炮。到

1944年6月时，康斯堡兵工厂又为德国空军新造了94门并维修了234门40毫米博福斯高射炮。

德国海军也大量使用了40毫米博福斯高射炮。到1941年7月1日为止，德国海军装备了247门Flak-28型40毫米高射炮，它们被广泛地安装在海岸防空炮台和各种辅助舰只上。1942年12月1日，德国海军增购了800

★德国Flak-28型40毫米高射炮

门Flak-28型40毫米高射炮，但当时挪威和匈牙利的生产厂家难以达到如此之高的产量，到1944年7月为止，只完工了578门。这批高射炮成为了德军舰艇的标准防空武器。大约60艘后期型德军高速鱼雷艇（简称S艇）将其作为主炮，许多德军大型战舰比如"欧根亲王"号重巡洋舰，也纷纷用Flak-28型40毫米高射炮替换了原先的37毫米高射炮。

◎ 苏联的"博福斯"：M1939型37毫米高射炮

苏军以炮闻名于世，苏联火炮专家们自然看不上40毫米博福斯高射炮，但有趣的是苏军在二战期间广泛使用的M1939型37毫米（1.46英寸）高射炮却同40毫米博福斯高射炮具有非常亲近的血缘关系。博福斯公司的M34型40毫米高射炮一经问世，苏联就以其为模板缩小口径试制了一小批25毫米（0.98英寸）高射炮，它们曾出现在卫国战争初期的少数战斗之中。1939年，在取得25毫米高射炮的试制经验后，苏联又将其口径放大到37毫米，并于当年投产，定型为M1939型37毫米高射炮。

相比博福斯M34型，苏联的M1939型的炮身结构几乎与之完全相同，只是零部件的制造工艺要粗糙得多，并改用了简易式炮车底盘和瞄准具。另外，部分M1939型高射炮还安装有防盾。尽管其口径缩小导致弹药威力下降，但与此同时也大大提高了射速。实战表明，做工粗糙的M1939型高射炮极其适于当时苏联的国情，其"偷工减料"使得制造成本大大降低，非常有利于在战时批量快速生产。

抗美援朝战争中，中国曾从苏联购买了大量M1939型高射炮，其轻便、灵活的特性被中国人民志愿军高射炮部队发挥到极致。中国人民志愿军将其直接装载到运输战略物资的列车上，有效地抵御了美军战斗轰炸机的空袭。曾经有一个志愿军高射炮班用一门M1939

★苏联原装的M1939型37毫米高射炮

型高射炮先后击落了10架敌机，两次荣立集体三等功。

1955年，中国在M1939型高射炮的基础上仿制出55式37毫米高射炮，它是解放后新中国装备的第一种国产高射炮，被中国人民解放军一直列装到20世纪80年代，后来逐步为62式和88式37毫米双联高射炮所替代。

毫无疑问，40毫米博福斯高射炮是二战中装备国家最多、使用最广泛的一种中口径高射炮。由瑞典博福斯公司原产、其他国家特许生产、仿制和改进的40毫米博福斯高射炮的产量难以计数。从冰雪覆盖的欧洲东线战场到烈日炎炎的北非沙漠，从欧、亚、非洲的陆地战场到广阔的大西洋和太平洋海域，从陆军牵引式野战高射炮、自行高射炮到海军舰载式高射炮甚至空军航炮，40毫米博福斯高射炮以各种型号同时出现在纳粹阵营和反法西斯的盟军阵营之中，成为二战交战双方军队最信赖的一种中口径高射炮。

二战结束后，各种40毫米博福斯高射炮尤其是自行高射炮仍旧出现在朝鲜战争、越南战争和历次局部冲突之中，不断发挥出其可靠性好和精度高的优势，并在世界各种军队中确立了高射炮40毫米口径牢不可破的地位。由此，40毫米博福斯高射炮弹药更是为世界各国军队所通用，经过不断改进被一直沿用至今。

二战威力最大的高射炮
——日本150毫米高射炮

⊘ 超级高射炮：为"超级堡垒"轰炸机而生

1941年底，日本发动了太平洋战争。战争初期，日本在南方战线上节节胜利，因此也就放松了对国内防空的关注。然而好景不长，1942年4月，美国陆军航空兵部队杜立特率领B-29轰炸机从"大黄蜂"号航母上起飞首次空袭东京，这才让日本军方重新开始重视国土防空的问题。

为了对付B-29的威胁，日本兵器行政本部召开了数次的研究会，也就通过地面兵器——即高射炮——来击破B-29的可能性进行了探讨。

日本航空涡轮增压发动机一直是难以攻破的瓶颈，这使得日军所有的飞机只能在5000米～6000米的高度上发挥机动性能，而一旦高度升至10000米，飞机的操纵性能立即飞速下降，根本无法对在这个高度上飞行的美军轰炸机进行有效攻击。虽然此后日军加紧研制，但直到战争结束也未能有所突破。而日本当时装备的高射炮除三式等极少数种类外，炮弹的最大射高都无法达到10000米，而三式高射炮炮弹威力和射击精度又不尽人意，所以日军急需一种能击落B-29的高射炮。

1944年6月15日深夜，47架美国B-29轰炸机从中国成都起飞，轰炸了位于日本的八幡钢铁厂，并由此拉开了对日轰炸的序幕。在美国相继攻陷了西太平洋靠近日本的关岛、塞班岛等岛屿，并修建起了可供B-29起降的大型机场之后，对日战略轰炸的强度更加猛烈。

B-29轰炸机是美国波音公司的经典之作，是二战最成功的战略轰炸机，航程达5000多千米，升限在10000米以上（当时的高射炮射高基本达不到），可载弹9吨多。这种威力强大的轰炸机被美军指挥官以数百架的数量编组在一起，在夜晚时分进入日本上空，

★B-29轰炸机

使用燃烧弹对工业区、商业区和农业区进行焦土式、地毯式轰炸。对于当时的日本人来说，B-29所到之处一切都被烧得荡然无存。因此日本人称其为"地狱火鸟"。从1945年开始，这些恐怖的"地狱火鸟"每月投下的燃烧弹超过了10万吨，工厂、住宅，甚至是农田，一切遭轰炸的目标都熊熊燃烧化为灰烬。

面对美国致命的战略轰炸，日军几乎是毫无还手之力。日本空军当时已经丧失了同美军争夺制空权的能力，而地面高炮部队又由于射程、射高和威力的原因，难以对高高在上的B-29形成实质性的威胁。日军不得不挖空心思寻找对抗的方法。

1945年4月，通过各方面不懈的努力和协调，大阪造兵厂按时出厂了第一门炮，并在滨松海岸，在黑山大佐以及中村中佐负责下完成射击试验，并收集完成了各种射击诸元，试验时炮口初速达到930米/秒，最大射高达到了20000米，发射速度也达到了15发/分，取得了良好的成绩，完全达到了计划要求。

⊘ 最大口径：华而不实的巨炮

★ 150毫米高射炮性能参数 ★

口径：150毫米		**弹重**：80千克	
战斗全重：50吨		**炮口初速**：1000米/秒	
身管长：9米		**最大射高**：2.6千米	
俯仰角：0度 ~ +85度		**最小射高**：1.9千米	
方向射界：360度			

这种史无前例的超级高炮口径号称150毫米，实际则为149.1毫米，全炮重达50吨，有效射高近2万米，其发射的炮弹重量达80千克，如果说仅此而已还算不了什么，那么加上高炮配备的先进火控系统，以及仿制德国泰瑞芬肯公司先进的乌拉祖拉古雷达，"150毫米超级高炮"完全可以对B-29轰炸机形成致命的威胁。

日本设计者在研制150毫米巨炮时，曾作过大量的计算：如果口径为15厘米，弹头重量约50千克，初速约为930米/秒时，才能够达到2万米这个射高。由于当时已经有了三式12厘米高射炮的研制经验，所以，有关当局认为，只要将此炮进行放大，即可以在短期内将新型高射炮开发成功。

所以，总结起来，150毫米巨炮的最大特点就是口径和威力大，150毫米的口径在当时堪称世界之最。

但由于口径如此巨大的高炮设计难度极大，加上美军的海上封锁使得日本物资匮乏，所以一直到1945年4月，第一门样炮才被制造出来。

保卫东京：久我山防空战

第二次世界大战中，为了抵御美军B-29轰炸机对日本本土的轰炸，日本制造了150毫米高射炮。1945年4月，日本的150毫米高射炮的第一门样炮被制造出来。经过测试后，完全达到了计划要求。随后便被投入了战场。但是，由于150毫米高射炮体积太大，如何安放成了一个难题。

为了安放火炮，首先在地下2.5米处设置一个水泥筑式的圆筒形炮床，炮架的大部分都收容在这个圆筒里，如果炮身处于水平状态时，炮身离地大约1米左右。露出地面的部分都备有6毫米的防弹钢板，方向、高度的测距装置完全按照12厘米高射炮安装，并备有专门的发电装置。

同时，由日本光学工业、东京光学、日立制作所以及东京计器等优秀光学厂商联合开发的观测仪、射击指挥仪也同样经过突击开发，按时完成制作。

此时，东京已经遭受了数次的空袭，经过研讨，此炮被安装在东京西南部的久我山上，并在1945年5月被分解运送到那里安装完成。同时在日本制钢所广岛工厂的二号炮也告完成，在滨松海岸完成试射以后，也运往久我山阵地，这两门炮以及观测指挥设施组成了高射炮第112联队第1大队第1中队，经过突击安装，150毫米高射炮的部署工作

★久我山上防空阵地上的150毫米高射炮

于1945年6月完成，据说那些钢筋还是从被炸毁的城区废墟里回收而来的。安装完毕以后，中队长以下官兵冒着酷暑，日夜进行操作训练，因为只有50多发炮弹，所以他们只能通过基本训练来熟悉这种新装备。

1945年8月2日上午10点30分左右，五架B-29编队飞越东京西部的八王子市上空，以10000米的高度通过久我山防御阵地，准备空袭东京市。

随着警报声响，高射炮阵地的人员顿时忙碌起来，这时观测仪以及指挥装置还从来没有通过实弹射击试验，他们得到命令只能各发射一发炮弹，这是二战最大的高射炮所进行的最初实战。9米长，宛如烟囱一般的炮身慢慢昂起，通过观测和计算，在50度左右仰角开了火。杉本凝望着天空，5秒，10秒，15秒，"轰！"很快，B-29机群的中心正前方位置就炸开了一朵火花，5架飞机中竟有3架同时被击伤。受到不明攻击的B-29机群意识到碰上了日军的秘密武器，美军迅速转移。B-29机群开始左旋，向东京湾方向飞去。

据说以后，B-29的编队再也没有从久我山方向进入东京上空，而是选择了从其他路线绕道而行。

久我山一役，日军还没来得及为这种超级高炮的成功而欢呼，十几天后，也就是1945年8月15日，日本便宣布无条件投降。

1946年春，美国专家专门前往久我山，调查久我山阵地的150毫米高射炮，还专门让黑山大佐进行详细讲解。结果，将其中一门150毫米高射炮在黑山大佐的指挥下分解运往美国，另一门切断炮身后拆毁。

由于当时的图纸几乎都已经被烧毁，留下的资料不多，可以这么说，这样的150毫米高射炮在陆军里是绝无仅有的。从理论上讲，这种全球第一的超级高炮确实能够对B-29轰炸机形成致命威胁，但问题是它出生的时间太晚了，数量也太少了，几乎没有在战场上发挥实质性的作用。随着日本法西斯的灭亡，这种日本150毫米高射炮也同日军的众多武器一样，消失在第二次世界大战的硝烟之中。

德意志新贵
——德国"猎豹"35毫米自行高射炮

🚫 "猎豹"重生：联邦德国最后一款高射炮

1965年初，面对空袭兵器的发展，尤其是来自歼击轰炸机和低空、超低空飞机的空中威胁，当时的联邦德国陆军提出了研制全天候、全自动高射武器系统的要求。从此，莱茵

★ "猎豹"35毫米双管自行高射炮

金属有限公司和瑞士厄利空及康特拉夫斯公司开始了研制竞争。莱茵金属有限公司主研30毫米的双管自行高射炮，而瑞士厄利空及康特拉夫斯公司主研35毫米的双管自行高射炮。

在1966年，瑞士厄利空公司开始试制A型样炮，并于1968年交付第一门样炮，1969年交付第二门样炮，并对两门样炮进行了火控系统、武器性能以及对靶机的综合射击试验。

经过广泛试验和对比，1969年联邦德国军方与瑞士公司签订了购买改进的B型样炮的合同，并且于1970年，经过对莱茵金属有限公司30毫米和瑞士公司35毫米两种自行高射炮的对比试验，确认35毫米自行高射炮系统比30毫米自行高射炮系统优越。

联邦德国军方决定停止30毫米自行高射炮的研究工作，以集中力量研制35毫米自行高射炮系统。1971年秋，联邦德国军方对B型样炮进行了一系列试验，主要是用本国西门子公司的搜索雷达取代荷兰信号仪器公司的搜索雷达，跟踪雷达和装甲防护也有改进，后来又陆续生产出B1式、B2式和B2L式。各型自行火炮只是在搜索雷达或跟踪雷达上略有差别。

从1971年至1974年，联邦德国军方对B型系列样炮进行了技术和使用试验，于1973年9月最后决定装备B型自行高射炮，并将其正式命名为"猎豹"35毫米双管自行高射炮。

1975年该炮完成最后的研制工作，同期还完成了与B式有区别、配有荷兰信号仪器公司的搜索和跟踪雷达的C式35毫米自行高射炮的研制和试验工作。

◇ "豹I"底盘："猎豹"堪称现在高射炮的典范

"猎豹"35毫米自行高射炮是德国采用"豹I"坦克底盘改进研制而成的"三位一体"的主力自行高射炮，即将火力、火力指挥控制、电源供给三大系统综合的战后新一代自行高射炮。

★ "猎豹" 35毫米双管自行高射炮性能参数 ★

口径: 35毫米

战斗全重: 46.3吨

车长(炮口朝前): 7.73米

车宽: 3.37米

身管长: 3.15米

最大行程: 550千米

最大速度: 65千米/小时

炮口初速: 1175米/秒(榴弹)

1385米/秒(穿甲弹)

携弹量: 680发

有效射程: 4千米

有效射高: 3千米

理论射速: 550发/分

爬坡: 60度

通过垂直墙高: 1.15米

越壕宽: 3米

乘员: 3人

"猎豹"35毫米自行高射炮的最大特点就是采用了"豹I"坦克底盘。这样做的好处是,便于实现底盘零件的通用化和系列化,降低研制和采购成本。不过,为了能够装得下众多部件,德国对原底盘作了不少改动,包括适当加大车体长度,改进前后装甲,在部分部位采用了间隔装甲,其他部位的装甲减薄等。改进后,整车的战斗全重由"豹I"的41.5吨增加到"猎豹"的46.3吨。"猎豹"的乘员为3人(车长、炮长、驾驶员)。

"猎豹"35毫米自行高射炮的动力装置为MTU公司的10缸多燃料增压柴油机,最大功率为610千瓦(830马力)。传动装置为液力机械式变速箱,有4个前进挡和2个倒挡。行动装置采用扭杆式悬挂装置,每侧有7个负重轮、4个托带轮,主动轮在后,诱导轮在前。最大速度为65千米/小时,最大行程达到550千米。

★多功能的"猎豹"35毫米双管自行高射炮行进状态

"猎豹"35毫米自行高射炮的主要武器为2门瑞士厄利空公司制造的KDA型35毫米机关炮，身管长为3150毫米（90倍口径），每门炮的理论射速为550发/分。弹药基数为对空320发，对地20发。它既可攻击中低空飞行的飞机，也可攻击轻型装甲车辆等地面目标。"猎豹"35毫米自行高射炮的火炮的方向射界为360度，高

★ "猎豹"高射炮的KDA型35毫米机关炮炮口

低射界为-5度～+85度，身管寿命为2500发～3000发。配用的弹种有燃烧榴弹、曳光燃烧榴弹、穿甲燃烧爆破弹、曳光脱壳穿甲弹等。发射燃烧榴弹时最大射程为12800米，有效射程为4000米。通常的单发命中概率为15%。利用概率论的知识不难算出，若想达到80%的命中概率，两门炮应当发射106发炮弹。如单发命中概率提高到2%，则只需发射80发。

火控系统是自行高炮的"耳目"和"大脑"，在整个系统中举足轻重。"猎豹"35毫米自行高射炮的火控系统包括搜索雷达、跟踪雷达、火控计算机、辅助计算机、光学瞄准具、红外跟踪装置、激光测距仪等。两部雷达无疑是火控系统中最重要的部件。这两部雷达都是著名电器厂商——西门子公司的产品。"猎豹"35毫米自行高射炮的搜索雷达为MPDR-12型全相干脉冲多普勒雷达，工作频率在S波段，天线转速为60转/分，最大搜索距离为15千米，配有敌我识别装置，可在静止和行进间不间断对空监视，并能将捕捉到的敌机信号自动传输给跟踪雷达。由于是脉冲多普勒雷达，不仅能搜索到飞行的飞机，即使是悬停"不动"的直升机，由于其旋翼的旋转，也能被发现。"猎豹"35毫米自行高射炮的跟踪雷达为单脉冲多普勒雷达，天线位于炮塔前部、两门高炮之间，工作频率在Ku波段，作用距离为15千米，可同时跟踪多个目标。在不转动炮塔的情况下，方位扫描范围达到200度。

"猎豹"35毫米自行高射炮的光学瞄准具是独立瞄准线式的潜望式瞄准镜，车长和炮长各一具，带有陀螺稳定装置，用以捕捉和跟踪空中和地面目标，可在行进间完成射击。对空射击时的视场为50度，倍率为1.5倍；对地射击时的视场为125度，倍率为6倍。

车长和炮长周视瞄准镜能自动随跟踪雷达转动，俯仰角为-10度～+85度，方位角为360度。机电模拟式主计算机在1秒钟内可计算出速度15马赫以下飞行目标的射击提前量。辅助计算机作为备份，在主计算机出现故障时，以手动方式输入数据，计算出对空、对地的射击诸元。

◎ 两德统一："猎豹"成为主战武器

1973年，"猎豹"35毫米自行高射炮设计定型，1976年底，首批产品正式装备当时的联邦德国陆军，此外还出口到荷兰、比利时等国，出口的"猎豹"35毫米自行高射炮中，数荷兰"猎豹"高射炮名声最大。

荷兰军方从一开始就参与了"猎豹"的研制工作。1976年，荷兰信号仪器公司就提供了组合式搜索、跟踪雷达系统的方案。随后，荷兰军方从瑞士厄利空公司订购了两门35毫米样炮，并进行了适配性试验。德国"猎豹"定型后，荷兰军方同总承包商克劳斯·玛菲公司签订了95辆的供货合同，1977年～1979年间交货，定名为CA–l自行高炮，CA是恺撒大帝（Caesar）的缩写。

荷兰"猎豹"和德国"猎豹"的最大不同点就在雷达上。搜索雷达天线形状不同，成为两"猎豹"最主要的识别特征。德国"猎豹"的雷达天线为抛物面天线，荷兰"猎豹"的雷达天线则为长条形的，横截面呈雨滴状，和日本87式自行高射炮的相位差不多。此外，烟幕弹数量和布置上的不同，是另一个重要的识别特征。

荷兰"恺撒"的雷达为脉冲多普勒雷达，在搜索和跟踪时使用同一个发射机，故称为组合式搜索–跟踪雷达。搜索雷达工作在X波段，最大搜索距离为15千米，天线转速为60

★具备雷达探测功能的"猎豹"35毫米双管自行高射炮

转/分，配有MRS400式敌我识别装置。跟踪雷达工作在X波段，跟踪距离为13千米。两种雷达的总体性能相差不多，但由于荷兰采用了组合式雷达，结构紧凑，便于维修，抗干扰能力更强。后来，荷兰军方又将搜索雷达的活动目标显示器改为数字式，将跟踪雷达由原来的单脉冲多普勒X波段的单一信道改为双重跟踪信号，增加了Ka波段的圆锥扫描辅助手段，使雷达的性能得以提高。

两德统一后，德国联邦国防军进行了大规模的精简整编，但是"猎豹"35毫米双管自行高射炮一直是陆军防空兵的主战高炮。为了适应20世纪90年代和21世纪初期的作战需要，德国军方早在20世纪80年代便对"猎豹"进行了技术改造。改进的主要内容包括：改用数字式火控计算机，采用新的控制面板及电子设备接口装置，提高了C3能力及对抗武装直升机、空中机动目标和地面移动目标的能力；采用新型弹药和引信，增大了有效射程，提高了杀伤威力；缩短了射击反应时间；增强了防护性能；改善了人机接口装置，加装了空调系统；提高了系统的可靠性、可用性和延长使用寿命；采用新型SEM93型无线电台。改进后的"猎豹"可以一直使用到21世纪初期。与此同时，德国军方还设计了新型ASF/PLT-V型训练模拟器。利用这套训练模拟器和全套软件，教官可以给出各种设定，乘员可以和实车操作一样，完成目标搜索、跟踪、射击和检验射击效果的全套作战程序。

随着现代科技的不断发展，"猎豹"35毫米双管自行高射炮结构和性能仍在不断优化，尤其是火控系统还在不断改进。

美军中的"约克中士"
——美国M247自行高射炮

◎ "火神"替代者：美国师属自行高炮

20世纪70年代，苏联的空中武器迅速发展，尤其是搭载反坦克导弹的武装直升机更是日新月异。为了面对这个新出现的巨大威胁，美国陆军开始着手发展能够在行进中提供伴随保护的师属自行高炮系统。当时服役的"火神"20毫米自行高射炮不仅炮手缺乏防护，最重要的是不能为部队的作战机动提供伴随保护。而当时苏联的ZSU-23-4自行高射炮则全面超过"火神"自行高射炮。在这样的情况下，一款能够满足美国陆军要求的自行高射炮呼之欲出。

1974年，美国陆军终于决定研制一种新型师属自行高射炮，并制订了"DIVADS"计划，即"师属防空系统"计划。该炮由美国陆军提出投标要求，由多家公司进行竞争性研

★第一次世界大战中美国的著名英雄阿尔文·约克

制，最后美国福特宇航公司开始承包生产，研制型号为XM247，取名"约克中士"。

1977年4月，美国国防部长批准了师属高炮系统发展计划，正式确定"师属防空系统"（DIVADS）发展项目。1978年，DIVADS系统的主管官员对师属防空系统的任务提出了更明确的要求："DIVADS系统的任务是为装甲师、机械化师和步兵师提供有效的防空火力以对付武装直升机和高性能固定翼飞机，也为重要基地和设施提供防空火力。"在对五种竞争方案进行分析、筛选之后，美国陆军和福特宇航公司和通用动力公司分别签订了研制合同。1980年6月，两个公司将自己的样品交至布利斯堡的陆军防空中心，接着进行了为期两个月的表演和试验，所有表演项目至当年11月完成。经过对这两个自行高射炮的对比，最后选定了福特宇航公司的40毫米自行高射炮。

福特宇航公司的师属防空系统的基本组成为M48A1或M48A2坦克底盘、两门博福斯公司的40毫米L70火炮和F-16战斗机上使用的威斯汀豪斯公司的APG-66雷达的改进型。这套防空系统原来被定为XM998型，后来改为M247，并正式命名为"约克中士"自行高射炮。

阿尔文·约克是美国一战中的一名传奇英雄，他被美国人尊称为"约克中士"。在1918年10月8日的早晨，约克和另外的16名士兵在经过激战后以损失近一半的代价打死25名和俘虏132名德军。其中21名德军被约克击毙。由于他的英勇，他被提升为中士并获得国会荣誉勋章。用一个英雄来命名师属防空系统，足见美国陆军对师属防空系统寄予的厚望。

按照原定计划，美国陆军到1988年将要购买618门"约克中士"自行高射炮，装备11个重型师和机械化步兵师师属防空系统，编制3个高炮连，每个连队装备12门。

高科技含量的M247高射炮

由于必须伴随装甲机械化部队行进，M247自行高射炮从一开始就决定使用坦克底盘，以获取与主战坦克相当的机动性。最理想不过的选择是使用M1主战坦克的底盘，M1坦克的底盘虽然机动性能一流但是造价昂贵，而且要优先满足M1主战坦克的生产需求。经过折中之后，老旧的M48坦克底盘被选中，其最大的优点便是便宜，同时由于M48坦克

★ M247自行高射炮性能参数 ★

口径： 40毫米

战斗全重： 54.431吨（含弹药）

51.126吨（不含弹药）

车长： 7.76米（炮管向前）

车宽： 3.63米

车高： 3.42米（至炮塔顶部）

最大速度： 48千米/小时

最大行程： 500千米

炮口初速： 1060米/秒（近炸引信预制

破片榴弹）；

1030米/秒（薄壁榴弹）

瞄准速度： 90度/秒

涉水深： 1.22米

过垂直墙高： 0.91米

越壕宽： 2.59米

高低射界： −5度～+85度

方向射界： 360度

和当时的主力的M60主战坦克具有相当大的技术继承性，所以M48坦克底盘的日常维护也能得到较好的保障，在整个使用寿命期间不会因为备件缺乏而导致维护困难。

为了降低费用，M247自行高射炮基本上维持了M48坦克底盘的原有布局，使得对M48坦克底盘的改造工作降低到了最低。底盘前方依然是驾驶员座舱；中部通过炮塔座圈支撑庞大的炮塔；后部为动力舱，使用AVDS−1790风冷12缸V型柴油发动机。由于自行高射炮理论上不需要出现在装甲对抗的最前线，而且炮塔和其他辅助设备的体积、重量远远超过主战坦克，所以原底盘上厚重的主装甲被取消，改换为只能防护轻武器和炮弹破片的轻型装甲。

炮塔是M247自行高射炮的核心部分，包含了火力和火控两个分系统。炮塔用普通钢制造。左右侧装甲板活动链接，向右折时可保护跟踪雷达天线。炮塔的防护能力虽然不如车体，但能经受枪弹、炮弹破片和冲击波的打击。火控系统、雷达设备、稳定和通信系统以及电子装置的供电设备都装在炮塔内。M247自行高射炮的防盾特写火控雷达的搜索天线和跟踪天线安装在炮塔顶部，雷达不工作时搜索天线和跟踪天线可折叠到炮塔后部，便于检修和降低行军高度。

由于自行高射炮的用电设备大大增加，沿用主战坦克的主机附带的发电机已

★美国M247式40毫米双管自行高射炮

★M247自行高射炮底盘

不能满足需要。因此，其采用了一台由伽莱特公司制造的涡轮机为辅助动力，驱动是由一台本迪克斯公司制造的交流发电机和阿贝克公司制造的液压泵为炮塔提供动力。由于辅助动力装置与主发动机使用相同的燃料，所以炮塔回转和火炮俯仰均为液压驱动。

M247自行高射炮的炮塔内共两名乘员——车长和炮长。炮长位于炮塔左侧，车长位于炮塔右侧。炮长和车长共用一个位于中间的等离子显示面板。炮长和车长各有一副目镜对准炮塔顶上的中心光学瞄准具。车长还配有一个独立的可360度旋转的潜望镜，视场为20度。舱口周围有6个投影放大器。

M247自行高射炮使用的瑞典博福斯公司的40毫米L70火炮作为北约的制式武器，有超过50个国家装备。"约克中士"配备两门博福斯公司的40毫米L70火炮，它可以同步交替发射或单独单发射击，最大射程可达4千米，每门火炮都有独立的供弹系统，因此当某一门火炮因故障停止工作后，另一门仍可以继续射击。

美国福特宇航公司为该炮专门研发了可连续供弹及可选择弹种的直线式无弹链供弹系统和上下两个弹舱。两门炮的两个全自动储弹和供弹系统左右对称配属，并由各自的液压系统驱动。整个武器系统共备弹560发，每管火炮备280发，上弹箱和传送带上有80发，下弹箱、升降机和传送带上有200发，重新装填需要13分钟。M247自行高射炮配备三种弹药：近炸引信预制破片榴弹、薄壁榴弹和演习弹。M247自行高射炮使用的是威斯汀豪斯公司的整体式搜索雷达和跟踪雷达，它们共用一个发射机，该发射机采取时分制工作方式，通过微波系统同时给两个雷达馈电。搜索雷达工作在 I 波段，搜索距离在10千米以上，能对多个目标进行搜索。

雷达检测到的目标由敌我识别装置进行询问，并由数字机分类，以确定敌方或友方的固定翼飞机、直升机、导弹或地面目标。而后编排优先射击顺序。该敌我识别装置由"针刺"导弹上使用的敌我识别器发展而来，有90%的通用性。

跟踪雷达自动锁定优先选定的目标，并精确跟踪。当炮长适当按压右手控制柄上的拇指开关时，炮塔即自动转向选定目标。同时，火控系统自动为火炮装定射击诸元，选择最佳弹种并计算所需发射数目，同时，搜索雷达不断向乘员发出警报。这种整体式的雷达系统具有很强的抗干扰能力。电子对抗措施包括频率捷变、将全部功率集中到跟踪雷达以压制干扰等。当不允许雷达工作或雷达系统遭到破坏时，车长和炮长可使用光学仪器控制武器系统。配用由"小檞树"防空导弹激光测距机改进而来的休斯公司激光测距机，其最大探测距离可达6千米～8千米，精度-5米～+5米。

由于采用了成熟的技术，使发展试验、使用试验取得了良好的结果。试验期间雷达的平均故障间隔时间在60小时以上。

🚫 造价昂贵："约克中士"胎死腹中

可以这么说，M247自行高射炮是美国有史以来最有争议的武器之一。1981年，随着M247自行高射炮的制造，美国国内针对该高射炮的矛盾分歧日趋尖锐，很多人认为该计划毫无必要且极不划算。到1982年，有人公开批评M247"约克中士"自行高射炮造价过高，它的单价几乎是其需要掩护的M1主战坦克的3倍，还有人指责"约克中士"自行高射炮的大多数实验没有成功。对此，美国陆军将领，特别是时任美国国防部部长温伯格亲自撰文为"DIVADS"计划辩解，但是这些努力都没能挽救"DIVADS"计划。

武器子系统间的协调出现问题，指标要求过高结果导致系统的可靠性未能达到指标要求；苏联的武装直升机以及反坦克导弹技术取得了长足进步；美国对苏联的技术发展前景、速度估计不足以及美国研究速度过于迟缓。最终导致了"DIVADS"计划的下马。

1985年8月27日，美国国防部部长温伯格宣布"DIVADS"计划下马，M247自行高射炮停止研制。"约克中士"自行高射炮经历了7年的发展过程，投资共18亿美元，平均每门"约克中士"达680万美元，创造了世界自行高射炮研制费用和销售价格的最高纪录。

战事回响  <<< <<< <<<

◎ 世界著名高射炮补遗

美国"火神"M163式自行高炮

"火神"M163式自行高炮(也译作"伏尔甘"自行高炮)于1968年8月研制成功，并开始装备美军。伏尔甘是罗马神话中"火与煅冶之神"，简称"火神"。

20世纪80年代初期，美军共装备379门M163式自行高炮。美军中的混成防空营编有24

★美国M163式自行高炮

门M163式自行高炮和24辆"小檞树"防空导弹发射车。当然，论名气，"小檞树"要比M163式自行高炮大得多。

M163式自行高炮由火炮、火控系统、底盘、雷达、M61式瞄准具、夜视瞄准镜、M741式履带式装甲车等组成。口径为20毫米、管数6管、最大射高达到2800米、有效射高为900米，有效射程为1650米。

M163式自行高炮采用M113装甲输送车改进的M741型履带式底盘，车体为铝合金装甲全焊接结构，战斗全重达12.3吨，比M42要轻得多。乘员只有4人。但从这两点来看，它要比M42要先进得多。底盘最大速度达到65千米/小时，最大行程达483千米。

M163式自行高炮的主要武器为6管20毫米机关炮，对空射击时的最大有效射程为1600米，最大射速达3000发/分，火力密度大，可保证有较高的命中概率。M163式自行高炮火控系统包括一具光学瞄准具和一部测距雷达，雷达可在5000米的距离内跟踪目标。当然，它的雷达比起德国的"猎豹"自行高炮上的雷达要低一个档次，但比M42是一大进步。后来的M163式自行高炮的改进型，改进的重点都放在火控系统的改进上。

M163式自行高炮的最大特点是采用了无弹链鼓式弹舱结构，提高了供弹速度、射速和装弹量，减少了自动机结构，降低了故障；另外，M163式自行高炮瞄准具功能齐全，可在各种不同的条件下作战；M163式自行高炮的射高较低。

装备M163式自行高炮的国家除美国外，还有以色列、韩国、摩洛哥、苏丹、突尼斯、也门、厄瓜多尔、泰国和菲律宾等多个国家。在一些国家中M163式自行高炮一直服役至今。

苏联ZSU-23-4高射炮

ZSU-23-4高射炮是苏联于20世纪60年代初期研制装备的高炮,主要装备苏军摩托化步兵团和坦克团,主要用于野战防空作战。

ZSU-23-4高射炮主要特点是配用了"炮盘"炮瞄雷达与火炮稳定装置,可在行进间射击。ZSU-23-4高射炮重量轻,机动性好,能协同坦克与机械化步兵部队作战。另外,该炮的稳定性好,射击精度高,火力密度大,具有三防作战能力。

ZSU-23-4高射炮的弱点是口径小,弹丸威力较弱;系统雷达不能边跟踪边搜索,对付超低空快速目标有一定困难;反应时间较长,对付多批多架次目标的能力较差。

ZSU-23-4的改进型叫ZSU-23-4MP。它的改进抓住了要害。它更换了所有过时的子系统。它的炮塔顶部右侧有了新变化,那是新加装的可仰角发射的两个导弹发射舱。每舱配备两枚"发射后不用管"的Grom2型地空导弹,用以截击射程5千米以上的空中高度3000米的低空偷袭飞机和直升机。ZSU-23-4高射炮原来装置的雷达系统被拆掉了,炮塔顶上换装的新传感器舱其实就是新型光电组合系统。有了新传感器舱,ZSU-23-4MP高射炮的目标探测和跟踪距离都远达8千米。它发射新一代穿甲脱壳曳光弹,射高为2500米,有效射程达3千米。

ZSU-23-4MP高射炮采用新型动力系统。即使出现V-6R柴油发动机主机不工作的情况,整个ZSU-23-4MP防空炮系统仍能正常运行。它装置了GPS和新型计算机导航系统,改进了通话系统。经过多方面的改进,它延长了使用寿命,更重要的是提高了武器作战效能,也提高了战场生存力。

★苏联ZSU-23-4高射炮

7 第七章
迫击炮
步兵支援火力

🎯 沙场点兵: 机灵鬼和小炮之王

迫击炮自问世以来就一直是支援和伴随步兵作战的一种有效的压制兵器，是步兵极为重要的常规兵器。

由于它火力猛，运动能力较强，弹道比榴弹炮更弯曲（射角可达85度），以杀伤隐蔽的敌人以及摧毁敌方的轻型工事和其他设施。所以，迫击炮可称为是火炮王国里怒荡千军的"小炮之王"。迫击炮，素有"战场轻骑兵"之誉，是现代步兵不可或缺的火力支援武器。但是，如此重要的武器，却是一次偶然间的灵机一动并且歪打正着的产物。

1904年，为了争夺在亚洲的利益，日本和俄罗斯在中国领土上爆发了一场帝国主义战争。

当时，俄罗斯占领着旅顺口，日军为了夺取要塞，采用挖壕筑垒的办法，渐渐逼近了俄罗斯人的阵地。俄军发现这一情况时，日军已相当接近，用一般火炮难以射击鼻子下的目标，而用机枪等轻武器，威力又显不足。无可奈何之下，俄罗斯炮兵大尉尼古拉耶维奇灵机一动，试着用口径为47毫米的海军炮装在有轮子的炮架上，以大仰角发射一种长尾形炮弹，结果竟然有效杀伤了堑壕内的日军，打退了日军的多次进攻。这门炮使用长型超口径迫击炮弹，全弹重量为11.5千克，射程为50米～400米，射角为45度～65度。这种在战场上应急诞生的火炮，当时被叫做"雷击炮"，它是世界上最早的迫击炮。

这种应急中诞生的"机灵鬼"，虽然威力不是很大，但却给人以启示：弹道很弯曲的炮弹，是近距离支援步兵的有效火力。

🐎 兵器传奇: 从摩得发迫击炮开始说起

纵观迫击炮的发展历史，最早可追溯至1342年。当时西班牙军队围攻阿拉伯人所盘踞的阿里赫基拉斯城，阿拉伯人在城垛上支起一根根短角筒，筒口高高翘起朝向城外。从筒口放入一包黑火药，再放进一个铁球，点燃药捻后射向城外的西班牙士兵。这种被称为"摩得发"的原始火炮可以说是现代迫击炮的雏形。

世界第一门真正的迫击炮则诞生在1904年的日俄战争期间的"雷击炮"，发明者是俄罗斯炮兵大尉尼古拉耶维奇。

第一次世界大战中，由于堑壕阵地战的展开，各国开始重视迫击炮的作用，在"雷击炮"的基础上，研制出多种专用迫击炮。1927年，法国研制的斯托克斯·勃朗特81毫米迫击炮采用了缓冲器，克服了炮身与炮架刚性连接的缺点，结构更加完善，已基本具备现代

★第二次世界大战期间战场中的迫击炮

迫击炮的特点。

到第二次世界大战时，迫击炮已是步兵的基本装备，如当时美国101空降师506团E连的编制共140人，分为3个排和1个连指挥部。每排有3个12人的步兵班和1个6人的迫击炮班，每个步兵班配备1挺机枪，每个迫击炮班配备1门60毫米迫击炮。此时，迫击炮的结构已相当成熟，完全具备了现代迫击炮的种种优点，如射速高、威力大、质量轻、结构简单、操作简便等，特别是无须准备即可投入战斗这一特点使其在二战中大放异彩。据统计，二战期间地面部队50%以上的伤亡都是由迫击炮造成的。

世界上最大的迫击炮"利特尔·戴维"就诞生在第二次世界大战期间，现存放于美国马里兰州军械博物馆。该炮的口径为914毫米，炮筒重为6.504吨，炮座重为7.256吨，发射的炮弹质量约为1.700吨。它是因为当时盟军正面攻破德军"齐格菲"防线而秘密设计制造。然而，这门独一无二的迫击炮刚刚造好，战争就结束了。因此该炮还没有来得及放一炮，就宣布退役了。二战之后，一些口径在100毫米以上的重型迫击炮与普通榴弹炮一样，也是炮尾装填炮弹，而且炮内有膛线，并装有反后坐装置。

20世纪六七十年代，迫击炮发展迅猛，繁衍出许多新品种，如自行迫击炮、加农迫击炮、多管齐射迫击炮、无声迫击炮等。这些后生小辈大多相貌堂堂地乘坐战车，全身披挂豪华技术装备、功能齐全、十八般武艺样样精通，可谓长江后浪推前浪，一代更比一代强。

进入21世纪后，世界各国野战炮兵武器装备的主要发展特点是，利用现有高新技术研

★新加坡120毫米速射迫击炮

制新型武器，对现有武器系统进行升级改造，以提高武器系统的纵深供给能力、精确打击能力和机动作战能力。

传统的迫击炮通常机动性较差，火力也受到弹药数量的限制。由轻型车辆牵引的迫击炮尽管机动性有所改善，车上也能装载更多的弹药，但其杀伤力仍然有限，而且车内的人员易受攻顶火力的袭击。将大口径迫击炮，特别是120毫米迫击炮置于某种类型的装甲车上，不仅增强了杀伤力，提高了机动性和射击精度，而且加强了防护能力。因此，大口径迫击炮的发展越来越受到人们的重视，特别是制导迫击炮弹的出现使其备受青睐，有些国家已经将120毫米自行迫击炮视为炮兵武器而不是步兵武器，它不仅能实施直瞄射击，还可以提供间瞄火力。

2006年，新加坡开始对其新研制的120毫米先进迫击炮系统样炮进行试验。该迫击炮的主要特点是后坐力非常小，而且射速高。它配用的特殊后坐系统使其后坐力减少至196千牛。因此，该迫击炮系统可安装在各种履带和轮式车的底盘上。

由于该系统安装有辅助装填系统，射速高达18发/分。澳大利亚将其120毫米轻型迫击炮系统安装到一种轮式装甲车底盘上，作为机动式间瞄武器系统的一部分。为了能发射北约制式81毫米迫击炮弹，斯洛伐克研制新型81毫米迫击炮系统，并将逐渐淘汰过去使用的82毫米迫击炮。

大口径自行装甲迫击炮主要向两个方向发展，一个是炮塔式装甲迫击炮，另一个是非炮塔式装甲迫击炮。

🔍 慧眼鉴兵：小炮之王

迫击炮貌不惊人，个头矮小，堪称"小炮之王"。它结构简单，操作方便，能在复杂的地形和恶劣的气候下迅速投入战斗，而且它比野战火炮射速更快、火力更猛、射程更远。那为什么给它取名"迫击炮"呢？

这是因为迫击炮是一种由炮弹依靠自身重力"强迫"炮膛发射的火炮，由此得名"迫击炮"。

与其他常规火炮相比，迫击炮有很多特点：一是迫击炮的弹道弯曲，适合对隐蔽物（如山丘）背后的目标进行超越射击，也可对近距离目标进行直接射击；二是迫击炮装弹容易，射速高（20发/分～30发/分），火力猛，杀伤效果好；三是因为迫击炮的质量比较轻，体积小，机动性强，打了就跑，能快速转移阵地；四是迫击炮结构简单，操作方便，易于大规模生产，造价低。迫击炮按装填方式可分为前装迫击炮和后装迫击炮；按炮身结构可分为滑膛迫击炮和线膛迫击炮；按运动方式可分为便携式、驮载式、车载式、牵引式和自行式迫击炮。

在迫击炮家族中，数量最多、使用最为广泛的是便携式的迫击炮。就是我们常在影视剧作中看到的步兵使用的"坐地小炮"。

一般来说，便携式迫击炮由炮身、炮架、座钣及瞄准具四大部分组成。炮身可根据射程的远近作不同的选择，炮身长一般在1米～1.5米之间；炮架多为两脚架，可根据目标位置调节高低和方向，携行时可折叠；座钣为承受后坐力的主要部件，同时与两脚架一起共同起到支撑迫击炮体的作用；瞄准具多为光学瞄准镜，刻有方向分划和高低分划。

便携式迫击炮操作使用亦十分简单。在发现并瞄准目标后，将迫击炮弹从炮口滑进炮管，依靠其自身质量使炮弹底火撞击炮管底部的撞针；或者依靠其自身质量滑至炮身底部，待射手操作释放撞针后，撞击炮弹底部底火。底火被击发后点燃炮弹尾部的基本药管，随后捆绑在弹体外面附加药包内的火药亦被点燃。虽然炮弹与炮管之间有一定的间隙以保证炮弹滑落，但是弹体外部的闭气环仍能形成极大的膛内压力，推动炮弹出炮口并飞向目标。

希特勒青睐的重炮
——德国"卡尔"600毫米自行迫击炮

⊘ 雷神下凡："卡尔"迫击炮应天承运

1934年希特勒一上台，便积极扩军备战，为发动侵略战争作准备。但让希特勒挠头的是，马其诺这样的防线设防工事太过坚固，一般的火炮奈何不得。在这种目的的驱使下，希特勒便开始对一些重型兵器青睐有加，重型迫击炮便是其中的秘密武器之一。

在希特勒的授权下，德国陆军总司令部提出了大口径迫击炮的设计要求。任务书中

★博物馆中陈列的"卡尔"600"毫米自行迫击炮

要求：迫击炮的口径为800毫米，发射4吨重的迫击炮弹时的初速为100米/秒，最大射程为1000米；发射2吨炮弹时的最大射程为2000米；迫击炮的移动采用履带式底盘车辆。这简直是天方夜谭，因为这样设计的迫击炮，已接近了坦克的形状和威力。在种种质疑声中，当时在德国颇有名气的莱茵金属公司和军方签订了研制合同。

莱茵金属公司提出了口径为600毫米的迫击炮设计方案，遭到了军方的反对。当时在炮兵服役的卡尔·贝克将军力排众议，说服了希特勒。刚开始，希特勒没有批准，坚持要制造那种最大的迫击炮，贝克将军从运输能力方面说服了希特勒，即使这样，缩小版的"卡尔"自行迫击炮，在不好的路面上也无法行驶，机动性很差。

由于卡尔·贝克将军在竭力促成此事，所以，这项计划被命名为"卡尔设备"，建成后的600毫米自行迫击炮也被称为"卡尔"自行迫击炮。

◎ 威力巨大：超级大炮需要火车装运

火炮和炮弹无疑是"卡尔"600毫米自行迫击炮的最重要的组成部分和威力所在。600毫米的口径，简直大得惊人。由于口径巨大，其炮弹的个头和重量也十分了得。600毫米炮用的弹丸为混凝土贯穿弹，可以贯穿2.5米厚的强化混凝土工事，然后爆炸，其威力之大可见一斑。

600毫米迫击炮的高低射界为0度～70度，一般常在55度～70度范围内射击。火炮方向射界只有左右各4度。也就是说，超过这个范围，就只能靠转动车体来实现瞄准了。火炮本身的重量高60吨以上，令人不可思议的是，火炮的俯仰竟然靠手动来实现。不过，想一

★ "卡尔"600毫米自行迫击炮性能参数 ★

口径： 600毫米	**炮弹重：** 2195.42千克
炮架长： 11.15米	**炮口初速：** 220米/秒
车长： 5.11米	**射速：** 6发/小时
最大行驶速度： 8千米/小时～10千米/小时	**有效射程：** 4.479米
最大行驶里程： 25千米～40千米	

想阿基米德的那句名言："给我一根足够长的杠杆，我可以撬动地球"，那么，只要有足够的传动比，使火炮俯仰也是可以实现的。这样一来，将火炮升到最大仰角，起码需要4分钟～6分钟的时间。"卡尔"600毫米自行迫击炮规定射速为6发/小时，即每10分钟发射1发炮弹。除了摇炮费劲之外，装炮弹也挺费劲，要用吊车将2吨重的炮弹头吊到炮尾的弹槽内，再用专门的推弹杆推弹入膛，然后再将发射药推入炮膛。

"卡尔"600毫米自行迫击炮的行动部分采用主动轮在前和诱导轮在后的布置方式。履带为钢质履带，履带板节距增大为250毫米，每侧履带板的数量减为94块。这样一来，导致"卡尔"战斗全重极大，加上单位压力很高，运输起来很麻烦。它毕竟是一种自行车辆，能以自行的方式转移火炮发射阵地，这一点比起列车炮受铁路的限制要强得多。长距离机动时，要用专门设计的铁路运输车，"两个架一个"来吊装运输，很是麻烦。有时要把"卡尔"600大卸4块，分头运输，同样是很麻烦的。

尽管"卡尔"600毫米自行迫击炮只制成十来辆，但是，它却屡屡出现在欧洲战场上，从苏德前线到镇压华沙起义，希特勒每每将这种超级大炮"用到刀刃上"，留下了一页又一页不光彩的记录。

⊘ 攻无不克的"卡尔"，难挽狂澜的巨炮

1941年3月，希特勒将"卡尔"600毫米自行迫击炮这个秘密武器编成了第833炮兵连。4月2日，扩编为第833重炮兵营，辖2个炮兵连，各装备2辆"卡尔"600毫米自行迫击炮。5月1日，"卡尔"迫击炮完成作战准备。

随着希特勒准备发动"巴巴罗萨"作战计划，第833重炮营也秘密开赴苏联边境，配属德军中央集团军。第一炮兵连准备了60发炮弹，第二炮兵连准备了36发，帮助德国成功跨越过了苏联边境。

塞瓦斯托波尔攻坚战，苏方称为塞瓦斯托波尔保卫战，这是一次长达250天的攻防战役，这也是"卡尔"一生中最辉煌的时刻。

1941年12月7日，203个德军炮兵连集结在塞瓦斯托波尔北部要塞群，德国统帅曼施泰因力图在最强防御线上打开缺口，从而发起二战中德军最疯狂的一次炮击作战。但是，在最北部的"马克西姆-高尔基I号"要塞压制着北方主要道路和险要地带，305毫米火炮随时会对德军步兵造成毁灭性威胁。而普通的火炮对这个坚固无比的要塞也毫无办法，它的44千米射程更让德国难以前进寸步。为了突破最强的要塞，必须动用最强的火炮。

无奈之中，曼施泰只能向希特勒求助，希特勒迅速调集第833"卡尔"重炮营去支援塞城攻坚。1942年4月18日，几辆"卡尔"到达指定射击位置的151高地附近。德军第22工兵连用了22天为它构筑射击阵地。其间，德军运去了72发重弹和50发"轻弹"。起初，一些德国士兵有些看不起"卡尔"迫击炮，觉得下这么大的力气构筑射击阵地有些顾此失彼，但在6月2日，这种"超级巨炮"开始轰击时，他们全部目瞪口呆。

"卡尔"的武力在战场上发挥得淋漓尽致。"卡尔"射速很快，炮弹威力十足，重达2200千克的600毫米高爆弹倾泻在"高尔基I号"要塞周围，4000毫米厚的永久水泥装甲板被打成碎片，要塞内部开始暴露；要塞里外的苏联士兵更是目瞪口呆，因为他们从未见过具有这样威力、这样射程的迫击炮。导致他们在遭受航空军轰炸时乱成了一锅粥，慌忙逃走。

此后半个月，"卡尔"迫击炮将122发弹全部打完，"马克西姆-高尔基I号"要塞几乎坍塌，而整个塞瓦斯托波尔城也在"卡尔"的威胁下，处在风雨飘摇中。

苏军毫无办法，只能派出部队增援。为了压制苏联步兵的增援和突围，德军又紧急调来了79颗"卡尔"炮弹，"卡尔"迫击炮对要塞周边进行地毯式轰击，威力巨大的炮弹雨点般地粉碎要

★苏德战场上的"卡尔"600毫米自行迫击炮

塞周围所有的道路、铁路网，增援的苏军将士在"卡尔"的炮火中疲于奔命，只能撤了回去。至此，"高尔基I号"完全被孤立！

"卡尔"迫击炮顺利完成任务，被调离，而之后的几天，塞瓦斯托波尔城也被德国攻陷了。

就这样，"卡尔"迫击炮在苏联德战场上战无不胜，像秋风扫落叶一样攻击着苏军的前沿阵地，攻陷了一个又一个战斗堡垒。

然而，曾经攻无不克的"卡尔"巨炮到了二战晚期便已风光不在。"卡尔"巨炮参加的最后的战斗是，1945年4月11日第428重炮兵连在柏林以南50千米处迎击苏军潮水般的进攻。在强大的苏军的进攻面前，几门"卡尔"巨炮显得十分渺小，根本无法阻挡苏军的钢铁洪流。"卡尔"巨炮也纷纷成了苏军和盟军的战利品。

迫击炮中的化学武备
——美国M24.2英寸化学迫击炮

🚫 美军主力：由斯托克斯迫击炮改进而来

美国M24.2英寸化学迫击炮由美国制造，是在第二次世界大战期间和朝鲜战争期间被广泛使用的107毫米重型迫击炮，原拟装备化学兵部队，故称化学迫击炮。

美国M24.2英寸化学迫击炮是由英国的斯托克斯迫击炮演化来的。斯托克斯迫击炮采用滑膛身管，所以射击精确性很差，但它搬运方便，能达到每分钟20发的高射速。美国化学武器局的第一毒气团于1918年从英国获得了斯托克斯迫击炮之后，化学武器局发现这是一种多用途的高效武器。

20世纪20年代，美国化学武器局开始研究，以增大斯托克斯迫击炮的射程。早期的研究证明加大发射药量只能使射程增大几百米，同时这样的装药量完全有可能炸裂身管。于是研究人员在炮弹上加装弹翼，使之像飞镖一样飞行，最大射程达到了2500米。但通常发射药损坏了弹翼，炮弹的弹道也变得短且古怪。

1924年，美国化学武器局的研究人员在斯托克斯迫击炮的炮膛内分别加上了角度和数量各不相同的膛线。膛线是通过挖掉旧身管内的金属制造的，从而使口径从24英寸增加到24.2英寸。

1924年7月，一门试验炮将3发炮弹准确地打到2250米。线膛身管的采用使得斯托克斯迫击炮从底座到引信所有部分都要重新设计，经过大量试验后，工程师们发明了一种安全可靠的引信，既可以撞击触发也可以设定时间触发。

同时，为了将发射时的火药气体密封并使炮弹旋转出膛，工程师们采取了一种特别的方法推动弹底。这包括一铜一钢两个圆盘。当发射药爆炸时，气体推动钢盘撞击较软的铜盘，使铜盘在压力下边缘挤入膛线变形，密封气体的同时将炮弹射出膛。

斯托克斯迫击炮的底座是一个固定在橡木板上的钢质底托。新迫击炮的后坐力很容易把它打碎，于是采用了铸铁底板。到了1928年，经过几年的试验，M24.2英寸化学迫击炮终于可以服役了。

◎ 双弹齐发：白磷弹和高爆弹威力十足

★ M24.2英寸化学迫击炮性能参数 ★

口径： 107毫米	**方向射界：** 7度
炮全重： 161千克	**高低射界：** 45度～60度
身管长： 1.285米	**最大射速：** 20发/分
最大射程： 4.00千米	

M24.2英寸化学迫击炮最初是用来发射化学弹头的，但实际上化学弹头从未被发射过。即使是烟雾弹用得也很少。为M24.2英寸化学迫击炮在步兵中赢得声誉的是高爆弹头。当化学武器局获得使用高爆弹的许可时，工程师们就对弹药进行了轻微的改动：移除了风向标和爆炸管并向弹头内填入TNT。装上引信的炮弹重约22磅，其中爆炸药重8磅。TNT的重量占到全重的1/3，这是很高的装填效率。碰撞后的爆炸和破片效应也很可观，化学武器局将这种炮弹命名为M3型。

烟雾弹在后勤部门的生产中也占了很大的部分。正规的烟雾剂包括白磷，三氧化硫的次氯酸和四氯化钛混合溶液两种。盟军很多将领评论说：美国的白磷弹简直无与伦比。这些炮弹放出大量浓密的白烟，既可以指示目标也可以作为掩护。燃烧着的白磷块飞过空中给士兵带来很大恐慌。白磷能够点燃干燥的树丛、干草、纸张和其他易燃物从而起到点火弹的作用，最后还能通过烧伤造成敌人伤亡。

M24.2英寸化学迫击炮射出烟雾弹的数量仅次于高爆弹。总共有300多万枚白磷烟雾弹从美国的制造工厂中被运出，超过除高爆弹外的所有类型炮弹的总和。

在1942年基本型炮弹的基础上，化学武器局又生产了多种炮弹如照明弹等。最终只有高爆弹，白磷弹和含三氧化硫的次氯酸溶液的炮弹投入过实战。但对它们的效率，盟军将领称赞不已，M24.2英寸化学迫击炮使用的各种弹药太好用了。

M24.2英寸化学迫击炮在战争中进化

1928年，M24.2英寸化学迫击炮服役之后，美军便成立了化学迫击炮营。化学迫击炮营直属于步兵师，在二战后期，每个步兵团都开始有独立的化学迫击炮连。正常编制下化学迫击炮营有37名军官、138名军士和481名士兵，编有1个化学迫击炮营，含1个连部、1个维修班、3个弹药班和3个化学迫击炮连。一个化学迫击炮连通常有9名军官、40名军士和118名士兵，编有1个连部和3个迫击炮排。迫击炮排包括：1个排部4个班。每个班有1位班长，1个炮手，3个输弹手，2名司机，1个辅助炮手，装备36门M24.2英寸化学迫击炮。在第二次世界大战期间，一共有25个化学迫击炮营，它们分别是第2、3、71、72、80～100营。

1928年，M24.2英寸化学迫击炮服役之后，美国化学武器局花了很大的精力改进现有型号。挖掘掩体很耗时间，会降低迫击炮的机动性，于是M24.2英寸化学迫击炮底座就直接放在了地上。两脚支架被改进并沿用了一段时间，但还是被证明十分笨重从而被单脚支架所取代。工程师还发现应该在底座和身管支撑间加装支撑杆以防止后坐力将底座和支撑拆散，同时也放弃了斯托克斯迫击炮的身管设计，改用无缝钢管制作。身管和支撑杆之间还加装了弹簧减震器以防止后坐力拆散连接机构。

1942年，当美国参战时，M24.2英寸化学迫击炮被认为可以发射毒气弹，燃烧弹和烟雾弹。1942年4月，美军陆军中将波特将军建议允许M24.2英寸化学迫击炮发射高爆弹，最后获得了批准。

M24.2英寸化学迫击炮首次参战是在1943年夏攻击西西里的战斗中。第二和第三化学迫击炮营作为第一波冲击部队在登陆几分钟后就开始射击。在38天的战斗中，M24.2英寸化学迫击炮执行了各种炮兵任务并受到了各方面的一致好评，证明化学武器局成功地把它变成了高爆弹发射器。

尽管如此，前线还是需要化学武器局能将它的射程

★M24.2英寸化学迫击正在发射炮弹

★M24.2迫击炮

再扩大。化学武器局已经预想到这样的要求并已找到办法把射程再扩大1000米：改变发射药的成分使之燃烧得更均匀、更缓慢。最小的药包能把炮弹打到300米远，只要增加其数量就可达到4000米的最大射程。这时的火药燃气刚好对充满液体的炮弹弹道不产生影响。药包为方形，中间有孔以便放在弹药筒中。运输时每发炮弹装载最大射程时的药包，使用时只需根据情况减少药包即可。到了1944年，美军要求M24.2英寸化学迫击炮的射程达到4500米。美国化学武器局研究发现只能在炮弹上加装出膛后开始作用的喷气装置，但这项研究被认为耗时过长且需要的人员不能到位，最终只得作罢。

除了对M24.2英寸化学迫击炮的射程需求外，美军还要求对迫击炮整体重新设计。此时M24.2英寸化学迫击炮已经得到广泛使用，尤其是在传统炮兵无法行动的山区。在意大利和太平洋战场，泥泞的土地使得迫击炮牵引车或吉普也无法运动，化学武器局为此还配发了骡车。

在欧洲和太平洋战场上使用过M24.2英寸化学迫击炮的美国部队都对它评价很高，德国人和日本人也称赞它火力猛和射击准确性高。德国陆军化学武器部门的奥克斯纳中将评论道：从技术观点来看，美军M24.2英寸化学迫击炮是最实用的迫击炮，因为其构造简单，开火效率很高。

但由于M24.2英寸化学迫击炮的重量和体积偏大，所以只能车载，隶属于团属炮兵团。

M24.2英寸化学迫击炮曾装备日本、韩国等世界上的许多国家，抗日战争中期，国民党各美械步兵团重迫击炮连装备4门的24.2英寸化学迫击炮。

解放军中的M24.2英寸化学迫击炮主要是缴获来的，现已退役。数量不多，但很实用，在消灭胡琏的"老虎团"的战斗中就使用过M24.2英寸化学迫击炮。20世纪50年代，中国志愿军在抗美援朝战场上也曾缴获过M24.2英寸化学迫击炮。

20世纪50年代，M24.2英寸化学迫击炮退出了历史舞台，为M-30式线膛重迫击炮所取代。

二战德军重炮
——德国"虎"式重型自行迫击炮

🚫 "老虎"出笼：希特勒制造的秘密武器

二战中，"虎"式重型自行迫击炮可算是迫击炮家族中的重量级成员，提到它的出世，要从斯大林格勒战役开始说起。1943年，在斯大林格勒，德军陷入艰苦的巷战。虽然投入了众多大口径榴弹炮等压制性武器，但威力仍然不足。在这种情况下，希特勒下令研制新的用做支援步兵的重火力战斗车辆。

1943年初，以四号坦克底盘发展用来替代步兵炮33型的"灰熊"式自行火炮登场；但是德军还是认为火力不够，还是需要支援步兵的自行火炮，但是装甲要更厚，火力要更强，所以就产生了以"虎"式坦克为底盘搭配210毫米榴弹炮的构想。

1943年9月，德国克虏伯公司就以虎I坦克的底盘作为设计依据，然后将车体送往亨舍尔公司进行底盘的组合，最后再送到阿凯特完成车体上层结构；接下来这台原型车就在一个月后被送往希特勒面前过目，希特勒大笔一挥，同意量产。1943年12月，量产的第一台车体开始移交，到了1944年2月20日，阿凯特就完成了3台"虎"式重型自行迫击炮。

由于工期被延后，希特勒在1944年4月19日之前都没有要求增加量产的数量与速度；不过已经有12辆突击"虎"式炮车的战斗室与火炮准备好要安装了。

★希特勒的秘密武器之———"虎"式重型自行迫击炮

1944年9月，阿凯特又完成了13辆"虎"式重型自行迫击炮，随后，希特勒就将它们带上了战场。

◎ 威力巨大："短腿虎"可谓是迫击炮之王

从"虎"式重型自行迫击炮的外形来看，它好像一个被固定住朝天空发射但是没枪管的大型左轮手枪，它有一个转盘式弹舱。在车辆战斗室中，每个弹舱中可以置放烟雾弹来制造掩护的烟幕；或者装置曳光弹发射攻击、会师，或者求救讯号；如果敌人步兵像蚂蚁一样一拥而上包围突击"虎"的时候，乘员可以从车内发射弹舱内的高爆榴弹，这个高爆榴弹就会一飞冲天，大约是在两层楼高的高度爆炸，散射出许多破片杀伤包围车辆的步兵；车体右前方也有针对软性目标的7.92毫米MG34机枪的配属，弹载量为800发。

"虎"式重型自行迫击炮的最大特点就是增加了迫击炮的运动能力。跟"虎"式坦克比起来，"虎"式重型自行迫击炮算是个"短腿虎"，只有6.28米长，远短于"虎"式坦克的8.45米，并且又比"虎"式坦克矮15厘米。不过这种身材在市街中反而游刃有余，进退自如，也没有长管主炮在街道上被空间限制的干扰；重要的是短炮管所形成的高仰角射击对于被藏匿在塔楼或者制高点中的狙击手来说，在突击"虎"的火箭弹击中据点后，看到敌人跟着一堆砖块垮下来才真是一大福音。"虎"式重型自行迫击炮的设计理念是成为在街道中"贴着打"的炮车，装甲要是不厚就不可能攻坚，不能把敌人的据点给拔了，所以它的正面装甲厚达150毫米，再加上倾角约45度左右，相当于厚达200毫米；侧边与后方的装甲均厚80毫米，所以突击"虎"跟虎II坦克一样重达65吨。

"虎"式重型自行迫击炮的主炮是380毫米61型5.4倍径的后膛装填火箭（迫击）炮，发射的物体为火箭弹，但是它可以像迫击炮一样以仰角发射来增加射程，或者射击制高点；炮膛来复线绕距为2.054米。

★ "虎"式重型自行迫击炮性能参数 ★

口径： 380毫米	**最大越野时速：** 12千米/小时
战斗全重： 65吨	**最大公路行程：** 100千米
车长： 6.28米	**最大越野行程：** 60千米
车高： 2.85米（无起重机）	**武备：** 380毫米臼炮
3.45米（有起重机）	7.92MG34机枪
车宽： 3.57米	**乘员：** 5人
最大公路时速： 36千米/小时	

★"虎"式重型自行迫击炮

　　"虎"式重型自行迫击炮的炮膛也很独特，火箭迫炮的前端有个特殊的外观，就是炮口外有一圈排气孔，使炮管看起来犹如餐桌上的胡椒罐一样。这一圈排气孔的设计原因在于火箭发射时会产生高压且有毒的废气瓦斯，如果发射后断然打开炮闩只会造成全车官兵悲剧性的下场，况且发射时的废气瓦斯会造成过高的膛压，对武器本身也会造成损害，因此排气孔的设计就是为了达到废气瓦斯的排除与降低膛压的效果。

🚫 "猛虎出山"祸乱四方

　　在希特勒的眼中，生产"虎"式重型自行迫击炮就是用来支援步兵的重装车辆，如果步兵遇到顽抗的敌军碉堡或强化据点，它就会把350千克重的炮弹狠狠地射过去，然后步兵弟兄们就像蚂蚁一样拥向前，经过最后的扫荡残余，敌军碉堡阵地就升起白旗，大功告成。

　　"虎"式重型自行迫击炮能用一发火箭弹摧毁任何建筑或者其他目标，有报告称其一发火箭弹就能彻底击毁美军3辆M4"谢尔曼"式坦克——威力超过了重型轰炸机。

　　"虎"式重型自行迫击炮服役之后，希特勒把它编进了三个连：第1000连，第1001连以及第1002连。本来说一个连配14门"虎"式重型自行迫击炮可以好好地去打一场，结果

★"虎"式重型自行迫击炮的炮口直径较大，甚至可以容纳一个德军士兵。

★拥有大口径的火炮的"虎"式重型自行迫击炮成为二战中德军的攻坚利器

到最后一个连只配4门。第1000连于1944年8月13日成军，他们没有在正面战场上和苏军刀枪相见，反而去镇压华沙起义，成为杀戮平民的屠夫。

1944年9月，第1001连与第1002的"虎"式重型自行迫击炮连守住阿登地区，以总数7门加入了突击部之役。

阿登攻势结束后，"虎"式重型自行迫击炮又扮演起德国守门员，战场也不只是看守西线而已；在枪林弹雨当中"虎"式重型自行迫击炮以其超强的护甲给盟军造成了很大的麻烦。盟军与苏军如果不是以战术支援轰炸机或者是口径更大的火炮来对付"虎"式重型自行迫击炮，盟军与苏军几乎就被它牢牢牵制住，进退不得。最后，几门"虎"式重型自行迫击炮与它们的主人在战斗中一起结束短暂而壮烈的一生；剩下来的"虎"式重型自行迫击炮由于机械故障或者燃油不足而被破坏后遗弃在战场上。

有两门"虎"式重型自行迫击炮在二战后被幸运地保存下来，一门被俄罗斯人拖回了库宾卡坦克博物馆，成为俄军反法西斯战争的战利品。另一门保存在德国装甲博物馆里，跟它的"德国同胞"——"鼠"式坦克一起见证了旧德国的灭亡与新德国的诞生。

炮中极品
——瑞典"阿莫斯"120毫米双管自行迫击炮

◉ 迫击之炮：瑞典人别出心裁

二战之后，世界各国都在开发新型的迫击炮，种类繁多，而"阿莫斯"是第一个正式列装部队的自行迫击炮，它代表了120毫米自行迫击炮的最先进水平，也为美国非直瞄迫击炮系统等先进设计理念奠定了基础。

二战以来，瑞典人就一直在研究如何才能让牵引式120毫米迫击炮射击时炮手隐蔽起来，让炮弹速度加快、弹道低，如何躲过敌方炮兵侦测雷达的发现，减少对方的火力打击。此外，火炮的展开、撤收费时费力，机动转移困难。这让瑞典炮兵感觉到必须研制一种新型迫击炮，以满足未来的步兵作战的需求。

在俄罗斯"诺娜"120毫米系列自行迫榴炮和奥地利SM-4式120毫米四管自行迫击炮的启示下，瑞典赫格隆茨车辆公司于20世纪90年代初提出研制类似的自行迫击炮。1995年春，瑞典赫格隆茨车辆公司和芬兰帕特里亚公司开始了一项联合研制计划，为丹麦、芬兰、挪威和瑞典研制一种120毫米炮塔式双管自行迫击炮，即"阿莫斯"120毫米双管自行迫击炮。

★ "阿莫斯"120毫米双管自行迫击炮

1997年6月，两家公司正式签订共同研制"阿莫斯"的合约，前者主要负责炮塔，后者负责120毫米双管迫击炮和装填系统。1997年中期，两家公司研制出两门样炮供军方试验。

◎ 设计先进："双管联装"，"水陆两用"

★ "阿莫斯"自行迫击炮性能参数 ★

口径：120毫米	**最大射程**：3.00千米
武备：两门120毫米迫击炮	**射速**：6发/15秒
弹药：配用多种弹药	**乘员**：3人
俯仰范围：－30度 ~ +85度	

"阿莫斯"自行迫击炮的独门秘籍是采用双管联装的120毫米自行迫击炮，这在世界上所有的迫击炮中是独有的。它由两管120毫米滑膛迫击炮、封闭式炮塔、炮载火控系统和轮式/履带式装甲车底盘组成。

"阿莫斯"自行迫击炮采用的是模块化设计方案，可以通过调整来满足用户的特殊需求。根据底盘的不同，"阿莫斯"可配用长、短两种身管：履带式底盘配用长身管，采用炮尾装填方式，并附有半自动装填装置；轮式底盘配用短身管，采用炮口装填方式，借助一个特殊装置，炮手可在炮塔内人工装填。两门同轴120毫米迫击炮的俯仰范围为－30度 ~ +85度。两炮管共用一个摇架，但配有独立的反后坐装置，可单管射击。两个炮管之间装有一个抽烟器。由于炮弹都装在可回收利用的短管式封闭容器中，这为直瞄射击提供了便利，使炮管处于任何高低角下，都可保证对炮弹进行准确定位。

"阿莫斯"能配用多种弹药，包括榴弹、增程弹、红外发烟弹、照明弹、子母弹以及瑞典博福斯公司研制的新型"林鸮"（Strix）末段制导迫击炮弹。

"阿莫斯"自行迫击炮的炮塔为全焊接结构，可抵御12.7毫米子弹和炮弹破片的攻击。此外，炮塔也可通过附加被动式装甲来提高防护能力。炮塔没有采用传统的潜望镜，而是在车长和炮手位置安装了加盖玻璃板的由计算机控制显示的照相潜望镜。该潜望镜与透过装甲安装在炮塔外部的6个锁孔式照相机相结合，可为乘员提供防激光的360°外视图像。由于采用了新的外形设计，可防雷达探测，"阿莫斯"因此也具有隐身特点。

"阿莫斯"的炮塔内能容纳3名乘员，车长在左侧，炮手和装填手在右侧。由于能够安装在多种机动平台上，"阿莫斯"可进行快速部署和实现"打了就跑"的战术。此外，该炮具有三防能力，能够为乘员提供炮口冲击波和核生化防护。

除了用于陆地作战之外，"阿莫斯"迫击炮还可用于海上作战。将经过改进的"阿莫斯"炮塔安装在海军舰船上，可用于近程海上防御。只是海军型"阿莫斯"与陆军型有所不同，其材质为铝合金，而不是钢装甲，炮塔空重2.5吨。瑞典和挪威曾成功地将"阿莫斯"迫击炮塔安装在"战船"90型快艇上，并在瑞典沿海群岛进行了静止和运动状态下的发射试验，完成了迫击炮下海这一举世无双的壮举。"阿莫斯"安装在舰艇的舰桥后面，能旋转180度，它采用陀螺稳定炮塔和自动装填系统，可配用所有制式120毫米滑膛迫击炮弹和灵巧制导炮弹，具备直瞄射击能力和行进间射击能力，最大射程能达到13千米。该系统配有计算机火控系统，最大发射速率为14发/分，从而使这种小艇有了同级舰艇不可比拟的对地攻击以及反舰火力。此外，瑞典国防装备管理局有意将海军型"阿莫斯"安装在比"战船"90更大的作战艇上，为两栖部队和特种作战部队提供火力支援。该艇名为"迫击炮战斗艇2010"，长20米～25米，排水量为40吨～70吨（取决于装甲防护装置）。其全尺寸样艇于2008年完成，测试工作在2011年进行。

⊘ 性能优异的"阿莫斯"

"阿莫斯"自行迫击炮一出世，便引起很多国家的注意，其先进的设计理念和独一无二的双管炮设计，使其成为炮兵的宠儿。

★ "阿莫斯"自行迫击炮的独门秘籍是采用双管联装的120毫米自行迫击炮

★采用了履带式底盘的"阿莫斯"迫击炮

2006年4月，"阿莫斯"系统采用瑞典赫格隆茨公司的CV90步兵战车底盘在沙特进行了一系列火力和机动性测试，成功地完成了昼/夜直接或间接瞄准射击，以及一些远程射击，彰显其领军实力。

第一个试验目标是700米远的一个小型建筑物，"阿莫斯"通过直瞄射击的方式将其击中。在该位置共进行了三次射击，均命中目标。随后，"阿莫斯"被部署到距离第一次试验位置约100米处的射击点，对第二个建筑物进行射击。此次射击只采用单管射击模式，试验中使用的是M536A1式120毫米榴弹，该弹配用触发引信，最终，6发榴弹全部击中目标。

为测试"阿莫斯"的夜间作战性能，还特意在晚上进行了一组试验，首先是一次三发齐射。此外，为了获取火炮发射时的附加信息，"阿莫斯"身管上安装了炮口初速雷达。试验中所用的炮弹为梅卡公司研制的M530AI式120毫米榴弹，采用间瞄模式对3.2千米以外的目标进行三次双发射击（共6发弹），射击过程中验证了多发同时弹着技术。随后又组织一系列试验对系统进入/撤出战斗的时间进行了演示验证。第一次试验要求"阿莫斯"先移动到指定发射位置，随后向2千米处的目标射击，然后迅速返回初始位置。此过程重复了5次，共发射10发炮弹。经测算后得出，"阿莫斯"从进入发射阵地到打击目标平均用时23.1秒，射击完毕后撤离发射阵地平均用时7.7秒。而后，试验内容变为对两个不同的目标实施快速打击，要求"阿莫斯"双发射击A目标后，迅速转动炮

★瑞典安装了"阿莫斯"双管迫击炮的炮艇

塔双发射击B目标。如此重复射击4次，共发射16发弹。试验中，"阿莫斯"转换射击目标的平均时间为20.6秒。

在打击远距离目标的演示中，"阿莫斯"首先双发射击5.5千米距离处的第一个目标，然后再双发射击9.1千米处的第二个目标，经过5次相同的演示，测得炮口平均初速为442.5米/秒。在最后一天的重要演示中，"阿莫斯"直瞄射击700米远处的一个容器目标，发射了20发炮弹，炮弹在容器内爆炸将其炸碎。

"飞翔"的迫击炮
——德国"鼬鼠"2空降迫击炮作战系统

◎ 进化的"鼬鼠"：由战车到迫击炮

德国"鼬鼠"2空降迫击炮作战系统是一种设备齐全的多车辆武器系统，由6种不同配属的"鼬鼠"2轻型装甲车组成，包括前观车、连级指挥车、火控车、排级指挥车、前沿控制车和120毫米迫击炮，所有车辆均可用直升机、运输机空运。

★正在密林间执行任务的"鼬鼠"2空降迫击炮

可以这么说，德国"鼬鼠"2空降迫击炮作战系统是以大名鼎鼎的德国"鼬鼠"2空降战车为基础发展而来的。

在当今世界各国的装甲战车中，德国的"鼬鼠"系列空降战车独树一帜，是现役装备中最轻的履带式装甲战车，目前有"鼬鼠"1和"鼬鼠"2两代。"鼬鼠"系列空降战车的显著特点是轻便灵活，便于空运，具有较高的机动性。一架CH-47或CH-53G重型直升机能空运2辆，全部装载时间只需1分钟，也可在直升机外吊运1辆，此时乘员不在车内。它还能用C-160、C-130运输机空运、空投。空投时车体固定在一个托架上，托架底板与车体底部之间放有缓冲器。

1994年，莱茵金属公司推出了"鼬鼠"2空降战车。"鼬鼠"2的战斗全重为4.1吨，最大有效载荷为1吨。该车车内空间较大，可容纳7名士兵。该车低矮单位地面压力较小，比较适合在雪地和沼泽地上行驶。"鼬鼠"2有多种变型车，包括装甲人员输送车、救护车、指挥车、反坦克导弹发射车、防空导弹发射车、自行迫击炮、武器运载车等。"鼬鼠"2的最大优点是能够在比较危险的地区以无人化自主模式作业。

"鼬鼠"2自行迫击炮系统就是"鼬鼠"2空降战车最著名的变型车。

2005年夏天，"鼬鼠"2自行迫击炮在美国亚利桑那州的沙漠中进行了炎热试验。2006年1月～3月，莱茵金属公司地面系统分部在瑞典对该车进行了寒冷试验。两次试验，该车经历了–32度～+48度的环境测试，展示了该车在严酷气候条件下的作战能力。这些试验也检验了火控系统的效能，以及车辆电子部件和精密器械对沙尘、高温、严寒的抵抗能力。

2006年底，"鼬鼠"2自行迫击炮的研制已经完成。德军陆军采购96辆"鼬鼠"2自行迫击炮和一定数量的弹药补给车。目前，德国陆军已经将自行迫击炮的采购数量提高到100辆～200辆。

◎ 机动灵活：可自动完成打击任务

★ "鼬鼠"2空降迫击炮系统性能参数 ★

口径：120毫米	**最大射程**：8000米
最大速度：70千米/小时	**最大射速**：3发/20秒
武备：改进型高爆弹	**持续射速**：18发/3分
新型照明弹	**乘员**：3人
子母弹	

"鼬鼠"2自行迫击炮是"鼬鼠"2空降迫击炮作战系统的核心，由莱茵金属地面系统公司研制，能够快速空运部署。"鼬鼠"2空降迫击炮系统能为空降部队和突击队提供高度灵活的火力，明显增强其突破和防御能力。

"鼬鼠"2空降迫击炮系统的主武器是一门120毫米迫击炮，采用炮尾装填方式，最大射程为8千米。莱茵金属武器和弹药公司专为该炮研制了新型弹药，包括采用多功能引信的改进型高爆弹、新型照明弹、子母弹(最大射程6300米)。这些炮弹未来将采用可编程引信。车上一共携弹27发，其中包括2发制导炮弹。

"鼬鼠"2空降迫击炮系统整个武器系统的操纵，包括在倾斜位置的装弹，都可以在封闭的战斗舱内完成，大大提高了乘员的安全。通过车尾的枢轴可迅速改变火炮姿态。利用车载复合导航系统，可以快速自动确定方向角、高低角和位置，从而使火炮迅速恢复到待发状态，最大射速可达20秒3发，持续射速为3分钟18发。该车装备了先进的车辆电子系统，包括系统计算机、火炮控制系统、支援系统、安全传感器和导航系统，实现了自动控制、自动传输瞄准数据、自动调焦和安全检查等功能。

"鼬鼠"2空降迫击炮系统的打击过程基本上是自动的：在迫击炮前往射击阵地的过程中，目标数据以数字形式传输到车辆，只有装填过程是手动完成。炮弹发射出去后，迫击炮炮管在2秒内撤回装填位置，舱盖自动打开，装填手装填下一发炮弹。受后坐力的影响，车辆位置会发生轻微的变化，但是在迫击炮每次准备发射下一发炮弹时，系统会自动重新计算迫击炮的瞄准时间。

"鼬鼠"2自行迫击炮有3名乘员，比制式M113迫击炮减少2人。它的装甲、三防系统等能为乘员提供最大限度的防护。其最大行驶速度可以达到70千米/小时，但由于安全原因，限速50千米／小时。

◎ 引领迫击炮潮流：空降迫击炮作战系统的网络化

2006年法国萨托利防务展上，莱茵金属公司地面系统分部首次展出了这一新型网络化迫击炮系统。这种把轻型迫击炮与"鼬鼠"2装甲侦察车、C4I车辆相结合的创新性概念，是一种针对未来作战环境的网络化系统，可确保部队在网络化联合作战环境中的高机动性和优异的发射后迅速撤离能力，以此显著提高空降部队的作战效能。据称，从战略战术机动性、作战灵活性、侦察指挥能力和战场杀伤力等多方面来看，该系统完全适用于不断变化的现代军事任务需求。

在"鼬鼠"2空降迫击炮作战系统中，网络化的作战结构是其最大的特点。可确保位于不同地点并彼此独立作战的指挥车保持不间断的联系，并持续交换重要的任务数据。德国陆军的FaIntSysH指挥与信息系统把迫击炮和更高层次的指挥中心连接在一起。提供有效作战所需要的重要信息。系统网络将生成的侦察数据与外界交换并和外部信息源进行对比，不间断地为迫击炮提供最新的任务数据，使后者能够对不断变化的威胁和环境作出快速灵活的反应。

★德国国防军"鼬鼠"2空降迫击炮作战系统前观车

★由直升机运输的两辆"鼬鼠"2自行迫击炮先后着陆

　　当迫击炮在安全的隐蔽位置等待下一次射击任务时，系统网络与更高层次的指挥中心保持联系，准备战术态势的全面评估，为下一步的行动提供基础。在适当的时间，"鼬鼠"2空降迫击炮从指挥和武器控制系统获取射击任务，在调整射击阵地后，选择合适的炮弹打击指定目标。由于速度较快，该车采用隐藏、打击、撤离、隐藏的原则，可以在首批炮弹到达敌人之前撤离射击阵地并隐蔽起来，这在战场生存力方面是一项极其重要的优势。

　　"鼬鼠"前观车采用了综合观测设备(高分辨率昼用摄像机和第三代热成像设备)，可独立侦察目标，并把坐标和图像发送给空降迫击炮作战系统的指挥车。连级指挥车、排级指挥车和火控车的乘员共同确定所要采取的行动，包括向迫击炮下达射击任务。在"外科手术"式的作战行动中，为了避免附带毁伤，需要最大限度的精度，用于侦察和识别目标的"鼬鼠"2前观车可装备附加的激光目标指示器。在更广泛的作战环境下，该车还可用做前沿空中控制车，为空军和海军使用的激光制导炸弹照射目标。

战事回响

⊙ 八路军迫击炮击毙日军"名将之花"

阿部规秀，1886年生于日本青森县，毕业于日本陆军士官学校，青年时期曾在日本关东军服役。

1937年8月，阿部规秀升任日本关东军第1师团步兵第1旅团旅团长，驻屯黑龙江省孙吴地区。同年12月，晋升为陆军少将。

1939年6月1日，阿部规秀调任侵华日军华北方面军驻蒙军独立混成第2旅团旅团长。同年10月2日，晋升为日军陆军中将。

1939年11月7日，在日本侵华战争的一次战斗中，阿部规秀，这位日本陆军中将级军官意外阵亡，终结他生命的并不是激烈的战斗，而仅仅是一门普通的迫击炮。

1939年10月下旬，侵华日军华北方面军调集第26、第110师团，独立混成第2、3、8旅团各一部，共2万余人，开始对晋察冀抗日根据地进行冬季大"扫荡"。11月2日，日军村宪吉大佐率独立混成第2旅团第1大队1500余人，从涞源出动，分3路向水堡、走马驿、银坊方向进犯，企图寻歼八路军晋察冀军区第1军分区指挥机关和部队。

第1军分区司令杨成武审时度势，决定歼灭进攻银坊的这一路日军。于是，第1军分区第1、3团，第3军分区第2团，分别以急行军的方式于11月3日拂晓进至雁宿崖设伏；八路军第120师第715团一部及第1军分区游击第3支队担负牵制和诱敌任务；第1军分区第25团一部为预备队。7时许，游击第3支队一部，节节抗击向银坊方向进犯的日军，诱其进入峡谷，第1团一部迅速迂回到峡谷北口断日军退路，第3团一部封锁峡谷南口，其余预备队突然从东、西两面勇猛夹击，经激烈拼杀，500余日军除13人被俘、少数漏网外，其余全部被击毙。

独立混成第2旅堪称日军精锐，旅团长阿部规秀中将在日本军界又享有"名将之花"的盛誉，是擅长运用"新战术"的"俊

★抗战时期被八路军击毙的日本陆军名将阿部规秀

才"和"山地战"专家，遭此惨败后，恼羞成怒。4日凌晨，阿部规秀不待集结于易县、满城、完县、唐县等地的日军出动配合，即亲率第2、4大队1500余人，沿村宪吉的旧路，进行报复性"扫荡"，企图歼灭八路军晋察冀军区的部队及第120师主力。

晋察冀军区八路军的决定，在黄土岭附近再歼灭东进之敌，通知第120师特务团赶来参战，并令军区第20、26、34团钳制易县、满城、徐水的敌人。

11月6日，阿部规秀率部在八路军游击队的引诱下进入黄土岭一线，八路军参战部队晋察冀军区第1军分区第1、3、25团游击第3支队，第3军分区第2团，第120师特务团等部完成对日军的包围。

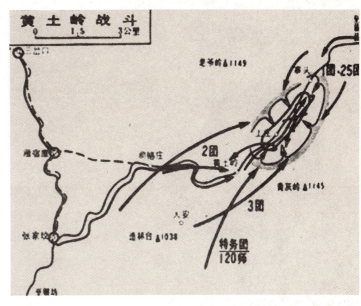

★黄土岭战斗示意图

★曾击毙日军高级将领阿部规秀的迫击炮

7日晨，有所察觉的阿部规秀沿山谷东移，企图返回涞源城避免被歼。下午15时，日军完全进入了八路军伏击圈。一声令下，八路军伏击部队向敌人展开猛烈冲杀，日军阵势大乱。

在八路军的猛烈打击下，阿部规秀慌忙组织兵力、抢占了几个小山头，企图冲出包围圈。八路军针锋相对，寸土必争，包围圈越缩越小，战斗异常激烈。

战斗中，八路军第1团团长陈正湘通过望远镜发现：在南山根东西向山梁的一个山包上有一群身穿黄呢大衣、腰挎战刀的日军指挥官和几个随员，正举着望远镜观察战况；在距山包100米左右的一个独立小院内，也有挎着战刀的日军指挥官进进出出。陈正湘判断：独立小院可能是日军的临时指挥部，南面小山包可能是敌人的临时观察所。

★击毙"名将之花"阿部规秀的抗日英雄李二喜

他当机立断，请求炮兵连增援。炮兵连火速上山，将迫击炮架好后迅速发射。4发炮弹全部命中目标，独立小院顿时弥漫在一片炮火硝烟之中。阿部规秀当场被炸成重伤，3小时后毙命。

日军因失去指挥官而极度恐慌，几次突围又遭八路军迎头痛击。11月8日上午，日军空投了指挥官以及弹药、给养，准备突围。八路军也接到多路日军正向黄土岭靠拢的消息，为避免遭敌合击，主动撤离战场，转移到外线作战。

黄土岭之战，共毙伤日军900余人，缴获200多辆载满军用品的骡马车，5门火炮，几百支长短枪及大批弹药。中国共产党党中央、八路军总部及全国各地友军、抗日团体、爱国人士纷纷发来贺电，庆贺晋察冀军民取得的这一历史性的重大胜利。

黄土岭战斗中，八路军击毙阿部规秀，是八路军在华北战场上第一次击毙日军中将级军官。连日本报纸《朝日新闻》也承认："自皇军成立以来，中将级军官的牺牲，是没有这样的例子的。"11月27日，侵华日军在张家口召开了"追悼"阿部规秀的大会。华北方面军司令官多田骏中将在花圈挽联上写着："名将之花，凋谢在太行山上。"

黄土岭战斗中，八路军使用的一门普通的迫击炮，因击毙日军中将级军官阿部规秀而闻名于世，并被完好地保存了下来。如今，这门迫击炮被陈列在中国人民革命军事博物馆的抗日战争馆里，成为对那段历史永久的见证。

抗日多用炮——迫击炮的创意战法

百团大战是中国抗日战争时期中国八路军与日军在中国华北地区发生的一次规模最大、持续时间最长的战役。八路军的晋察冀军区、第129、第120师在总部统一指挥下，发动了以破袭正太铁路(石家庄至太原)为重点的战役。战役发起的第三天，八路军参战的部队已达105个团，故中方称此为"百团大战"。

1940年9月，百团大战的第二阶段，时任八路军总部炮兵团迫击炮兵主任的赵章成指挥13团迫击炮连，攻打管头据点。该据点位于榆辽公路中段、管头村北的一个山梁上，日军山本中队在此驻守，周围有四个混凝土碉堡，围墙是很坚固的双层夹壁墙。日军就躲在夹壁墙里向外射击，八路军的机枪和迫击炮却奈何不了它。

赵章成指挥的迫击炮连总共有80发炮弹，因此每场仗只准打三四发，最多不超过五发炮弹。9月22日黄昏以后，赵章成指挥迫击炮连从正面炮击日军前沿阵地，掩护突击队向敌人冲击。打了一个通宵，数次攻击，依旧强攻不下。

9月23日早晨，上级命令13团要不惜一切代价，务必在当天下午5点钟以前解决战斗。强攻不行，只能智取。大家在战地民主会议上。你一言我一语，终于想出了用辣椒熏出日军的办法。形势紧急又苦无良策，指挥员同意采用神炮主任的建议，使得"辣椒炮弹"这一异想天开的军事发明得以问世，并使得管头战役有了一个戏剧性的尾声。

管头村的老百姓听说要用辣椒熏鬼子，很快就给八路军送来一大桶辣椒面。赵章成带着纪万明和另一位年轻的炮手，一起卸下引信，倒出弹体内的炸药。先装辣椒面，最后再把炸药装上，把引信拧上。午后3点多，在赵章成的亲自掌控下，20发辣椒炸弹全数打出，在日军碉堡、营房、阵地周围开了花。突击队没用10分钟就结束了战斗。在辣椒炮弹的威慑下，突击队没有一人伤亡，胜利地夺取管头据点。

赵章成的发明可不止是一弹多用，他还能让迫击炮做到一炮多用。迫击炮在历史上曾有过五个名字：战壕炮、步兵炮、滑膛炮、曲射炮和迫击炮。迫击炮生来就是打击日军的。世界上第一门真正的迫击炮诞生于日俄战争期间，是1904年一位俄罗斯炮兵大尉发明的。它刚一问世就不负众望，把隐藏在堑壕里的日军打得落花流水。但所有的迫击炮对坚固的碉堡类垂直建筑都无可奈何。

★博物馆中收藏的八路军装备的82毫米迫击炮

百团大战之后，日军采取疯狂的报复行动，在中国八路军根据地周围修筑大量碉堡，企图将八路军困死在太行山上。

迫击炮是曲射炮，主要是对付步兵、散兵。射击精度受地形、风速、风向、温度、炮弹及装药重量的限制，所以射弹散布大，很难直接准确地命中单体目标。由于迫击炮打不了碉堡，突击队只能拼死强攻。突击队员死伤了很多也不能攻下。时任太行山区司令员刘伯承下令不准用这种办法了，这是一种无谓的牺牲。

司令员刘伯承和政委邓小平指示炮兵主任赵章成想尽一切办法，用迫击炮把碉堡打平。在战争的关键时刻，赵章成接受了迫击炮创新的特殊使命。于是，司令部从华北六大军区抽调10名迫击炮干部，组成迫击炮平射研究班，由赵章成亲自挂帅。迫击炮无法进行平射的原因在于，炮弹必须由炮筒前端装入，炮身一旦放平，炮弹就无法下滑去击发雷管打火。

有人注意到了擦炮用的洗把杆，它上面有一个空心圆孔，也许可以用来套住炮弹，用力助其下滑来击发雷管。试验居然成功了。炮弹打出去了，也打中目标了，但是洗把杆也飞出去好远。在战场上就不行了，还能派人去把它捡回来？那是不可能的。凭借出色的观察力和联想力，赵章成大胆提出用太行山上随处可见的高粱秆代替洗把杆送弹激发。

★时任八路军总部炮兵团迫击炮兵主任的赵章成（第一排中间位置）

　　高粱秆激发炮弹法在实战中取得了成功，也受到了步兵的欢迎，但赵章成并不满意。他认为这种方法在技术上还存在严重的缺陷，如果高粱秆在加工或使用中出现失误，射击时就有堵住炮弹、发生炸膛的危险。

　　受到掷弹筒的启发，他们想到了用拉火击发的办法。他们在炮尾部增加了一节400毫米长的尾管，采用拉火击发装置，并将底盘倾斜着地，使炮筒与地平线的倾角保持在5度以下。这样，82毫米迫击炮达到了既能曲射又能平射、具有步兵炮的功能。随后，研究小组进行了一系列实验，来验证在不同的距离上打垂直目标的可靠性。经过几个月的艰苦奋战，赵章成带领研究小组，在战场上创造出小炮代替大炮，曲射炮代替平射炮，一炮多用的奇迹，称得上是战争史上的新创举。

　　成功之后，刘伯承和邓小平当即责成司令部电令各军区部队，将迫击炮分期分批送往兵工厂进行改装，以便在战场上推广应用。八路军的迫击炮从此如虎添翼，再高再坚固的碉堡据点都能攻破了。

8

第八章

坦克炮

陆战之王的利爪

⦿ 沙场点兵：穿甲能手坦克炮

坦克炮是现代坦克的主要武器。坦克炮在1500米～2500米距离上的射效高，使用可靠，用来歼灭和压制敌人的坦克装甲车，消灭敌人的有生力量和摧毁敌人的火器与防御工事。

坦克炮是由小口径地面炮演变而来的。现代坦克炮是一种高初速、长身管的加农炮。它的主要指标有口径、穿甲弹的初速、全装药杀伤爆破榴弹和减装药杀伤爆破榴弹的初速、破甲弹的初速、发射速度、高低射界、方向射界、炮弹重量和弹药基数等。

现役坦克炮口径一般为105毫米、120毫米、125毫米，受限于炮弹的重量、装填手的体力或者装弹机的工作能力，除了比较特别的型号外，一般将口径较大的坦克炮弹设计成分装式的，这样不仅可以节省人工装弹的体力消耗，如果在采用自动装弹机的时候，还能使机构体积减小，可以使炮塔的内部空间得到更好的利用。

与其他火炮的膛线炮弹不同，坦克炮弹的弹种以滑膛炮弹为主。坦克炮炮弹通常由引信、弹丸、药筒、发射药和底火组成。按照炮弹的装填方式分定装式和分装式炮弹，按照用途分为爆破（榴）弹、穿甲弹、超速穿甲弹、破甲弹、碎甲弹等。

⦿ 兵器传奇：加农炮坦克炮小传

第一次世界大战中，没有真正意义的坦克炮。坦克火炮都是由37毫米和57毫米野战炮改装而来，机枪也在承担着坦克炮的一些火力输出。一战中，比较成型的、为后来坦克炮奠定了基础的是法国雷诺FT-17坦克，它具有现代坦克的外形，用37毫米榴弹炮或9毫米机枪作为火力输出。

第二次世界大战中，出现了专为坦克设计的火炮。德国的88毫米炮最出名，但大部分是由牵引式反坦克炮改进的。二战早期，坦克炮的口径以20毫米、37毫米、40毫米、57毫米为主，中后期出现了75毫米、85毫米、88毫米、95毫米、100毫米、122毫米等大口径炮，这时主力坦克的火炮类型整体上以加农炮为主。

二战之后，坦克炮仍为加农炮。直到20世纪60年代，大部分坦克开始使用滑膛式的加农炮，使穿甲能力得到飞跃。滑膛炮之所以受各国青睐，主要是因为其相对于线膛式的加农炮有很多优势：首先是滑膛炮没有膛线，其生产工艺简单、价格低廉，同时由于没有了膛线磨损，其炮管寿命要长于线膛炮。其次，滑膛炮由于没有了线膛炮因膛线根部应力集中、易产生裂纹的问题，可以承受更高的膛压，这样对提高弹丸初速和射程有很大帮助，而线膛炮要想获得高射炮口初速必须具备更高的膛压、更长的身管长度，而这对坦克炮来说都是有极限的。第三是弹种原因。当时坦克弹种主要有两种，即尾翼稳定脱壳穿甲弹和破甲弹。随着坦克应用复合装甲和反应装甲技术，破甲弹对坦克的威胁降低了，尾翼稳定脱壳穿甲弹便成了最主要的弹种。但是尾翼稳定脱壳穿甲弹长

★第二次世界大战时期的德国坦克炮

径比很大，其长杆形弹芯根本不适合旋转，否则在炮管中高速旋转会使其结构强度降低，并且在弹头接触装甲时由于旋转产生切向力而更容易跳弹。因此可以说用滑膛炮取代线膛炮是大势所趋并代表着坦克火炮的发展方向。

20世纪90年代至今，坦克炮仍以加农炮为主。现代坦克炮的炮身长为一般口径的50倍以上，大于40倍口径的长身管火炮，叫加农炮。长身管炮与短身管炮相比，射出的弹丸初速大，动能大，射角小，不超过45度，弹道低伸，即弹丸在空中飞行时的轨迹比较平直，便于直接瞄准，射击精度高，能远距离穿甲，适于平射坦克装甲车等活动目标和突出地面的单个垂直目标。

现代主战坦克大多采用滑膛炮，如苏联T-72坦克、前西德豹Ⅱ坦克和美国后期的M-1坦克等。大多主战坦克采用滑膛炮的主要原因有四点：一是滑膛炮采用长径比较大的动能弹，因而穿甲能力强。二是管壁较厚，且无膛线，不存在膛线烧蚀的问题，膛内阻力小，使用寿命较长，特别是它的发射药装得多，膛内压力大，因而发射初速能大大超过1800米/秒，可以提高尾翼稳定脱壳穿甲弹的穿甲能力；滑膛炮发射破甲弹时，由于弹丸不靠膛线稳定，因而无离心力对聚能射流的有害影响，破甲能力得以提高。三是炮弹无滑动弹带，减轻了弹重。四是适于发射多种弹，如小型导弹、火箭增程弹等。但是滑膛炮只能发射尾翼稳定弹，而且射击距离远时，由于弹丸尾翼受外界因素的影响，射击精度较低。

慧眼鉴兵：穿甲专家

坦克炮一般是由炮身、炮闩、摇架、反后坐装置、高低机、方向机、发射装置、防危板和平衡机组成的。炮身在火药气体的作用下，赋予弹丸初速和方向。炮口或靠近炮口部

★装备了125毫米坦克炮的苏联T-72主战坦克

位（加粗部分）的抽气装置是坦克炮所特有的。当弹丸飞离炮口时，膛内压力迅速下降，抽气装置利用火药气体本身的引射作用把自身原有的火药气体从喷嘴排出，使喷嘴后的膛内形成低压区，从而可将炮膛内残存的火药气体排到膛外，以免废气进入战斗室，影响乘员战斗力。

坦克炮的身管管壁受太阳辐射、雨淋、风吹会产生温度梯度，致使身管弯曲，弹着点偏移。根据试验，某坦克105毫米火炮受阳光暴晒，身管的上下温度差达3.6℃时，炮口偏移2密位。为此，现代主战坦克炮一般都装有隔热套。有的隔热套是用两层玻璃纤维增强塑料中间填以泡沫塑料制成的。有的隔热套是用绝缘材料或导热金属铝制成的单层同心套，以身管和同心套间的空气作为隔热层。也有的用金属与绝缘材料相间排列套在身管外面。其中，以后者为好。隔热套能使火炮发射时产生的热量在身管四周均匀分布，减少身管变形，从而提高火炮的命中率。

火炮身管借助螺纹联结器与炮尾相连，以便于拆卸。炮闩用来闭锁炮膛、击发炮弹、抽出药筒，开闩和关闩可自动进行。摇架用其两个耳轴把火炮装在火炮支架上。炮尾上装有由驻退机和复进机组成的反后坐装置，用以消耗火炮后坐动能，使后坐部分回到原位，并在任何仰角上都能使火炮处于最前方位置，保证火炮正常工作。发射装置用来使击发装置击发。防危板用于击发时保护乘员安全。位于火炮右侧的平衡机用来平衡火炮摇动部分的重量，使火炮操纵轻便，仰俯平衡。

坦克炮一般安装在可以旋转的炮塔内。炮塔的旋转是通过操纵台或人手借助动力传动装置或电动液压传动装置来实现的，可使坦克炮有360度的方向射界，即可进行圆周射击和迅速射击，因而火力机动性好。无论坦克在原地还是行进间，坦克炮都可以射击。坦克炮的威力与坦克的快速运动相结合，可使坦克具有"铁甲骑兵"之称。

现代坦克炮的威力是很大的，它能远距离穿甲。苏联T-72坦克125毫米火炮发射初速为1650米/秒的长式动能弹时，在2000米距离上可击穿140毫米/60度的靶板，也就是穿透将近一尺厚的钢板。前西德豹Ⅱ坦克120毫米火炮发射初速度为1650米/秒的长杆式动能弹时，在2200米距离上可击穿厚度为350毫米的垂直装甲，即可击穿现今各种坦克。

为什么坦克炮会有如此强大的威力呢？

坦克炮的口径大，由于坦克的装甲车体坚固，稳定性好，所以可装载大口径的火炮。在相同条件下，火炮的口径大，炮弹粗，药筒装的发射药多，初速大，因而威力就大，也就是说火力强。那么，是不是口径越大越好呢？不是的。因为火炮口径太大，则在其他条件相同的情况下，整个火炮、炮塔座圈、炮塔都要加大，因而会使坦克加宽加重，不便于机动和铁路运输。并且，大口径的炮弹很重很长，不容易实现自动装填，人工装弹又特别费劲，坦克运动中装弹几乎成为不可能，炮弹发射后空金属药筒不易被处理掉，因而直接影响发射速度。此外，口径大往往会导致弹药基数的减少。所以，现代坦克炮的口径一般为85毫米～125毫米。主战坦克的火炮口径为120毫米～125毫米，已被认为达到了极限。美国高机动、灵活性试验车上采用了75毫米的自动机关炮，这是减小口径的趋向。采用电渣精炼钢，利用自紧工艺提高身管强度，以加大膛压。初速可达2000米/秒以上，口径可能减小，但穿甲效能不降低，射速可通过装填自动化提高。另外，电磁炮在美国正处于实验室阶段，一旦可行，初速可提高到6000米/秒。

"虎"式克星
——苏联JS-2坦克122毫米坦克炮

◎ 纳粹克星：122毫米坦克炮出世

1942年刚过，第二次世界大战东线战场的坦克大战进行得如火如荼，苏军和德军纷纷拿出自己压箱底的坦克炮，试图把对方的坦克轰个粉碎。

面对重量达56吨、前装甲达100毫米的"虎"式重型坦克，T-34和KV-1的76毫米坦克炮已经无法从正面将其穿透，相反"虎"式所装备的KWK36型88毫米坦克炮能在1000米～2000米的距离上摧毁所有苏联坦克，包括具有强力装甲防御能力的KV-1坦克。

1943年末，为了对抗"虎"式坦克，苏军需工业部门召开了紧急会议，坦克、火炮开发及弹药制造等各部门的技术、行政负责人应召出席，共商打"虎"对策。会议结论

★二战中装备有122毫米坦克炮的JS-2重型坦克

是："虎"式坦克的出现，终结了迄今为止苏联一方所保持的坦克火力、防御能力的优势，坦克及火炮开发部门必须全力以赴，尽早开发出火力、防御能力数倍于己的坦克。而在此期间，德军发起了库尔斯克攻势，苏军坦克又多了个新的强大对手——"黑豹"中型坦克。

　　苏联第9炮兵工厂接受科京工程师的委托，实施了把A-19型122毫米加农炮改装到JS-1（也称JS-85）重型坦克上的设计。1943年11月底，设计草图完成。新的122毫米坦克炮被命名为D-25（43倍口径）。很快，装载122毫米坦克炮的JS-1重型坦克在莫斯科郊外库宾卡开始了实弹射击实验。实验中，弹重25千克的122毫米穿甲弹在700米时贯穿了缴获的"黑豹"D型的正面装甲（80毫米倾斜装甲），在2000米射程里贯穿了侧面装甲（40毫米倾斜装甲）。另外，在1000米～1500米的距离虽未能贯穿"黑豹"正面装甲，但能造成很大的破坏，足以使"黑豹"失去战斗力。

◎ 口径巨大：最大射程14600米

　　122毫米坦克炮的最大特点是口径巨大，该炮身管长为43倍口径，装有双气室炮口制退器，采用立楔式炮闩、液压式驻退机和液气复进机。

　　122毫米坦克炮的火炮方向射界为360度，高低射界为-3度～+20度。火炮可发射穿甲弹弹丸重25千克，初速达到781米/秒，在1000米距离上穿甲厚度为126毫米；杀伤爆破榴弹弹丸重24.94千克，最大射程达到了14600米。

🚫 重炮出场：122毫米坦克炮战绩辉煌

★ 122毫米坦克炮性能参数 ★

口径：122毫米	毫米
身管长：5.246米（43倍口径）	**弹药**：穿甲弹、爆破榴弹
炮口初速：781米/秒	**弹丸重量**：25千克
穿甲：在1000米距离上穿甲厚度为126	

1944年4月，JS-2的苏军重型坦克突击大队在乌克兰北部的特鲁农布力出现了，交战双方是苏军的近卫军第11重型坦克突击大队，和大家所熟知的德国国防军王牌部队——503"统帅堂"重装甲营。由于乘员经验不足，这场JS-2与"虎"式的首次对决最终以503重装甲营的胜出而告终，在一阵对射后，有一辆JS-2被"虎"式的88毫米穿甲弹从正面贯穿，炮塔被掀飞，取得这一战绩的是503重装甲营1连的123号车组。

真正让JS-2崭露头角的实战是在罗马尼亚北部地区的战场上，当时面对德军大德意志装甲掷弹兵师的"虎"式坦克，JS-2从3000米的距离发起攻击，它的122毫米炮令德军官兵惊愕了。过去的苏联坦克根本无法从如此远的距离发起攻击。德军"虎"式坦克立刻反击，但JS-2被命中后却并无大碍。

★JS-2重型坦克上装备的122毫米坦克炮让德军惊恐万分

1944年6月，苏军发起"巴格拉季昂"作战以彻底消灭德军的中央集团军群。此战共投入了4个近卫军重型坦克突击大队，在粉碎德军防御阵地中发挥了巨大威力。尤其是近卫军第2重型坦克突击大队和近卫军第30独立重型坦克突击大队在战斗中各立战功，夺回的城市后来均被冠以这两支部队的名字。其后，随着红军坦克兵素质的提高，JS-2重型坦克以其122毫米坦克炮终于发挥出了强大的火力。其中JS-2坦克炮炮长M.A.马祖林上士与近卫军伍德洛夫中尉表现尤为突出，后者击毁击伤德军坦克21辆，装甲运兵车数辆，并歼敌数10人，被授予"苏联英雄"的称号。前者在奥格莱德村成功伏击德国国防军501重装甲营，并击毁了3辆"虎王"重型坦克，成为了家喻户晓的"屠虎勇士"，而功劳的一半都要归功于JS-2坦克的122毫米坦克炮。

在红军向柏林挺进时，JS-2重型坦克一路冲锋在前，担当"破城锤"，而122毫米坦克炮成为最重要的武器，为最终击败纳粹德国作出了巨大贡献。

"虎王"利刃
——德国"虎王"坦克KwK43L71型88毫米坦克炮

🚫 专为T-34坦克而生：88毫米坦克炮出世

二战前期，当时德国发动的"闪电战"几乎把整个欧洲踏在了铁蹄之下。苏德战争爆发后，德国利用出其不意的突然打击，以绝对力量优势令苏联的西部国土大半沦陷。但与以往不同的是，随着战事的不断发展，德国人发现苏联并非所谓"一脚便可踢塌的空心巨人"，敌人顽强的信念令轴心国方面大为震惊。苏联不但有着钢铁一般坚硬的意志，也具备同样坚硬的武器——T-34、KV-1系列等火力凶猛、装甲厚重的坦克。而在此之前，德国人引以为豪的Ⅱ号、Ⅲ号主力坦

★ "虎王"式重型坦克上的88毫米坦克炮炮塔

克在面对这些战车时根本毫无招架之力，甚至连最新型的Ⅳ号重型坦克（当时被德军划分为重战车系列）也无法在有效距离内克制住敌人的新式坦克。事实摆在面前，德国战车昔日的优势地位在一夜之间被无情地打破，为了能够对付这些苏联坦克，往往需要采取自杀性的战术方法，但实际效果却并不乐观。面对突如其来的技术打击，一时间在德国军队中引起了巨大的恐慌，这便是"T–34冲击"的由来。

幸亏苏德战争初期德军占据着战场上的一切主动权，才没有将这个"意外"演变成"灾难"。但对苏联咄咄逼人的技术攻势不能视而不见，研制新型战车和坦克炮已成为迫在眉睫之事。由于受到苏联重型坦克的刺激，德国开始加快了新式坦克和坦克炮的研制步伐，战争进程随之不断升级，并最终转变成为一场"科技竞赛"——这一切直接影响了整个战争的格局，同时对战后的武器革新也起到了重要的奠基作用。

鉴于之前的现状，德国开始加快Ⅵ号战车的研制步伐（即后来的"虎王"坦克），同时抛弃了以往的设计思路，将坦克的研究重点放在了坦克炮和装甲防护上，而对机动性的研究则相对次之。不知出于什么理念，希特勒对在坦克上安装88毫米炮有着特殊的兴趣，于是在火力的选择方面，德国人采用了在实战中表现出色的88毫米系列战防炮，经改进后成为坦克专用型火炮，因此，在1942年定型的"虎王"式重型坦克上采用了一门71倍径的KwK43L71型88毫米坦克炮。它在防护力方面也是空前的，正面装甲被增加到110毫米；侧、后部也被相应提升到80毫米的水平，这一切令整车的重量大幅度提高，达到了57吨，这在之前的制式战车中是前所未有的。

虽然机动性方面有所下降，且在1942年8月29日的初次试验性战斗中表现欠佳，但"虎王"式坦克的先进性很快便得到了发挥——"虎王"式坦克刚一问世，其坚强的战斗力即使苏联方面大吃一惊，并在随后的岁月里逐渐显现出可怕的力量，而之前那些令德军士兵感到恐慌的苏联坦克在面对"虎王"式坦克时立刻变得黯然失色，强大的火炮足以在远距离内击穿当时苏联最先进的坦克，无论精度或射程方面均占据着绝对优势。

★二战中装备有KwK43L71型88毫米坦克炮的德军"虎王"式重型坦克

⊘ 火力至尊——超长的火炮

★ **KwK43L71型88毫米坦克炮性能参数** ★

口径：88毫米

身管长：6.3米

炮口初速：1130米/秒

最大有效射程：10千米

穿甲：在2000米距离上可击穿203毫米垂

直均制钢板

弹药：39-1式被帽穿甲弹

40/43式碳化钨芯穿甲弹、

破甲弹和Gr.39/HL榴弹

弹丸重量：10.20千克或7.30千克

"虎王"坦克装备了一门KwK43L71型88毫米坦克炮，这是克虏伯公司提出的设计概念，堪称德国88毫米火炮的巅峰之作，也是二战中各国大量装备的威力最强大的坦克炮。与以往的56倍径88毫米炮相比，这种火炮的身管长6.3米，达到了71倍径。所采用的弹种有39-1式被帽穿甲弹、40/43式碳化钨芯穿甲弹、破甲弹和Gr.39/HL榴弹。

坦克炮的威力除自身技术以外，基本取决于弹药种类的更新——发射新型碳化钨芯动能穿甲弹（弹重7.3千克）时，初速达到1130米/秒，在2000米距离上可击穿203毫米厚的垂直均制钢板。实战证明，这种火炮的威力之大，令人震惊：能够在3500米的距离上轻松击毁"谢尔曼"坦克、"克伦威尔"坦克以及T-34-85坦克的主装甲，2300米外击穿JS-2重型坦克的主装甲，并且精度极高。观瞄设备最初采用双目TZF9b/1型观瞄镜，后来换装为单目TZF9d型观瞄镜。发射高速穿甲弹时的精确度为2000米距离85%（试验）、63%（实战），这在当时已经非常难得了。

KwK43L71型88毫米坦克炮最大有效射程为10千米（曲射），虽然威力足以傲视天下，但其超长的火炮也带来了巨大的后坐力。

为此，德国的设计师们不得不将坦克的炮塔尽量加大，以满足所需承受的空间，并且安装了炮口制退器。

⊘ 无敌坦克炮：88毫米炮生不逢时

作为二战中最强大的坦克炮，KwK43L71型88毫米坦克炮跟随"虎王"坦克东征西战，自问世以来，便始终在和自己的命运抗争。一方面，在那个年代，KwK43L71型88毫米坦克炮拥有当时最强大的火力，并成为敌人眼中最可怕的怪物。另一方面，研制经费使用过多以及盟军近乎饱和性的轰炸与接连胜利，使它的总生产量不到500门，根本无法对整体战局起到任何作用。此时的德国正在进行着最后的困兽犹斗，数量有限的"虎王"坦克和KwK43L71型88毫米坦克炮只能在千疮百孔的战场上疲于奔命，充当"消防员"的角色。

总体来说，由于性能不太均衡，"虎王"坦克和KwK43L71型88毫米坦克炮虽然火力强大，但却是整个"虎"式家族中，实用性和费效比都比较低的一种车型，而并非某些人所说的"无敌战车"。

除此之外，影响它的另一个重要因素是：德国人总是追求机械的完美和每一项细微性能都要满足要求，当技术水平达不到时，就不惜使系统复杂化来满足每一项性能指标，最后设计出来的都是精密复杂有余而可靠性不佳的武器。包括"虎王"坦克和KwK43L71型88毫米坦克炮本身存在的种种缺陷也是一样，趋于形势所迫，研制周期相对较短，而德国又不像苏联那样信奉"简单就是美"的设计理念。他们研制的坦克和坦克炮都恨不得像钟表一样精密，然而对于系统而言，仓促正是精密的天敌。

当然，不可否认的是：尽管机动性差、故障率高，但作为一种搭载71倍径88毫米坦克炮的重型坦克来说，"虎王"坦克对当时几乎任何一种苏联或者美、英坦克都占有火力上的绝对优势，而本身极厚重的装甲也使它难以被击毁。按实际测试，英国"丘吉尔"和美国"谢尔曼"这两种坦克只有在100米的距离上才能击穿"虎王"的正面装甲。

在东线战场，即便是当时苏联装备的最强JS-2重型坦克，也只能在1800米内才可有效破坏"虎王"坦克的正面装甲，而KwK43L71型88毫米坦克炮却能在2300米外击穿JS-2重

★二战期间嚣张一时的装备有KwK43L71型88毫米坦克炮的德军"虎王"式重型坦克

★装有KwK43 L71型88毫米坦克炮的德军"虎王"式重型坦克

型坦克的主装甲。在战场上的大多数情况下，由于根本没有能够与之匹敌的坦克，"虎王"给敌人带来的威慑力是巨大的。虽然"虎王"坦克和KwK43L71型88毫米坦克炮的威力强大，但机动性和通过性均较差，使它的实际效能打了很大折扣。加之数量太少，"虎王"坦克和KwK43L71型88毫米坦克炮在大战末期，并未发挥出比"虎"式坦克或"黑豹"坦克更大的作用，更无法挽救德国败亡的命运。

　　1945年4月，KwK43L71型88毫米坦克炮跟随"虎王"重型坦克参加了柏林战役的最后防御作战。

　　1945年5月10日，1辆隶属于第503重坦克营的"虎王"坦克被其成员自毁，KwK43L71型88毫米坦克炮也在这次自毁行为中寿终正寝。这也是德国在战争中最后一辆被摧毁的坦克和坦克炮。至此，第二次世界大战结束，KwK43L71型88毫米坦克炮作为二战中最强大的坦克炮被写进了历史。

火力威猛的智者
——美国M26"潘兴"坦克M3型90毫米坦克炮

◎ 智者出生：M3型90毫米炮伴随M26出世

　　第二次世界大战中的西线战场，德国"虎"式坦克罕逢对手。美国的坦克炮无法穿透"虎"式坦克厚厚的装甲，这使美国陆军损失惨重，美国人急需设计出一种坦克炮，击穿

★朝鲜战场上美军第9团M26"潘兴"坦克上装备的90毫米坦克炮

"虎"式坦克的铠甲。M26"潘兴"坦克和90毫米炮就是在这个背景下被研制出来的。

1943年4月，美国即研制出第一辆重型坦克T1E2，后来在该坦克的基础上又发展成M6重型坦克。该坦克的性能虽然优于德国的"黑豹"中型坦克，但却赶不上德国的"虎"式重型坦克。为了改变M6重型坦克的劣势，美国发展了两种坦克，一种是T25，一种T26。这两种坦克都采用新型的T7式90毫米火炮。其中T26得到了优先发展，其试验型有T26E1、T26E2和T26E3三种型号。其中T26E1为实验型；T26E2装一门105毫米榴弹炮，后来又发展为M45中型坦克；T26E3在欧洲通过了实战的考验，于1945年1月定型生产，称为M26重型坦克，以美国名将潘兴将军的名字命名。M26重型坦克装备的是一门M3型90毫米炮。

比起高大的M4"谢尔曼"系列坦克，M26重型坦克的M3型90毫米炮的威力比起以往所有的美国坦克，都有飞跃性的提高。M26"潘兴"由于服役晚，所以，M3型90毫米炮在二战中未发挥其作用，真正的活跃表现却是在朝鲜战争中与中国人民志愿军的较量。

◎ 炮弹优势：M3型可装曳光被帽穿甲弹

M3型90毫米坦克炮和T15E2型90毫米坦克炮，二者都是美军90毫米高射炮的改造产物，这与德国坦克炮发展思路相似，起因无非是高射炮具有与坦克炮同样的高初速特征。M3炮身长为50倍口径，T15E2炮身长为70倍口径。如同德国的"虎"式装载56倍口径的KwK36坦克炮，而"虎王"装载71倍口径的KwK43坦克炮，"潘兴"火炮配用曳光被帽穿甲弹、曳光

★ M3型90毫米坦克炮性能参数 ★

口径： 90毫米

身管长： 4.5米（50倍口径）

炮口初速： 781米/秒

穿甲： 914米距离上的穿甲厚度为122毫米

在1829米距离上的穿甲厚度为106毫米

弹药： 曳光被帽穿甲弹

曳光高速穿甲弹

曳光穿甲弹

曳光榴弹

方向射界： 360度

炮塔旋转： 360度需17秒

高低射界： −10度～+20度

高速穿甲弹、曳光穿甲弹和曳光榴弹，弹药基数70发。其中被帽穿甲弹的弹丸重11千克，在914米距离上的穿甲厚度为122毫米，在1829米距离上的穿甲厚度为106毫米。

比较双方的攻击力，若"虎"式KwK43坦克炮和"潘兴"的M3坦克炮都使用通常的穿甲弹的话，KwK43坦克炮处于优势；二者都使用高速穿甲弹的时候，火力不相上下。

但高速穿甲弹的弹芯需要金属钨做原材料，德国无此矿产，所以很少配发部队。但美军却大量装备，并特别强调：如果遇到德国的重型坦克，应大量使用高速穿甲弹火控装置，包括炮塔的液压驱动装置和手操纵方向机、观瞄装置、象限仪和方位仪等。炮塔可由炮长或车长操纵，当车长发现重要目标需直接操纵炮塔时，炮长的操纵装置便自动切断。

M3型90毫米坦克炮的方向射界为360度，炮塔旋转360度需17秒，高低射界为−10～+20度，而德国"虎王"的炮塔在液压驱动下旋转360度需要19秒，火炮俯仰角度范围为−8～17度。瞄准装置有两种：一种是供直接射击用的潜望式瞄准镜和望远式瞄准镜；另一种是供间接射击用的方位仪和象限仪，与攻击力相关的还有瞄准镜的性能。

德国"虎王"的瞄准器是TZF9d型，倍率为3倍～6倍，有效距离为3000米；M26"潘兴"的瞄准镜采用M70F或M71C，其中M70F为1.44倍～6倍，M71C为5倍～8倍。

★朝鲜战场上美军带有虎纹涂装的M26"潘兴"坦克

◎ 二战战场得意，朝鲜战场失意

1945年，M26重型坦克共被生产了2428辆，首批装备了美国陆军第1集团军属第3和第9装甲师。

1945年3月，盟军开始了西线大反击，在攻占莱茵河雷马根大桥的战斗中，M26坦克以其主炮M3型90毫米坦克炮立下了汗马功劳。

1950年，朝鲜战争爆发时，M26坦克是美军的标准中型坦克之一。

1950年9月15日，美军从仁川登陆，随之，打着联合国旗号的各型坦克蜂拥而入，主要有美国M26、M4A3E8、M46等中型坦克和M24、M41轻型坦克，以及英国"克伦威尔"巡洋坦克、"丘吉尔"步兵坦克和"百人队长"中型坦克等。由于朝鲜的地形条件较为复杂，山多林密、江河交错，不便于大规模使用坦克。

战争开始时，美军只派出了部分坦克营以加强步兵师的战斗力，韩国军的坦克主要分散编在步兵师、团内。美、英、韩国军共有12个步兵师属坦克营、1个水陆坦克营、23个步兵团属坦克连和7个编有坦克的步兵师属侦察连，编有坦克约1500辆。其中大部分为美军所有，英军仅有2个坦克营，韩国军有3个坦克营和1个坦克连。

美军认为，中国人民志愿军和朝鲜军队缺乏坦克和重型反坦克武器，于是在M26坦克上涂有醒目的虎纹图案，装扮成吓唬人的"铁老虎"，妄图震慑中朝军队士兵。然而，小米加步枪的中国人民志愿军，在朝鲜军民的有力支援下，英勇作战，彻底粉碎了美军的梦想。

★败落于朝鲜战场的装有M3型90毫米坦克炮的M26"潘兴"坦克

到1953年7月27日，不足3年的时间，美、英、韩国军就损失坦克2690辆，而M3型90毫米坦克炮也没能发挥出其巨大的威力。

陆战王牌坦克炮
——德国莱茵120毫米坦克炮

◎ 随"豹"Ⅱ坦克诞生：日臻完善坦克炮之王

120毫米滑膛炮，是德国大名鼎鼎的莱茵公司制造的，它成为德国"豹"2主战坦克、美国M1A1主战坦克的主炮。提起120毫米滑膛炮，还要从"豹"2主战坦克开始说起。

"豹"2的设计开始于20世纪60年代末期。这一冷战时期美苏联在欧洲集结重兵互相对峙。而当时处于鼎盛时期的苏军拥有50000多辆坦克。驻扎在东欧的苏联装甲部队处于齐装满员的状态。相比之下北约的坦克总量只有苏联的三分之一，质量上也不比当时苏联的T62、T64和T72强大。加上经济因素，坦克数量不可能有大幅提高。因此除了大力发展反坦克武器和战术核武器外，北约的坦克必须在技术、性能、战斗力比苏联更强大才能以质量优势对抗苏联的数量优势。

由于当时的西德在20世纪60年代初研制出性能优异的豹1主战坦克，因此美国便于1963年和西德协定共同研究下一代主战坦克，代号MBT-70/KPZ70。按照质量对抗数量的

★德国"豹"2主战坦克上的120毫米坦克炮

战术要求，MBT70的设计集中了当时所有的高新技术和思想，包括液气悬挂装置，自动装弹机，导弹-炮弹两用炮，驾驶员炮塔内置，三人成员等等。然而正是这些当年处于不成熟的新技术令MBT70流产。新技术令坦克成本大幅上升但性能可靠性非常低，加上双方在研制思想上分歧巨大，计划于1970年1月告终。双方各自设计自己的主战坦克。

1970年MBT70坦克计划告吹，德国便作出研制"豹"2坦克的决定。1972年～1974年间，克劳斯·玛菲公司制出16个车体和17个炮塔，所有样车均装有MBT70坦克的伦克（Renk）公司传动装置和米TU公司的柴油机。

第一辆预生产型"豹"2坦克于1978年年底交给德国国防军用于部队训练。1979年初又交付了3辆。第一辆生产型"豹"Ⅱ坦克由克劳斯·玛菲公司于1979年10月在慕尼黑交付。到1982年底年产量达到300辆。

"豹"2主战坦克自从问世以来一直跻身于世界十大主战坦克排行的前列，主要是因为它的火力实在强大，"豹"Ⅱ是西方国家里首先使用120毫米滑膛炮的主战坦克，而晚一年诞生的美国M1主战坦克却仍然使用105毫米线膛炮，直到M1A1才换装120毫米滑膛炮。

"豹"2使用的是RH-120毫米滑膛炮，于1979年和"豹"Ⅱ同时定型。炮管长5.3米，44倍口径，配用尾翼稳定脱壳穿甲弹和多用途破甲弹两种弹药，火力足以对付当时所有的苏联坦克。"豹"2A6更采用55倍口径的主炮，威力更加强大。

🚫 火力强悍：强炮配强弹

★ RH-120滑膛炮性能参数 ★

口径：120毫米	炮口初速：1650米/秒
身管长：5.3米	最大有效射程：3.5千米

德国莱茵金属公司研制的120毫米滑膛炮，炮管长5.3米,用电渣重熔钢制成，装有热护套和抽气装置，设计膛压为710MPa，实际使用膛压为500MPa。炮管系用自紧工艺制造，内膛表面经镀铬硬化处理，从而提高了炮管的疲劳强度、磨损寿命和防腐蚀能力。炮管寿命为650发(标准动能弹)。整个火炮系统带防盾重4290千克，不带防盾重3100千克(包括炮管、热护套、抽气装置和炮闩)，炮管重1315千克。最大后坐距离为370毫米，一般后坐距离为340毫米。

120毫米滑膛炮配用尾翼稳定脱壳穿甲弹和多用途破甲弹两种弹药。车上装42发弹，其中27发储存在驾驶员左边的车前部分，15发储存在炮塔尾舱里。

DM13尾翼稳定脱壳穿甲弹是120毫米火炮的主弹种，由弹丸、可脱落弹托和钢底半可燃药筒构成。弹丸由弹套、尾翼、弹芯和装在弹底的曳光装置组成的弹芯直径为38毫米、长径比为12∶1。弹芯为外部套有钢套的钨弹芯。该穿甲弹的初速约为1650米/秒，最大有效射程为3500米。

DM12多用途破甲弹具有破甲和杀伤双重作用，初速为1143米/秒。该弹为尾翼稳定弹，短尾翼用铝合金挤压制成，经表面热处理，可承受500MPa以上的膛压；采用了压电引信；改进了点火装置，将原来的单孔底火改成多孔底火，在周围一圈开有径向孔，使点火时间从22毫秒缩短为5毫秒。半可燃药筒由惰性纤维、硝化棉、二苯胺、树脂等混合制成，内装发射药、底火和缓蚀添加剂衬套。为防止药筒受潮和微生物侵蚀，在药筒上涂有一层油膜。DM23弹是于1983年采用的德国第二代尾翼稳定脱壳穿甲弹，其整体式钨镍合金弹芯的直径为32毫米，长径比为14∶1。DM33弹是第三代尾翼稳定脱壳穿甲弹，具有更大的长径比，但至今尚未投产。美国的M1A1主战坦克采用德国莱茵金属公司120毫米滑膛炮后，专门配套研制了威力巨大的M829A1/A2尾翼稳定贫铀合金弹芯脱壳穿甲弹。

在海湾战争中，曾发生过一枚M829A1贯穿一辆坦克后又穿透另一辆的"一箭双雕"的情况。还有一枚M829A1击穿了T-72左侧掩护用的沙墙后贯穿了坦克，又从右侧沙墙飞出。

🚫 海湾战争克敌制胜

海湾战争爆发，当时伊拉克方面配备了苏联最先进的坦克T-72。美国方面担心传统的M1A1主战坦克的120毫米滑膛炮对T-72没有百分之百的取胜把握，所以使用了当时最新科技成果，也就是最新的使用贫铀装甲和贫铀穿甲弹的M1A1主战坦克。

可以说，贫铀材料在美国已经秘密研究了几十年，从50年代末开始苦苦研究，到了1985年形成战斗力，足足花费了两代美国科学家的心血。直到今天，美国在贫铀材料方面还遥遥领先于世界所有其他的国家。

由于使用的贫铀合金材料远比钢密度大（是优质钢的2.5倍），柔韧性强，所以使用这种材料的M1A1主战坦克的装甲防御能力是原先M1A1基本型的两倍，大约相当于约700毫米均质装甲的厚度。至于打击能力更是提高到穿甲厚度2000米距离内650毫米均质装甲。

★海湾战争中被击毁的美军M1A1主战坦克

可以说，此时的M1A1主战坦克，无论打击力、防御力、火控系统都远远超过T-72。尤其M1A1的贫铀装甲，穿甲能力仅仅350毫米的T-72主炮根本无法击穿，其实当时世界上没有任何一款主炮可以击穿它，连M1自己的贫铀弹也不行。而M1A1的120毫米火炮发射的贫铀穿甲弹和先进的火控技术，可以在T-72射程之外1000米的距离上将其准确击毁。

此时，美军发挥数字信息化战争和空地一体化的特点，在之前38天的战略和战术空袭中，出动飞机11万架次，发射巡航导弹288枚，投弹量达20万吨以上。美军依靠空军的绝对优势，利用精确制导武器使伊拉克作战部队死伤过半。

所以，伊军部署在科威特和伊拉克南部的41个师54万人（配备坦克3000多辆、装甲车2800辆和火炮2000门），没有遭受盟国地面部队打击前，就几乎崩溃了。后期被盟国地面部队一碰，就大批大批地投降。还有战斗力的部队主要是在巴士拉附近最后防线的7个伊军精锐师，其中包括5个师是伊军中最为精锐的共和国卫队装甲机械化师。

实战中，普通伊拉克军队装备的大量T-54、T-55、T-62坦克，自然根本不是美军的对手。实战中，美军的M1A1、M60和英军装备的挑战者2型坦克都所向无敌，在攻击机和武装直升机的掩护下，几乎毫发无伤地轻松收拾了这些伊拉克坦克。连美军的M2布雷德利步兵战车的25毫米机关炮也可以击毁伊军这类老坦克。

在巴士拉南部美军470辆M1A1主战坦克和300辆M2步兵战车的3个精锐装甲师，向合围圈子中的装备300辆T-72坦克和另外数百辆老式苏制坦克的伊拉克共和国卫队的3个师开战。这是伊军残余的主力部队，负责拱卫伊拉克本土的南部门户港口城市巴士拉，也是萨达姆的最后希望。

★美军装备精良的M1A1主战坦克

由于盟国白天空中优势过大，伊军部队根本无法有效行军作战（仅仅美军众多空中打击机型中的一种A10攻击机以损失6架的微弱代价，击毁伊军坦克和装甲车2087辆，消灭了伊军总装甲力量的三分之一。其中有一个两架A10的攻击小组，一天之内摧毁23辆伊军坦克和数十辆装甲车、卡车。而美军另外还有数量众多的武装直升机，F16等先进飞机），伊军地面部队和盟军的决战主要还是在晚上。

1991年1月26日，海湾战争中，美军两个装甲师和一个骑兵师同伊军共和国卫队麦地那装甲师、汉穆拉比师以及光辉装甲师的激战，堪称经典战例。美军3个师共装备M1A1坦克470辆，M2步兵战车330辆，而伊军共和国卫队的3个师装备300辆先进的T-72坦克和大量老式苏制坦克。

伊军由于没有有效的夜视仪器，夜战中只能发现800米内的目标，且无法准确瞄准射击。而美军主战坦克使用高效的夜视装备，可以在2000米到2500米距离上准确射中伊军坦克，伊军在战斗中没有办法有效发现美军坦克，完全成为了瞎子，几乎没有还手之力。

另外，伊军T-72坦克的125毫米主炮根本无法击穿美军M1A1主战坦克的前部装甲，曾经有一辆M1A1坦克因为机械故障无法动弹后掉队，后又遭遇伊军3辆T-72坦克的突击偷袭。伊军坦克首先在1000米近距离内连续射中美军坦克数炮，都无法击穿其正面装甲，只打出几个小坑。M1A1随即还击，两炮就击毁两辆T-72，剩下一辆赶快逃走隐蔽，最后也在2500米距离上被一炮击毁。

T-72是伊拉克最为先进的坦克，它在战斗中至少还击毁了盟军的一些坦克和装甲车。

实战中，伊军坦克作战中仅仅造成M1A1坦克4辆被击中，完全被摧毁。但是这4辆被击毁的坦克都有一个共同的特点，就是自身火控系统出现故障，无法再探测到伊军坦克（由于伊拉克沙漠温度过高，很容易造成M1A1精密的火控系统过热而自动关机），结果被躲藏在沙丘或者工事后面的T-72坦克在很近的距离伏击击毁。可以说，只要美军不发生战术错误，伊军的T-72几乎没有获胜的可能。

同时，伊军坦克根本无力防御美军坦克的贫铀穿甲弹和高效火控系统的打击。

实战中，美军火控系统具有极为惊人的准确度，它们在运动中射击低速敌军装甲目标的首发命中率高达90%。如美海军陆战2师4营B连的12辆M1A1坦克遭遇伊军共和国卫队塔瓦卡第三机械化师的35辆坦克（其中有30辆T-72）。美军12辆坦克第一次齐射就全部命中目标，摧毁1500米外伊军12辆坦克。此时伊军由于夜视仪器差，还没有发现美军坦克的位置，就被打得措手不及。

但是共和国卫队毕竟是精锐部队，他们随即根据炮声的方向冲锋上去。双方激战，美军凭借高效的火控设备，在伊军射程之外攻击，10分钟内击毁伊军大部分坦克。伊军残余装甲见势不好便逃走，美军随后追击，30分钟内将35辆坦克全部击毁，又击毁了7辆装甲车。自己只有1辆M1A1在混战中被伊军在摸进到1000米内击中，受了轻伤。

战事回响

二战著名坦克炮补遗

提起二战武器，大家首先想到的就是坦克这种"钢铁巨兽"了。的确，在二战中最引人注目的武器似乎就是坦克了，它集装甲防护、凶猛的火力、高机动性于一体，堪称是"陆上战列舰"，打破了一战的堑壕战模式，为人类战争史翻开了新的一页。虽然坦克拥有厚重的装甲似乎显得刀枪不入，然而没有它那致命的火炮恐怕坦克只能算是废铁一堆，那么，除了上面的三种坦克炮，还有哪几种坦克炮最为威猛呢？

英国"萤火虫"坦克（76.2毫米MKsIV/VIIL/58.3炮）

76.2毫米MKsIV/VIIL/58.3炮是大名鼎鼎的"萤火虫"坦克的主炮，它的火力很强大，对比德国"黑豹"坦克的坦克炮也不差。

"黑豹"坦克装备一门70倍口径75毫米炮，拥有十分惊人的火力，使用普通穿甲弹在1000米处可击穿140毫米垂直装甲或121毫米/30度倾斜装甲，可在1000米甚至1500米击穿T-34/76的正面装甲，若换用TCAPR钨心穿甲弹（数量较少）在1000米处可击穿150毫米/30度倾斜装甲，而"萤火虫"坦克的76.2毫米炮使用普通被帽穿甲弹则只能在914米处击穿118毫米垂直装甲，不如"黑豹"坦克，但使用风帽穿甲弹在1000米可击穿140毫米厚垂直

★装有76.2毫米MKsIV/VIIL/58.3炮的英国"萤火虫"坦克

★装有88毫米KwK36 L56主火炮的德军"虎"1式重型坦克

装甲，与"黑豹"坦克相当，使用次口径脱壳穿甲弹在1000米可击穿195毫米垂直装甲或172毫米/30度装甲，火力十分威猛。不过，德国的钨心穿甲弹数量较少，且精确度较低，所以一般人认为，"黑豹"坦克的75毫米KwK42L/70炮与"萤火虫"坦克的76.2毫米炮威力大致相当，且二者的射速也基本相当——每分12发，因此，二者在伯仲之间。

德国"虎"1坦克（88毫米KwK36L/56炮）

88毫米KwK36L/56炮是"虎"1式坦克的主炮，该型炮的技术相当成熟（由著名的88毫米Flak36防空炮发展而来），其采用56倍径长身管火炮，其威力是致命的，在1000米处可击穿138毫米垂直装甲，2000米击穿110毫米垂直装甲，与"黑豹"坦克的75毫米KwK42L/70炮基本相当，但其火炮射速较慢，每分6发，炮塔转动也慢，使其捕捉目标的能力也很差，因此不敌"黑豹"坦克的KwK42L/70炮与"萤火虫"坦克的76.2毫米坦克炮。

苏联T-34/85中型坦克（85毫米ZJS-S-53L/53炮）

85毫米ZJS-S-53L/53炮是苏联T-34/85中型坦克上的主火炮。

二战后期，由于苏联T-34/85中型坦克的火力在作战中表现出明显不足，且德国使用的不再是三号坦克，而是长身管的四号坦克和"黑豹"坦克，因此，苏联开始将T-34换装威力更强的85毫米火炮，该炮能在1000米击穿102毫米垂直装甲，只比德国四号坦克的Kwk40L/48坦克炮稍弱，而苏联换用BR365A坦克炮弹就更略逊一筹，1000米可击穿93毫米垂直装甲，而事实上，在实战中，BR365A坦克炮弹在800米处却只能击穿"虎"1的

★装有85毫米ZJS-S-53 L53主火炮的苏军T-34-85坦克

侧面，而不能击穿其正面，而另外一种坦克炮弹——BR365K炮效果则较好些，因此可以认为85毫米ZJS-S-53L/53炮在只使用上述二战中苏联拥有的弹种时比德国Kwk40L/48坦克炮稍弱，不过，85毫米ZJS-S-53L/53炮的威力绝对超过了苏联的T-34/76和美国的M4/75坦克及德国三号坦克的坦克炮的威力。

9 反坦克炮

坦克终结者

🎯 沙场点兵: 向坦克开炮

反坦克炮，顾名思义，是主要用于打击坦克和其他装甲目标的火炮，旧名"战防炮"、"防坦克炮"。

它的炮身长、初速高、直射距离远、射速快、射角范围小、火线高度低，是重要的地面直瞄反坦克武器。配用的弹种有破甲弹、穿甲弹和碎甲弹等。

反坦克炮的构造与一般火炮基本相同。为了提高射速和射击精度，便于对运动目标射击，一般采用半自动炮闩和测距与瞄准合一的瞄准装置。有的自行反坦克炮还装有自动装填机构和火控系统。

反坦克炮既然是用来反坦克等装甲目标的，那么自然是先有坦克，后有反坦克炮。反坦克炮的发展历史，可以追溯到第一次世界大战，1916年，第一批坦克投入战场之后，在各国军队中引起极大的轰动，各国军队纷纷研究自己的坦克和各种反坦克武器。在此后不久，法国就制造出了世界上第一种反坦克炮，命名为"乐天号"。"乐天号"反坦克炮可视为加农炮的同族兄弟，它的特点是炮管较长，炮膛压力较大，因而其实心的穿甲弹出炮口之后，动量很大，具有足够穿透坦克装甲的能力。从此以后，反坦克炮与坦克就在你死我活的不断对抗中得以发展、升级直到今天。

🎯 兵器传奇: 坦克终结者的故事

反坦克炮是为了坦克而生的，它们的终极目标就是用炮弹击穿敌方坦克的装甲。

第一次世界大战之后，随着坦克的普遍使用，各国专用反坦克炮相继问世。最早的坦克装甲厚度仅有6毫米～18毫米。到了第二次世界大战时，某些中型和重型坦克的装甲厚度已达70毫米～100毫米。同时，反坦克炮的口径也从20毫米加大至57毫米～100毫米，而次口径钨芯超速穿甲弹、钝头穿甲弹和空心装药破甲弹等破甲能力更强的弹种的诞生，也使反坦克炮的性能得到提高。

第二次世界大战中，苏联为粉碎纳粹德国的集群坦克曾装备使用了上万门反坦克炮。同时，由于在战争中后期苏联的新式坦克在火力、防护能力等方面超过了德国坦克，而德国一时难以研制和生产出在性能与数量上能与苏军相抗衡的坦克，于是将一些大口径反坦克炮安装在坦克底盘上，变牵引式反坦克炮为自行反坦克炮，并加以较厚的防护装甲，它当时被称为"强击炮"，可以打击坦克等装甲目标，也可以像坦克一样以直射火力打击步兵、掩蔽部等地面目标。

此外，德国还大胆地运用了88毫米高射炮来反坦克，取得了显著的战果。

二战后，对于是否发展反坦克炮出现了一些争论，因为牵引式反坦克炮大都笨重，不如使用反坦克导弹灵便，自行反坦克炮又和坦克炮、反坦克导弹发射车相似，所以像美、英等国就没有发展这种装备，只有苏联、德、奥地利等国仍沿袭二战时的传统，继续发展反坦克炮。进入20世纪70年代以后，一些国家用反坦克导弹取代了反坦克炮，还有一些国家则用自行反坦克炮的机动性和防护性较差的牵引式反坦克炮。后者是坦克发展的新趋势，近年来，由于安装在轮式装甲车辆底盘上的自行反坦克炮的成本只有坦克的1/3左右。其机动性又远胜过其他反坦克兵器，所以它又有东山再起之势。自行反坦克炮的外形与坦克很相似，但不像坦克那样注重对步兵进行火力支持的能力，而强调反坦克能力，因而在某些国家里它又被称做"歼击坦克"。它与第二次世界大战期间的强击炮又有区别："歼击坦克"火炮口径与坦克相近，装甲厚度和总重量一般比坦克大，炮塔多为固定式，比较笨重。

20世纪80年代至今，由于复合装甲技术的飞快发展，反坦克炮又东山再起，其地位和作用呈上升趋势，轮式自行反坦克炮尤其引人瞩目。

慧眼兵鉴：坦克克星

反坦克炮是一种弹道低伸，主要用于毁伤坦克和其他装甲目标的火炮。采用脱壳穿甲弹和空心装药穿甲弹时，穿甲厚度达300毫米，破甲厚度可达500毫米。反坦克炮，特别是自行反坦克炮具有与主战坦克同等的火力和良好的机动性，价格比坦克便宜，重量比坦克轻，可为机动和快速反应部队提供强有力的反坦克火力。

反坦克炮按其内腔结构划分，有线膛炮和滑膛炮两大类，滑膛炮发射尾翼稳定脱壳穿甲弹和破甲弹。按运动方式划分，有自行式和牵引式反坦克炮两种：自行式除传统的采用履带式底盘以外，目前研制中的大多考虑采用轮式底盘，以减轻重量便于战略机动和装备轻型或快速反应部队；牵引式反坦克炮有的还配有辅助推进装置，便于进入和撤出阵地。就火炮与弹药而言，反坦克炮和坦克炮没有太大的差异，大多数由同时代的坦克炮改装而成。近年来也专门研制发展高膛

★瑞典LKV-91式自行反坦克炮

压低后坐力反坦克炮，以减低后坐力，便于安装在轻型装甲车辆上。比如，德国研制的120毫米超低后坐力滑膛反坦克炮，能发射"豹"Ⅱ坦克配用的弹药，可安装在20吨重的装甲车上，自行反坦克炮战斗全重在30吨以下。

自行反坦克炮的外形酷似坦克，其起落部分有装甲防护，一般装有炮膛抽气装置和高效率炮口制退器。装甲防护、火控和稳定系统不如主战坦克，通常采取停车射击。为了提高首发命中概率和具备夜间作战能力，现代反坦克炮配有激光测距仪、电子计算机和微光夜视或红外热成像仪。

目前，世界上比较先进的反坦克炮有：法国AMX-10RC轮式自行反坦克炮、德国KJPZ4-5式90毫米自行反坦克炮、瑞典LKV-91式自行反坦克炮、瑞士"鲨鱼"轮式自行反坦克炮、意大利B1"逊陶罗"轮式自行反坦克炮、巴西EE-18苏联"库里"轮式自行反坦克炮。

诺曼底登陆中的反坦克利器
——美国57毫米反坦克炮

◎ 后来者居上：美军反坦克炮的转变

二战之前，美军在反坦克炮方面极为落后，但他们是后来者居上，在二战中拥有了优良的自制反坦克炮。

在第一次世界大战之后，美国也对反坦克炮进行了一些探索，但只是浅尝辄止，直到1940年美军步兵团属反坦克连仍旧装备着12.7毫米重机枪。不久之后爆发的西班牙内战，

★二战中美军使用的57毫米反坦克炮

显示了坦克将在未来现代化的陆战中扮演十分重要的角色，1937年驻西班牙的美国联络官报告说德国Pak-36型37毫米炮抵御坦克进攻时发挥了重要的作用。美国陆军此时也开始考虑采用一种新型37毫米伴随火炮来取代那些从一战起就开始服役的过时武器。西班牙内战使得美国军方高层深信并且强调这些步兵武器应当从发射低速的高爆弹向发射高速的反坦克炮弹转变。

37毫米反坦克炮的生产在1940年冬天开始，进度很缓慢，火炮在活特弗里特兵工厂生产，炮架在罗克岛兵工厂生产。在日军偷袭珍珠港之后，罗斯福总统在1942年1月对火炮生产制定了新的目标，包括在两年内生产18900门反坦克炮——尽管在1941只生产了2000门。

美军步兵师在1942年11月登陆北非时装备的是37毫米炮。在美国陆军投入到北非战斗时，37毫米炮已经过了它的最佳时期，虽然它仍能击败一些比较老式的德国和意大利坦克，但是三号坦克和四号坦克已经普遍加强了装甲防护，除了在近距离之外，37毫米炮在正面交战中无法击穿它们。此时，德国和英国陆军标准的反坦克武器已经换成了Pak-38型炮和6磅炮。就穿甲能力而言，这两种火炮都比美国的要优秀。在卡塞林之战期间，第9步兵师39团3营尽管装备着37毫米炮，但还是损失了所有的火炮。隆美尔的北非军团宣称在战斗中一共俘获或摧毁了67门反坦克炮。

1943年春末，37毫米炮已经过时了。1943年5月26日的编制和装备表中团属反坦克连用9门57毫米炮代替了原先的37毫米炮。同时也批准使用新型的11.2吨卡车作为运输工具。实际上这个转变将在超过6个月之后被执行，直到1944年春天，大规模数量的美国57毫米炮才投入战斗。

🚫 火炮虽好，难打缺弹之战

★ 57毫米反坦克炮性能参数 ★

口径：57毫米	**最大射程**：8.4千米
战斗状态全重：1.15吨	**弹药**：穿甲弹、高爆弹、霰弹
炮口初速：1270米/秒	

美国57毫米反坦克炮的最大秘籍就是射速非常快，尤其是炮口初速达到了1270米/秒，这几乎是其他反坦克炮的两倍，此外射程也比较理想。

把57毫米炮引入美军服役最主要的问题是缺乏弹药的种类。由于是匆忙把它投入使用，所以除了基本的穿甲弹之外没有生产别的弹种，美军在突尼斯发现最佳的混合比率是85％穿甲弹、10％高爆弹和5％霰弹。当火炮在1943年5月被批准服役时，后两个弹种没有被准备好。在西西里岛作战的巴顿第7军批评57毫米炮缺乏高爆弹，在很多情况下，武器被用来打击诸如建筑物时，穿甲弹的表现并不是很理想。1944年3月，T-18（M203）高爆弹被批准，但在诺曼底战役中没有被使用。

🚫 登陆作战：57毫米炮威力有限

1943年5月26日，美军的装备和编制表中57毫米反坦克炮第一次被批准在团属反坦克连中使用，对照37毫米炮被分配用3/4吨卡车牵引。根据新的编制，每个团的反坦克连包括三个反坦克排，每个排有3门57毫米炮和一个反坦克地雷排，每个步兵营自己有一个3门57毫米炮的反坦克排，所以整个师的三个团中每个团有18门炮。

在诺曼底战役最初的一个月中，美军步兵师在登陆之后也开始使用他们的57毫米反坦克炮，但他们很少遭遇到德国人的坦克。57毫米反坦克炮被更多地扮演"伴随火炮"的角色——用于提供直射火力支援。57毫米炮因为缺乏高爆弹，所以和37毫米炮相比缺少持续的火力。美国第1军从英国人那里获得了足够储备的6磅高爆弹，但它还是普遍地缺乏。一位营长写道："我们确信需要57毫米炮的高爆弹，它是步兵团里唯一能像88毫米炮那样提供平直弹道的武器，但是除了从英国人那里借之外，没有弹药可以使用。"

1944年7月，艾迪将军在最初诺曼底战斗之后写了一个报告给华盛顿，他写道："牵引的57毫米反坦克炮实际上在野外近距离遭遇中是毫无用处的，团属反坦克连确实应当分配带一些自行火炮，可能的话把它们分配到营，现有的火炮除非在公路上，否则很难被十分迅速地布置到位。"

★美国57毫米反坦克炮四视图

美军登陆后，迅速占领了法国的卡朗唐。1944年7月11日，德国装甲教导师开始向卡朗唐发起进攻。第9步兵师39团2营的57毫米炮和巴组卡小队组成的防线抵御了"黑豹"坦克的进攻，第899坦克歼击营的M10也投入了战斗，最终进攻被抑制了，德国人总共有16辆四号和"豹"式坦克被击毁。

第一次大规模地遭遇到"黑豹"坦克，57毫米反坦克炮的表现尚可，"黑豹"坦克的正面装甲无法被57毫米反坦克炮击穿，但"黑豹"坦克的防盾是个弱点，可以被57毫米反坦克炮在100米～300米的距离击穿。在诺曼底期间，57毫米反坦克炮的机动性强的优点被发挥出来，因为大多数火炮太重，在诺曼底特有的树篱中很难被推动，只能使用半履带车牵引。树篱的高度让炮手很难确定火力发射点，而相对较轻的57毫米反坦克炮可以用手推动。

1944年8月，57毫米反坦克炮迎来了服役以来最大的考验。希特勒命令发动卢森堡行动，向卢森堡发起了装甲反击，先锋部队攻击位于卢森堡附近的美军第30步兵师，其余的进攻力量打击美军的第9步兵师39团1营，这一次，57毫米反坦克炮和巴祖卡小队给予了步兵防御很重要的帮助，德军的攻击被57毫米反坦克炮击退。但是，57毫米反坦克炮还是无法击穿"黑豹"坦克的正面装甲。

在随后的阿登战役中，57毫米反坦克炮的弱点被暴露出来。一份研究报告指出，自行反坦克炮要比57毫米牵引式反坦克炮的效果高五到六倍，在九次防御行动中，57毫米反坦克炮仅能成功两次。相对照，自行的M10歼击车在没有步兵支援的情况下损失交换比率是1：1.9，当结合了步兵防御时比率是1：6。M10歼击部队在抵抗德国坦克的16次防御行动中成功14次。

尽管如此，57毫米炮仍旧是步兵部队最主要的反坦克武器。1945年2月，美军决定用17辆T26E1型重型坦克替代团属反坦克连中的57毫米炮。

T34坦克的终结者
——"黄鼠狼"自行反坦克炮

⊘ "黄鼠狼"出世：为T-34量身定制的反坦克炮

德国的"黄鼠狼"步兵战车，是世界上最早的步兵战车之一。鲜为人知的是，在第二次世界大战期间，德军就有了"黄鼠狼"战车，不过，它不是步兵战车，而是一种自行反坦克炮。

1941年6月，德国军队入侵苏联后，苏军民同仇敌忾，英勇抗敌，但在开始阶段处于被动地位。几个月以后，苏联战场上的形势有了转机。这中间除了有政治、军事、气候等方面的原因外，苏军武器装备的改善，特别是性能优良的T-34中型坦克大量投入战斗，也是一个重要的原因。T-34坦克一亮相，便给不可一世的德军装甲兵团以沉重的打击，德国人将此称为"T-34冲击"。

"T-34冲击"对德国二战中后期坦克装甲车辆的发展有巨大的影响。德国"黑豹"战斗坦克和"虎"式重型坦克的问世，都是对抗"T-34冲击"的直接结果。而德国人利用一些性能已经落后的坦克底盘，装上较大口径的火炮，制成自行反坦克炮或自行榴弹炮来对付苏军或盟军的坦克，更是"家常便饭"。"黄鼠狼"自行反坦克炮，便是"T-34冲击"的一个产物。

1940年5月~6月，德国军队横扫法、荷、比、卢后，缴获了上千辆法国和英国的坦克装甲车辆。德国军队对这些战车，或直接利用，或加以改造后利用，用以补充德国战车的不足。其中，德国军队缴获的法军的"洛林"履带式补给品输送车约300辆，德国人将其中的大部分改装成自行榴弹炮或自行反坦克炮。装75毫米反坦克炮的，被称为Pak40/1型或Sdkfz135型自行反坦克炮，即"黄鼠狼"自行反坦克炮，后来称为"黄鼠狼"1型自行反坦克炮，此后德军又发展出"黄鼠狼"2型和"黄鼠狼"3型自行反坦克炮。

🚫 "黄鼠狼"1型：就地改装的武器

★ 75毫米"黄鼠狼"1型自行反坦克炮性能参数 ★

口径：75毫米	**武备**：1门Pak40/1型75毫米反坦克炮
战斗全重：8.3吨	**弹药基数**：40~48发
最大速度：38千米/时	**装甲厚度**：8毫米~25毫米
最大行程：150千米	**乘员**：4~5人

"黄鼠狼"1型自行反坦克炮的战斗全重为8.3吨，乘员4~5人，由于原来的法国"洛林"输送车主要用来运送作战物资和牵引火炮，所以，车体上部结构较简单，这使它的改装工作相对容易些。

"黄鼠狼"1型自行反坦克炮的主要武器是1门Pak40/1型75毫米反坦克炮，身管长为46倍口径，火炮的高低俯仰角为-5度~+22度，方向射界为左右各24度，弹药基数为40~48发。"黄鼠狼"1型自行反坦克炮无辅助武器，车体尾部有一个驻锄，射击时将驻锄放下，以减小后坐距离。

"黄鼠狼"1型自行反坦克炮的动力装置为水冷汽油机，最大功率是51.5千瓦。每侧有6个中等直径的负重轮，3个托带轮，采用平衡式悬挂装置，主动轮在前，诱导轮在后。"黄鼠狼"1型自行反坦克炮的最大速度为38千米/时，公路最大行程达到150千米。

德国人在改装"洛林"输送车时，只将后部的货舱改装成炮座，安装上75毫米反坦克炮，并在火炮的四周装上薄装甲板，便成了"黄鼠狼"1型自行反坦克炮，其顶部是敞开的。在二战中，各国的自行火炮很多是顶部敞开的，其缺点是顶部防护性差，但结构比较简单，便于改装和大量制造。德国人共改装了185辆"黄鼠狼"1型自行反坦克炮，而且就

★"黄鼠狼"1型自行反坦克炮

在占领的巴黎就地改装，德国人所花费的改装代价极小。"黄鼠狼"1型主要用于欧洲西线的反坦克作战。

🚫 "黄鼠狼"2型：可击穿中型坦克的装甲

76.2毫米"黄鼠狼"2型自行反坦克炮全称为76.2毫MPak36（r）自行反坦克炮。它由性能比较落后的德国TIID型坦克的底盘，装上苏德战争初期缴获的苏制76.2毫米反坦克炮

★ 76.2毫米"黄鼠狼"2型自行反坦克炮性能参数 ★

口径: 76.2毫米	1挺7.92毫米机枪
战斗全重: 10.5吨	**弹药基数:** 38发（75毫米）
最大速度: 50千米/时	900发（7.92毫米）
最大行程: 185千米	**装甲厚度:** 4.5毫米~30毫米
武备: 1门Pak40/2或Pak40/3型75毫米	**乘员:** 4人
反坦克炮	

★ "黄鼠狼"2型自行反坦克

组合而成。当然，炮架和上部结构也作了相应的改装。开始研制的日期为1941年12月20日，研制代号为Sdkfz131。

　　"黄鼠狼"2型自行反坦克的底盘TIID型坦克上有4个大直径的负重轮，没有托带轮；而其他各型有5个负重轮、4个托带轮。这一点成为识别两种"黄鼠狼"2型自行反坦克炮的最主要的外部特征。

　　"黄鼠狼"2型自行反坦克炮战斗全重约为10.5吨，乘员为4人，主要武器是苏德战争初期缴获的苏联F22型76.2毫米牵引式反坦克炮。由于炮架的位置较高，使整个车高近2.6米。上部炮架结构的不同，也成为识别两种"黄鼠狼"2型自行反坦克炮的另一个主要的外部特征。

　　"黄鼠狼"2型自行反坦克炮的炮口初速很高，穿甲威力大，后坐力也极大，德国人在将这种火炮装车前，特意加装了双气室式炮口制退器，以平抑火炮的后坐力。火炮的俯仰角为−5度～+16度，方向射界为左右各25度，弹药基数为30发，辅助武器为1挺7.92毫米机枪，携弹900发。

　　由于基型车"黄鼠狼"2型自行反坦克炮的机动性相当好，最大速度可达50千米/时，装甲厚度为4.5毫米～30毫米。

　　76.2毫米"黄鼠狼"2型自行反坦克炮的生产总数约180辆，在1942年～1943年间生产，主要装备德军装甲师和步兵师的反坦克营或反坦克连，一直使用到1944年下半年。

"黄鼠狼" 2型自行反坦克炮广泛装备德军，东线和西线均有配属。它可以击穿二战时期中型坦克的装甲。但是，它的装甲太薄，装备的数量又不太多，在二战的中后期只能是配合坦克作战，发挥的作用有限。

◎ "黄鼠狼" 3型：火力强大但难免被缴获的命运

"黄鼠狼" 3型也有两种型号：一种是装缴获的苏联76.2毫米火炮，研制代号为Sdkfz139；另一种是装德国75毫米火炮，研制代号为Sdkfz138，其底盘都是捷克LT-38轻型坦克的底盘，德国人称LT-38坦克为38（t）坦克，这是二战中小有名气的一种轻型坦克。

★ 75毫米 "黄鼠狼" 3型自行反坦克炮性能参数 ★

口径：75毫米	毫米反坦克炮
战斗全重：10.5吨	**弹药基数**：38发
最大速度：42千米/时	**装甲厚度**：8毫米～25毫米
最大行程：185千米	**乘员**：4人
主要武备：1门Pak40/2或Pak40/3型75	

★ "黄鼠狼" 3型自行反坦克炮

总的来看，"黄鼠狼"1型也好，2型也好，3型也好，都算是轻型自行反坦克炮，用来对付二战后期的盟军和苏军的坦克显得威力不足，而其本身的装甲又非常薄，不堪一击。

二战期间，德军共生产了上千辆"黄鼠狼"自行反坦克炮。这些"黄鼠狼"在二战中期还发挥了一定的作用，到了二战后期，它们的作用越来越有限，以致在二战中没有留下什么名声。

在二战后，许多"黄鼠狼"自行反坦克炮被苏军或盟军缴获，在美国的兵器和苏联的库宾卡坦克博物馆里，都可以见到它们的身影。

主战坦克的克星
——俄罗斯"章鱼"125毫米反坦克炮

🚫 "章鱼出海"：125毫米反坦克炮高调亮相

章鱼，是一种浅海动物，卵圆的体形短短的，没有鳍，头上却长着八腕，外观很是丑陋。然而俄罗斯人却把他们著名的125毫米牵引式反坦克炮起名叫"章鱼"，就让人颇费解。或许是因为它炮管长伸，造势劲美而取名"章鱼"。

2004年，"章鱼"125毫米牵引式反坦克炮在俄罗斯塔吉尔国际武器装备展时亮相，引起国际兵器专家和参观者的注意。

★ "章鱼"125毫米反坦克炮性能参数 ★

口径： 125毫米

战斗全重： 6.575吨

最大自行速度： 10千米/时

最大公路速度： 80千米/时

最大行程： 50千米

主要武备： 125毫米超速穿甲弹
125毫米超速穿甲弹弹丸
125毫米聚能装药破甲弹
9M119导弹的改进型

弹重： 7.05千克（125毫米超速穿甲弹）
19千克（125毫米聚能装药破甲弹）

23千克（125毫米聚能装药破甲弹）

炮口初速： 1700米/秒（125毫米超速穿甲弹）905米/秒（125毫米聚能装药破甲弹）850米/秒（125毫米聚能装药破甲弹）

直射有效射程： 2.1千米（125毫米超速穿甲弹）1.15千米（125毫米聚能装药破甲弹）1.2千米（125毫米聚能装药破甲弹）

乘员： 7人

★既能发射反坦克炮弹，又能发射导弹的"章鱼"125毫米反坦克炮。

曾有人认为，现今反坦克导弹技术全面提升，足以对付各种主战坦克，不必再分散经费去发展其他地面反坦克武器。可俄罗斯人说"不"。

俄陆军上层坚持认为，反坦克炮具有命中率高、威力大和效费比特别划算的特点，是攻击2000米距离内装甲目标的理想武器。这就是目前俄陆军现役武器装备中仍然要编配反坦克炮的缘由。

◎ 威力巨大："章鱼"竟能发射导弹

"章鱼"125毫米反坦克炮有比坦克炮更厉害的绝招。它既能发射坦克炮弹和特制的反坦克炮弹，又能发射导弹。能够发射初速高、穿甲威力大的125毫米炮弹是它的一大特点。在它发射的3种125毫米炮弹中，超速穿甲弹对当代坦克的威胁最大。125毫米超速穿甲弹弹丸重达7.05千克，炮口初速为1700米/秒，直射有效射程为2.1千米，可穿透M1A1"艾布拉姆斯"坦克、"梅卡瓦"2等坦克的装甲。125毫米聚能装药破甲弹令现役的老式坦克不敢大意，它的弹丸重为19千克，初速达到905米/秒，直射有效射程为1.15千米，能击毁"豹"1A5、M60改进型坦克。125毫米杀伤爆破榴弹弹丸重达23千克，初速为850米/秒，最大有效射程达到了1.2千米，能摧毁掩体工事和建筑物，杀伤有生力量。

"章鱼"的炮射激光制导导弹是9M119导弹的改进型，导弹（不含附件）重17.2千克，破甲厚度达750毫米～800毫米，可在100米～4000米距离上准确命中并击毁目标。如果世界一流的M1A2ESP"艾布拉姆斯"坦克让它命中，那非被炸成烂铁不可，况且这种炮射导弹还是打直升机的高手。

◎ "章鱼"的秘密：专打"钢铁甲壳类动物"

"章鱼"的正式名称为2A45M125毫米牵引式反坦克炮。如果它出场，那么任何当代主战坦克都得小心一点。因为"章鱼"有本事对付这些"钢铁甲壳类动物"。

"章鱼"125毫米反坦克炮的主炮是在T-80坦克的125毫米滑膛炮的基础上改进成的，结构简单，使用方便。火炮身管长为51倍口径，这有利于增大射程。

"章鱼"125毫米反坦克炮的观瞄系统不但能进行直瞄射击，还能进行间瞄射击。直瞄装置由昼用瞄准镜和夜用瞄准镜组成，这使它具有昼夜作战能力。

虽然"章鱼"125毫米反坦克炮的战斗全重达6.575吨，但炮兵班7名士兵仍可灵便地驾驭它。因为它的三脚架式炮架是在灵活性能好的D-30式122毫米榴弹炮炮架基础上改进成的，所以它也就有了进行圆周射击的本领。当炮轮上抬悬空后，三脚架式炮架呈120度等角分开并在地面上固定，"章鱼"火炮就可旋转，就具有360度方向射界，就可以实行大方位快速转移射击。

与以往其他牵引式火炮不同的是，"章鱼"125毫米反坦克炮装有辅助推进装置。动力来自一台功率20千瓦的汽油发动机。发动机动力经液压传动装置传送到炮轮，进而驱动炮轮实现短途自行，自行能爬15度坡，最大自行速度为10千米/时，最大行程达到了50千

★动作灵活的"章鱼"125毫米反坦克炮

米。这样，"章鱼"125毫米反坦克炮就有了令其他牵引炮羡慕的较强的战场机动性。当然，在长距离机动行军时，"章鱼"125毫米反坦克炮还得靠"乌拉尔"-4320越野汽车或MT-LB多用途履带式牵引车牵引。假若使用"乌拉尔"-4320，它的公路最大速度可达80千米/时，战斗转换时间仅1.5分钟~2分钟。

总之，"章鱼"125毫米反坦克炮凭借优异的性能，对任何装甲战车都足以构成威胁。因此，那些"钢铁甲壳类动物"最好还是远离"章鱼"为好，躲到其有效射程之外，才是上策。

战事回响

🎧 世界著名反坦克炮补遗

世界上最早的自行反坦克炮——德国T1

第一次世界大战中，牵引式反坦克炮在机动性、防护性上都较差。德国认为，只有使这些火炮跑得和敌坦克一样快，才能有效地与敌坦克相对抗。另外，由于初期坦克的火炮口径较小，火力较弱，也需要有一种能够伴随坦克行进、为坦克提供火力支援，并有一定防护性能的火炮。

★德国T1自行反坦克炮

★德国"斐迪南"式自行反坦克炮

德国的T1和T2轻型坦克，是希特勒发动"闪击战"的急先锋。但是，德国人很快就发现，这些战斗全重不足10吨的轻型坦克火力较弱，装甲太薄，很快成为过时的武器。不过，精明的德国人并没有将它们弃之不用，而是利用其底盘改装成自行火炮，T1自行反坦克炮就是这样诞生的。

1939年9月，纳粹德国出兵占领了捷克斯洛伐克，获得了大量当时性能比较优越的捷克造47毫米反坦克炮。随后，德国柏林的阿尔凯特公司，利用T1轻型坦克的底盘，去掉炮塔，三面装上14.5毫米厚的装甲板，后部敞开，顶部无盖，并装上捷克生产的43.3倍口径的47毫米火炮，便制成了T1自行反坦克炮。

T1自行反坦克炮的战斗全重增加到6.4吨，乘员为3人，乘员是站在发动机甲板上操纵火炮的。火炮可以左右转动各15度，俯仰角为－8度～+12度，弹药基数为86发。

T1自行反坦克炮是世界上第一种自行反坦克炮，虽然它是被改装而并非专门制造的，但是实战使用效果良好。T1自行反坦克炮虽然很原始，但它的威力已经比原来的T1轻型坦克要大得多，在法国战场和北非战场上发挥了不小的作用。它的真正意义还在于，它是世界上第一种较大规模用于实战的自行火炮，在世界自行火炮发展史中占有应有的地位。

后来，德国又发展了T-3、"斐迪南"、"黑猎豹"等口径更大，火力更强的自行反坦克炮，在第二次世界大战中被广泛使用。由于自行反坦克炮多用于伴随坦克进攻和作战，所以被又称为"强击炮"。继德国之后，苏、英、美等国也研制发展了与德国相似的"强击炮"。

德国"犀牛"自行反坦克炮

"犀牛"自行反坦克炮，也有人按德文音译为"纳斯霍伦"自行反坦克炮，是德国第一种用特制底盘制成的自行火炮。尽管也可以说它的底盘为4号坦克，但是，它是在四号坦克底盘的基础上，经过重大改动制成的自行火炮。最突出的变化是将发动机的位置从中部移至中前部，取消了传动轴，直接用联轴器将发动机和变速箱连接起来。这样做的目的是尽量扩大战斗室的空间。由于发动机的位置前移，使车体内部的布置发生了相当大的变化。

研制"犀牛"一类重型自行炮的直接原因，是由于所谓的"T-34冲击"。纳粹德国侵略军的装甲洪流涌入苏联大地后，开始时一帆风顺，但很快就遭到苏军T-34坦克等的顽强抵抗，而德军的三号坦克、四号坦克根本不是它们的对手。德军用来对付T-34坦克的主要是牵引式的Pak43/1式88毫米反坦克炮。这种反坦克炮机动性极差，往往需要动用很多人力和车辆将火炮运进和运出发射阵地。为此德军迫切需要将这种火炮装到履带式底盘上，制成自行火炮。首先选中的是四号坦克的底盘。

1942年初，负责研制和设计的公司——丢特茨-埃森威克公司开始了研制工作。由于时间上要求很急，上部结构只做成敞开式结构；再加上受底盘承重的限制和钢板材料的匮乏，上部的装甲板很薄，这也是"犀牛"自行反坦克炮的突出弱点。第一批产品于1942年10月制成。到1943年5月，共生产了100辆，"犀牛"的总产量为494辆。

在命名的问题上，还有一个小插曲。最初德国军方准备命名为"大黄蜂"（hornets）自行反坦克炮。但是，希特勒不喜欢"以小虫子来命名装甲战车"，并亲自命名为"犀牛"自行反坦克炮。可见希特勒对"犀牛"还是相当重视的。

"犀牛"自行反坦克炮的战斗全重为24吨，比基型车TIV坦克重了4吨多。"犀牛"的主炮为PaK43/1型火炮，身管长为71倍口径，这是一款在德国很著名的加农炮，堪称是打

★德国"犀牛"自行反坦克炮

飞机和打坦克的"高手"，在二战期间，是对付美军和苏军中型和重型坦克的主力。总的来看，"犀牛"自行反坦克炮是一种性能较好的反坦克武器，穿甲威力大，射击准确，机动性也算不错，但防护性相对较差，是它的突出弱点。

1943年～1945年间生产的"犀牛"自行反坦克炮，几乎全部装备给德军独立重型坦克歼击车营。先后装备"犀牛"自行反坦克炮的德军部队有：第560重型坦克歼击车营、第655重型坦克歼击车营和第525重型坦克歼击车营等。这些"犀牛"自行反坦克炮，多数用于苏德战场，也有一少部分用于西部战线及意大利战场。在库尔斯克会战中，"犀牛"首先亮相，在和苏军T-34-76坦克的较量中，"犀牛"占尽上风。但是，由于苏军坦克数量多，又有SU-152自行火炮和"喀秋莎"火箭炮的支援，使德国军团及其战车最终还是失败了。

苏联SU-152自行突击炮

1943年初，德军的"黑豹"坦克和"虎"式坦克在苏德战场上大开杀戒，如入无人之境。面对德军新式的坦克，苏联开始研制一种名为KV-14的新型自行火炮，该种自行火炮装备一门152毫米ML-20型火炮。ML-20型炮射击初速达到655米/秒，可以在2000米的距离上垂直击穿110毫米的装甲。它所使用的穿甲弹重量为48.78千克，破甲弹重量为43.6千克。尽管最初开发这种自行火炮的目的是对步兵实施近程火力支援，其实它也可以作为反坦克歼击车来使用。

1943年2月初，原型车KV-14的开发工作完工了。由于ML-20火炮后坐力很大，所以该车没有采用坦克炮塔结构，取而代之的是安装火炮的隔舱。由于采用了复杂的装填方式，

★苏联SU-152自行突击炮

★被称为"动物杀手"的SU-152突击炮

ML-20火炮每分钟的射速仅为2发，KV-14还装备了全方位观测仪（为了实施间接瞄准射击）以及ST-10型远视仪（为了实施直瞄射击），其直瞄射击距离为700米。所有的KV-14突击炮都装备了10-RK-26型无线电以及TPU-3型内部通话机，它的底盘则是采用了仍在生产的KV-1s坦克的底盘。

1943年2月14日，苏联批准了KV-14突击炮正式生产装备部队，并重新命名为SU-15突击炮。1943年3月1日，苏联切尔亚宾斯克开始批量生产SU-152突击炮。到1943年底，一共生产了704辆SU-152突击炮。生产期间，又设计了一种安装12.7毫米DShK高射机枪的改进型。

1943年5月，苏联组建了第一个装备这种新型突击炮的团。苏军坦克手对这种新型突击炮反映很好，因为它能有效地对抗德军新型坦克（"虎"和"豹"）。库尔斯克战役中，SU-152突击炮得了一个新的昵称——"动物杀手"（德军坦克取名多为动物）。在12天的战斗中，该团就摧毁德军12辆"虎"式坦克和7辆"斐迪南"重型坦克歼击车。这个团一开始装备12辆SU-152突击炮，战争后期增加到21辆SU-152突击炮。

10 航空机关炮

雄鹰卫士

沙场点兵：战机近距格斗武器

航空机关炮，简称航炮，口径在20毫米以上，是安装在飞机上的一种自动射击武器。

1911年，在墨西哥上空发生了世界空战史上第一次空中格斗，交战双方使用了7.62毫米手枪进行空中射击。之后，世界各国开始发展了不同口径的机载机枪和航炮。1916年，法国首先在飞机上安装了37毫米的航炮，开始了火炮空中作战的历史。经过两次大战的洗礼，航炮得到了迅速的发展。

★美国A-10攻击机装备的GAU-81A型30毫米7管航炮

航空机枪的口径都在20毫米以下，在现代条件下要击毁有装甲防护的敌机是相当困难的，威力明显不够，因此也逐步被航炮所取代。航炮已成为现代飞机的一种重要的近防武器系统。

飞机携载的航炮，主要是用于近距格斗使用，也就是说，在空空导弹的最小射程以内填补死区。鉴于这种战术使用原则，射速快、反应时间短就成了重要的战术技术指标，所以较大口径的航炮逐渐被淘汰。

现代航炮口径一般在20毫米~30毫米左右，弹丸初速700米/秒~1100米/秒，射速每管可达400发/分~1200发/分，有效射程2000米左右。

现代航炮主要有单管转膛炮、双管转膛炮和多管旋转炮等。所谓转膛炮就是弹膛旋转的火炮，即在射击过程中炮管不转，只是几个弹膛依次旋转到对准炮管的发射位置进行发射，其原理很像左轮手枪的射击原理。转管炮的射击原理恰恰与之相反，弹膛不动而炮管连续不断地旋转。

二战后，虽然导弹武器广泛装备飞机，但航炮仍不失为一种有效的空中近距格斗的自动武器。

◈ 兵器传奇：历史悠久的航炮

最早的航炮是由地面移植到飞机上去的，后来为了适应空战特点，航炮发展成一个专门的武器系统。

第一次世界大战初期，手枪、步枪首次被带上飞机，成为射击敌方飞行员的空战武器。飞行员有时也带上几块砖头、投箭之类的东西，用来砸敌机的螺旋桨。俄罗斯飞行员涅斯捷罗夫曾在他的飞机机身后部装上一把长刀，用这把刀子把德军飞艇的蒙皮划了一道大口子。另一位俄罗斯飞行员卡扎拉夫曾成功地使用一种抓钩，钩住一架德国飞机，并用机身把它撞了下去。

这种原始的空战听起来更像是惊险的游戏，这种状况随着飞机性能的改进，特别是机载武器的改进而结束了。1915年，法国人将机枪与飞机发动机机轴平行安装，机枪的射速是每分钟600发，双叶螺旋桨的转速高达每分钟1200转。为避免机枪子弹打在自己飞机的螺旋桨上，人们在飞机螺旋桨上安装了金属滑弹板。实战证明这种机枪很管用，法国人利用这种机枪击中了很多德军飞机。

仿照这种办法，人们又将一些炮管较短、单发装填的地炮或轻型舰炮搬上了飞机。但在使用中发现，这些登上飞机的地炮和舰炮过于笨重，后坐力大，射击效果不好，不适应空战要求，于是人们开始研制飞机专用的航炮。

但是，在飞机上安装航炮受到尺寸、重量、后坐力等方面的制约，因而口径比较小，种类也不多。目前航炮多按其工作原理分类，有炮管后坐式、导气式、转膛导气式、加特林转管式和链式等。第二次世界大战之前研制的航炮多为炮管后坐式、导气式和转膛导气式，加特林转管式和链式航炮则是战后美国研制的新型自动航炮。

由于航炮体积小、重量轻、射速快、弹丸初速高、威力大，很快成为主要的机载武器，并在第二次世界大战中发挥了重要作用。曾有一位飞行员驾驶同一架飞机，用航炮击落敌机352架，这个数字足以让我们感受到航炮的厉害。

◈ 慧眼鉴兵：导弹为主，航炮为辅

空空导弹研制成功之后，许多国家开始偏爱导弹，轻视航炮。因而20世纪50年代末美苏研制的一些战斗机，大多只装导弹，不装航炮。不过在20世纪60年代末，经过越南战争"真刀真枪"的较量后，美国又矫枉过正，重视航炮，轻视导弹。

20世纪80年代，世界各国大多以"导弹为主，航炮为辅"为指导思想。而进入1990年，世界各国又主张"远距离先打超视导弹，近一些用格斗导弹，迫近用航炮"。

到了21世纪，航炮仍是作战飞机空中格斗不可缺少的武器。作战飞机仍要有近距离空中格斗的武器，其中就包括航炮，航炮还是执行纵深打击不可缺少的武器系统。

虽然新一代作战飞机要不要航炮至今仍然争议不断。但是最终，21世纪现役的新一代作战飞机大都保留了航炮。例如：美国研制的F-22战斗机装备有航炮，它装备的M61A2型航炮被认为是最复杂的装置之一。

美国海军曾打算取消"联合攻击战斗机"上的航炮，后来还是把它保留了下来。美国陆战队考虑到垂直起落时的重量问题，它的"联合攻击战斗机"采取折中方案，把航炮装在机身内部原来挂炸弹的地方。

之所以保留航炮是因为任何导弹都有一个最低射程，如果没有航炮，敌机就可能采取闯入导弹最低射程以内的方法来躲避导弹攻击。因此除非有其他武器代替它，否则航炮还将继续存在下去。

火神计划
——美国"火神炮"M61航炮

◎ 一波三折："火神"降临

在第二次世界大战中，德国、日本、意大利轴心国的战斗机在航炮方面占有战术优势。美军P-51、P-47广泛装备的勃朗宁12.7毫米机枪射程近、威力小，而P-38战斗机装备的20毫米"西班牙人"航炮威力不错，但射速又太低。为了解决这个问题，1946年美军决定重新启用被封存了一段时间的加特林理论，着手开发一种射速可以超过每分钟6000发的高速火炮，希望能通过这个原理，达到高速射击时降低枪管温度与减少磨蚀的目的。

美国海军曾经为小型鱼雷艇、炮艇发展了一种电驱动加特林转管炮，将19世纪出现的这种转管炮改头换面，由人力驱动改成电力驱动，基本原理保持不变。这种炮射速很高，但是由于当时材料技术的限制，炮管在高射速下磨损很快，寿命非常短，所以没有投入使用。之后，随着冶金技术和新材料的发展，现代版的加特林转管炮终于可以浮出水面。

★M61"火神"机载航炮射速高、可靠性好，广泛装备于美军现役战斗机。

1946年6月，美国通用电气公司承包了这项开发计划，将其命名为"火神计划"，成为"火神炮"这个称呼的由来。

1953年，预生产型的"火神炮"M61进行了第一次试射，后来被安装在一架F-104战斗机上进行了第一次空中试射。可事情从来都没有一帆风顺的，在最初的机载试验中，一些问题慢慢地暴露了出来，火药废气无法顺利排出，四处蔓延，这一度导致测试暂时终止。工程师们日夜研究，终于为F-104炮舱设计了更好的排烟孔，这才解决了问题。从此，M61就成为了美国战斗机的制式武器。由于采用了加特林自动原理，因此，"火神炮"可以算是现代版的加特林了。

◎ 空中"快枪手"：射速最快的航炮

★ M61航炮性能参数 ★	
炮长：1.875米	**弹药**：空包弹
炮重：120千克	M55A1/A2教练弹
炮口初速：1036米/秒	M53穿甲燃烧弹
射速：6000发/分~7000发/分	M56高爆燃烧弹

一枚完整的M61航炮的炮弹由黄铜弹壳、电击发底火、推进药剂和弹丸组成。当电脉冲击发底火后，推进药剂被点燃，弹丸被射出。不同种类的弹药之间的差别都在弹丸上。如果你仔细观察，会发现在所有弹丸底部，都有一段软金属，它有什么作用呢？原来，弹

丸在通过炮管时受膛线挤压，软金属变形后在膛线的作用下产生强烈的旋转，让飞行稳定性成倍增加，当然还有防止火药气体通过膛线泄漏的作用。

M61航炮堪称名副其实的空中快枪手，其射速可达每分钟6000发～7000发。那么，6000发/分的射速是个什么概念呢？这意味着，每发炮弹将以0.01秒的间隔发射。一架米格-29长达17.20米，如果它以1000千米/小时的速度在F-16战斗机面前横向飞过，它在0.01秒内将移动2.78米。所以如果F-16开始射击并击中米格-29前部的话，那么它将至少挨上5颗～6发20毫米的炮弹。由于射速太快了，在射击时，你根本无法分辨出两次击发中的间隔。它的声音听起来像重型混凝土钻孔机的"嗡嗡"的快速击发声，比二战美军士兵形容德军MG42机枪听起来像"撕裂亚麻布"的声音还要密集。

M61航炮的优点无与伦比，在射速和身管寿命上占有先天的优势。在炮管旋转的同时，每根炮管都处于不同的发射阶段。当炮管旋转到最高点时，膛内弹药被击发，旋转过最高点后再抛壳——装弹——在下次旋转到最高点时又被击发，一直这样循环。所以，炮的射速是6个炮管射速的总和，简单地说，就是6门20毫米口径的单管炮在并形射击。由于有6个炮管分担整个射击循环，所以在相同射击次数下，M61航炮的身管寿命是单管炮的6倍。

遗憾的是，M61航炮也有缺点，那就是射速极高，短时间内要耗费大量的弹药，为了维持一定的持续射击时间，弹药箱的容量必须大。还有，在6000发/分的高射速下，弹链成为最脆弱的一环。弹链在高速拉扯下，连接处很容易变形、弯折甚至断裂，造成航炮卡

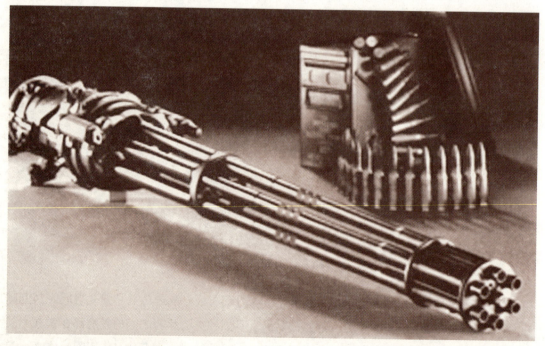

★美国M61火神20毫米6管转管机炮

壳。此外，弹链还占用了弹药箱宝贵的空间，减少了弹药数量。看来，发展新型的供弹装置势在必行。

◎ "火神"——战斗机的好搭档

M61航炮是目前世界上生产最多，装备量最大的航炮，它的服役期已经超过半个世纪，稳定性是毋庸置疑的。在航空运用上，第一架搭载M61航炮的飞机是F-104战斗机，之后F-105、F-106、F-111、F-4、F-15和F-16等数款战斗机全都搭载过M61。当然，最新型号的F-22"猛禽"战斗机上也采用了"火神炮"。

F-22是美国洛克希德·马丁公司研制的新一代双发重型制空战斗机，将取代现役的F-15战斗机，成为美国空军21世纪初的主力战斗机。美军为F-22专门设计了轻量化的"火神炮"，为了提高隐形性能，F-22的航炮是设置在飞机内部的，在平时是用盖板折起来的，在使用时打开盖板，就可以作战了。为了保证隐身性能，而部分牺牲了航炮的反应能力，而且该炮发射时子弹的弹壳不会被抛出，而是在机内回收，以防止抛出的弹壳损伤机体昂贵的隐身材料。

尽管F-22猛禽上装备了诸如"响尾蛇"空空导弹、JDAM联合攻击弹药、SSB小型灵敏炸弹以及AGM-88"哈姆"高速反辐射导弹等，但导弹并非万能，也非十全十美，不可能完全取代航炮。作为战斗机的卫士、好搭档，"火神炮"必将使飞机航炮——蓝天上的一把利剑变得更加闪亮、锐利。

★美军的F-22"猛禽"战斗机上的M61航炮（上图圆圈处），为了减小飞行阻力，航炮平时是关闭状态。

"雌鹿"獠牙
——苏联Gsh-23L型航炮

◎ 双联装航炮："雌鹿"直升机的獠牙

20世纪60年代中期，在"首战即决战"的闪电战思想指导下，苏军实行全面机械化，BMP-1作为世界上第一种伴随坦克作战的步兵战斗车开始服役，将机械化步兵的火力、机动和防护水平提高到一个新的高度，同时，运兵直升机也大量列装。这时，米里设计局意识到，苏军将需要"飞行的步兵战车"，用来快速输送突击分队，并为离机的步兵提供强大的近距离火力支援。

1968年，苏联共中央和部长会议批准研制米-24直升机。米-24的基本结构和机械取自米-8，更具体一点，实际上取自海军型的米-14。1969年9月15日，米-24直升机进行首飞，北约代号"雌鹿"。为了加强米-24的火力，米里设计局始终没有放弃为它装备航炮。经过努力，终于在米-24P上安装了一门双管30毫米炮，取代了此前的12.7毫米机枪。

30毫米炮的威力自然不成问题，但缺点不少，比如重量太大，后坐力也太大，只好采用机右侧固定安装。30毫米炮的威力太大，固定式航炮毕竟瞄准不方便，必须把整个机身掉转过来对准目标，对突如其来的地面火力也反应不够及时。

20世纪80年代，米里设计局终于把较轻、但威力仍然很大的双联装Gsh-23L型23毫米航炮装上了米-24，该炮可看做12.7毫米机枪和30毫米航炮之间的优化选择，能较好地兼顾空战和对地攻击要求，成为"雌鹿"名副其实的獠牙。1985年，装备双23毫米炮的米-24的终极型号"米-24VP"终于定型了，但直到1989年才投产，仅生产了25架，整个"米-24VP"生产线就停产了。

◎ 优点颇多："獠牙"实力非凡

★ Gsh-23L型航炮性能参数 ★

口径：23毫米	**载弹**：200发
炮口初速：720米/秒	**射速**：3000发/分～3400发/分
弹重：50千克	

★阿富汗战场后方，苏军地勤人员正在维护米－24直升机上的GSh－23L型航炮。

Gsh－23L型航炮是苏联1965年根据"加斯特"法则研制而成的23毫米双管航炮。"加斯特"法则的基本原理，是在航炮的两个炮管中的一个炮管发射炮弹时，其后坐力通过一个杠杆装置来带动另一个炮管装填及发射炮弹，如此循环往复地发射炮弹。这种设计的好处不言而喻，结构简单紧凑，可靠性高，并且有非常高的射速，甚至远远超过了一些结构复杂的重型转管航炮。它的射速大约为3000发/分，虽然相当于6管23毫米航炮的50%～60%，但其实也不算慢了。

Gsh－23L型航炮安装不受限制，可以被安装在米－24机身中部下方的GP－9炮塔内，也可以被安装在UPK－23炮塔内，并挂在飞机的外挂点上。俗话说，有实力才有魅力。

Gsh－23L型航炮汇集了如此多的优点，难怪它曾经被米格－21、米格－23、米格－27等多种战斗机使用。

◎ 扬名立威：Gsh-23L型航炮火力超强

作为攻击直升机，米－24具有速度快、爬升好、载重大、火力强、装甲厚的特点，不仅可以提供直接的强大火力支援，还可以运载突击分队或护送伤员。

米－24挂载的30毫米自动榴弹吊舱和Gsh－23L型23毫米航炮吊舱效果不好，精度太差，振动太大，重量也太大，飞行员不喜欢用。

但是，如果在400米以内时，具有很高的初速的Gsh-23L双管航炮被认为具有致命性的杀伤能力，因为航炮炮弹会穿过建筑物的土墙在室内爆炸，有时候它的大威力甚至能一举击毁坦克。所以，用在防身和近距离打击地面目标上，Gsh-23L型机炮是绰绰有余的。

米-24问世后的20多年里经历了30多场战争，从非洲的安哥拉，到南美的尼加拉瓜；从欧洲的波黑，到中亚的车臣，历史上很少作战飞机具有比米-24更丰富的战斗经历，因此，可以说它大概是世界上战斗经验最丰富的武装直升机了。但米-24最辉煌的战绩，无疑是在阿富汗。阿富汗多山，经常需要控制制高点；地面交通不便，对手是神出鬼没的游击队，直升机成了作战行动的不二选择。就像越南是美国的直升机战场一样，阿富汗成了苏联的直升机战场。在苏军入侵阿富汗之前，米-24已经在阿富汗投入战斗。米-24在阿富汗承担了33%的"计划中"的攻击任务。

米-24在阿富汗的作战最具代表性，也最具影响力，也使它名扬天下。米-35是米-24W直升机的改进型，主要用于出口。1989年2月，在埃塞俄比亚冲突中，Gsh-23L双管航炮开始被用于反坦克作战，并且取得了巨大成功。一次，一个沿峡谷行驶的叛军装甲车队被两架米-35发现，米-35利用航炮猛烈射击，结果击毁了8辆坦克。

★装备Gsh-23L型航炮的米-24武装直升机

战事回响

🎧 被忘却的武器——重型航炮

二战后，虽然重型航炮因空空导弹的出现而逐渐被淘汰，从而被人们所忘却，但是历史上，许多国家都进行过重型航炮的探索与尝试。而重型航炮也曾在战场上发挥过它的作用。

最早被用做机载武器使用的大口径航炮是法国哈奇开斯37毫米/47毫米火炮。

37毫米炮生产数量十分巨大，主要包括长管型和短管型。数百架法国空军飞机在一战期间装备了由这种火炮改进而来的37毫米大口径航炮，主要是单发的布雷盖-5和瓦赞-5，其中瓦赞-5是1915年服役的双翼单发轻型轰炸机，除了安装1门37毫米航炮外，还可携带60千克炸弹。由于哈奇开斯37毫米航炮采用手动装填，因此射速极低，在相对位置瞬息万变的空战中几乎完全没有用，法国空军无奈之下将其用于对地攻击。

法国人在一战期间发现了机载大口径火炮的新用途：反潜。一战期间的飞机一般速度比较缓慢，反潜方式主要是俯冲投弹攻击，因此被追踪的潜艇来得及在飞机俯冲投弹前迅

★37毫米哈奇开斯航炮

★英国二战时期使用的几种40毫米炮弹，其中左起第二个为S型航炮炮弹。

速下潜，脱离其攻击范围。如果在反潜机上装备大口径航炮，则载机即可拥有直瞄打击火力，大大扩展了飞机的攻击距离。法国人迅速将这一理论付诸实践，其顶峰是"远洋水上飞机"，这种大型水上飞机拥有4名机组成员，最大留空时间可达8小时，机上装备2挺机枪、120千克炸弹和一门75毫米航炮（携弹量为30发）。该型飞机最终停留在原型机阶段，并未进入空军服役，但法国空军显然没有完全放弃大口径航炮反潜的思想，1920年～1922年，这架安装了75毫米炮的TellierT.7飞机作为75毫米航炮的测试平台进行了一系列实验。

同一时期，英国方面也对大口径武器用于航空领域产生了兴趣，皇家空军在这方面进行了大量实验。大口径航炮主要用来攻击防空气球和飞艇，偶尔也被用于对地攻击。

　　20世纪30年代，英国皇家空军的空战研究得出结论：单发两磅重的炮弹就可以给大部分的飞机造成严重的破坏。这一指导思想导致了1938年的VickersS型40毫米航炮的诞生，这种航炮是基于高射炮的设计经验，但炮弹来自海军的两磅重的高射炮弹。需要强调的是，这不同于威力更大的陆军的两磅反坦克弹或40毫米的博福斯高射炮弹。罗尔斯·罗伊斯公司也生产了重型航炮，使用相同的炮弹，但因性能低下，英国皇家空军并没有使用。

　　英国皇家空军最初的计划是使用更大的炮弹，配合测距仪和预警设备，使轰炸机能在远距离与战斗机交火。为此，威灵顿轰炸机改装了炮塔。但当改装完成时，战争的需要使得计划发生了改变，S型航炮被用在了别的领域。

　　二战初期，法国的战败使得对坦克的攻击武器变得日益重要，因为轰炸机不能实现精确攻击，所以S型航炮成了不错的选择。因为飞机在攻击地面目标时，一般在很近的距离开火，所以它的相对低的发射速率仍可接受。为此还开发了特殊的炮弹：能在400米外击穿2英寸装甲板的穿甲弹（虽然通常的攻击距离是150米），之后于1942开发的3磅炮弹使穿甲厚度提高了9%。

　　1941年夏，S型航炮被安装在一架"野马"战斗机上，完成了空中火力试验。之后，两门各有15发炮弹的S型航炮装在了"飓风"战斗机上，另有两门勃朗宁0.303英寸口径的

★蚊式轰炸机的机鼻位置安装的57毫米莫林斯航炮

机关枪用来校准。装备了航炮的"飓风"式战斗机的第6飞行中队参加了在1942年5月至1943年5月的北非战争，1943年11月这种飞机也被用在远东战场。

这些航炮被证明是十分可靠且精确的，甚至超过了之后取代它们的火箭弹。但这些没有厚重装甲保护的飞机极易受地面炮火的攻击，同时它们也不能与敌人的战斗机抗衡，更不用说"虎"式坦克了。即使如此，第6飞行中队仍击中了144辆坦克（其中有47辆被毁坏）和177辆其他车辆。在远东战场，"飓风"战斗机则主要使用高爆弹来对付公路及水上运输。

而令人失望的是，S型航炮没有被英国皇家空军选中，最后只生产了602门，就被6磅炮弹的莫林斯（Molins）航炮取代。

莫林斯航炮有一段曲折的发展历史。1942年陆军要求发展一种使用6磅炮弹的反坦克炮自动装弹机，莫林斯公司接手了该计划。虽然该公司之前只生产自动机械，而从没有生产过军械，但他们只用了5个月就完成了。但这时"虎"式坦克的出现使得陆军认为6磅炮弹不足以对付其装甲，所以取消了该计划。

不屈不挠的莫林斯公司继续发展这种航炮，英国皇家空军在1943年订购了36门，用于将蚊式轰炸机改装成反坦克攻击机。7月，总共有27架蚊式轰炸机经过改装并装载了这种航炮。但之后计划又有变化，这些蚊式轰炸机被转交给了海岸司令部，用于反舰及反潜任务，其间航炮的表现十分出色。

★一架装有大口径航炮的德军Ju87G轰炸机

★装备有大威力37毫米航炮的美国陆军航空队的P-39战机

英国皇家空军不是唯一使用大口径航炮的，法国在一战中也使用过37毫米及更大口径的航炮，但在二战期间便没有继续发展。

美国陆军航空队也是大口径航炮的热烈拥护者，有相当多的飞机装有37毫米的M4/M9，但其中最著名的莫过贝尔的P-39"眼镜飞蛇"和P-63"眼镜王蛇"，它们的航炮被安装在螺旋桨的桨毂中间，这样就大大提高了射击精度。讽刺的是，这些飞机的战绩主要是在苏联取得的，因为美国向苏联提供了大量的此类飞机，并主要被用于对地攻击。之后改进的75毫米航炮（也叫M4）被装在某些型号的B-25上，主要用来在远东攻击货船。

苏联人同样是对地攻击的强力支持者，他们设计了一种火力强大、装甲厚重的飞机——伊留申的伊-2。因为20毫米航炮已很难对付德军的装甲车辆，伊-2换装了威力更大的32毫米VYa航炮，它可以发射更大更高速的炮弹（比战后大量苏联飞机上使用的Gsh-23L航炮的23毫米×115毫米炮弹更大）。

1942年，37毫米NS-37投入使用（比战后使用在喷气机上的N-37威力更大），之后45毫米，甚至57毫米口径的航炮相继被开发出来。Yak-9K就有一门可以从桨毂中间发射的45毫米反坦克航炮。

毫无疑问，德国人设计制造了更多的大口径航炮。二战初期，30毫米MK101/MK103和37毫米BK3.7（由Flak18高射炮改进而来）被用做地面攻击武器，装有这些航炮的亨舍尔Ju87G和Ju88P轰炸机被大量使用在东线。之后德军又装备了威力更大的改进型反坦克炮：BK5和BK7.5。此外，德军在空战中也使用了这些航炮，用来反击装甲厚重的轰炸机。

第十一章

11 舰炮

昔日的镇海神器

⊙ 沙场点兵: 海军昔日兵器之王

舰炮是一种以水面舰艇为载体的火炮。舰炮自问世起直到第二次世界大战前，都是海军舰艇的主要攻击武器，也是决定海战胜负的关键武器。历史上的舰炮曾起着无与伦比的作用，其威力主要表现在三方面：

第一，水面作战。对敌舰船进行有效打击，从几百米到几万米的有效射程内，进行船舷单边齐射。一般对战列舰，采用加强穿甲弹，对航空母舰采用重型燃烧弹。

第二，对岸作战。对岸基进行有效的支援，特别用于抢滩时，舰炮对岸基防御进行有效的破坏。

第三，对空作战。对空中飞行目标进行打击，当舰炮仰角提升至70度，舰炮采用燃烧复合弹，对敌机产生强有力的恐吓作用和打击能力。

随着科学技术的一步步发展，舰炮作为传统的武器也在一步步革新，传统的"大炮巨舰"主义时代，是以舰炮口径大小，炮台数量来评定战列舰的等级。

而如今，舰炮的巨大口径已经一去不复返，取而代之的是速射能力，近程打击能力，以及维护能力和升级能力更强的口径较小的舰炮。"大炮巨舰"时代的大口径舰炮已经被制导导弹所取代。

当代舰艇将导弹作为主要攻击武器，在各型驱逐舰、护卫舰，都已配属各型导弹，按所防空间，划分为防空、对舰、对潜类型；按距离的远近，又可分为远程、中程和近程。

在这些高精尖武器之外，每艘军舰一定配备舰炮。只是这些舰炮已经不再像20世纪30、40年代那样，拥有从座舰炮，口径各异了，一般也只配备一座主舰炮，以及数座近程防空舰炮。常见的主舰炮为100毫米、70毫米等型号，而近程防空炮则为37毫米和30毫米两类。100毫米或70毫米的主舰炮，用于中远程攻击，其攻击距离一般在20000米左右，而37毫米和30毫米的防空火炮，则是近程反导弹火炮，是用来拦截对舰导弹。

由于科技的进步，如今的舰艇所配属的舰炮都已经是自动化，包括自动装填、自动瞄准与开火等。

⊙ 兵器传奇: 永不沉没的舰炮

舰炮这一古老的常规舰载兵器，作为执行海上作战任务的一种热兵器，是14世纪最早用于战船上的原始白炮。到16世纪初，舰炮得到了进一步发展。到19世纪30年代，战船上已装有200毫米～220毫米轰击炮，在1853年锡诺普海战中首次使用。一直到20世纪30年代，舰炮都是海战中夺取制海权的主战兵器。

1905年的日俄海战把"大舰巨炮"致胜理论和战列舰主宰海洋理论推向了新阶段。自此，拥有战列舰的多少和主炮口径的大小，就成了衡量海军战斗力的标志、国家实力的象征。到1908年，英美法德日俄意奥等八国战列舰总数就达166艘。

到20世纪20年代，"大舰巨炮"步入鼎盛的发展时期，以至于水鱼雷的出现并没有撼动舰炮作为海战主战兵器的地位。第一次世界大战期间，1916年的日德兰海战，成为了"大舰巨炮"的海战经典之战。

而到了第二次世界大战，载满舰载机的航母已经取代以大口径火炮为主要作战兵器的战列舰，成为海上作战新的霸主，舰炮的作用已经大大下降。但是仍然出现少数超级战列舰。例如：日本"大和"号与"武藏"号战列舰。

舰炮在海战中的地位与作用，可以从两次世界大战中击沉大中型水面作战舰艇的比例中得到证实：在几种海战兵器里，舰炮在第一次世界大战中击沉的大中型水面舰艇占被击沉总数的29%左右，而在第二次世界大战中占被击沉击伤舰艇的19%左右。

20世纪60年代，反舰导弹的出现，以及接踵而至的舰空导弹和巡航导弹等精确制导武器的大量应用，使舰炮武器面临有史以来最大的一次挑战。于是，一场关于海军舰艇上还要不要装炮，以及装什么炮的争论日益激烈起来。

★第一次世界大战期间的"大舰巨炮"

在这种环境下，舰炮度过了它的"低谷"时期。在经过了众多次的实战检验之后，舰炮的不可替代性得到了重新确立。

在1982年的英阿马岛海战期间，英国MK8型114毫米舰炮共发射了包括诱饵弹在内的8000余发炮弹，有效地打击了阿根廷的空中和地面有生力量。据英国司令部白皮书记载，由MK8型114毫米舰炮击落了7架阿根廷飞机。

在1991年海湾战争期间，美国动用了2艘"衣阿华"级战列舰"密苏里"号和"威斯康星"号，使用舰上的406毫米超大口径舰炮连续数日对伊拉克军队部署在滨海地区的军事目标进行了猛烈的轰击，共发射100余发炮弹，弹丸重量总计一百余吨。摧毁了伊军的岸防导弹阵地、岸炮阵地、雷达站、指挥所等多处军事目标，使伊军遭受重大损失。

20世纪后期，随着电子技术、计算机技术、激光技术、新材料的广泛应用，形成由搜索雷达、跟踪雷达、光电跟踪仪、指挥仪等火控系统和舰炮组成的舰炮武器系统。制导炮弹的发明，脱壳穿甲弹、预制破片弹、近炸引信等的出现，又使舰炮武器系统兼有精确制导、覆盖面大和持续发射等优点，成为舰艇末端防御的主要手段之一。

慧眼鉴兵：宝刀未老的当代舰炮

根据不同的分类标准，舰炮可分为多个种类。按担负的任务可分为主炮和副炮。按射击对象可分为平射炮和高射炮。按自动化程度可分为自动炮、半自动炮和非自动炮。按装置特点可分为炮塔炮、甲板炮塔炮和甲板炮。按炮管数可分为单管炮、双管炮和多管联装炮。按外形可分为全封闭式炮、护板式炮和暴露式炮。

在当代，大多数国家海军对舰炮通常采用以口径分类的做法。通常把76毫米以下称为小口径舰炮，76～130毫米称为中口径舰炮，130毫米以上称为大口径舰炮。

大中口径舰炮主要作为当代舰艇的主炮，通常为加

★中口径的美国MK45型127毫米舰炮

农炮，身管长度一般为40倍口径以上，特点是弹丸初速高、弹道平直、射程较远；可多管联装、结构紧凑；火炮射界大、射速较高；操作灵活，破坏威力大。典型的大中口径舰炮有美国的MK45型127毫米舰炮、意大利的"奥托"系列舰炮、法国紧凑型100毫米舰炮、俄罗斯的AK130型130毫米双联装舰炮、中国的100毫米双管舰炮等。当代舰艇的小口径舰炮口径在76毫米以下，虽然没有大中口径舰炮的巨大威力。它们反应快速、发射率高，与导弹武器配合，可遂行对空防御、对水面舰艇作战、拦截掠海导弹和对岸火力支援等多种任务，成为了现代舰艇的傍身武器。

当代水面舰艇，不论是大舰还是小型巡逻艇、登陆艇、扫雷艇等都装有舰炮，但不一定都装有导弹。新技术的应用、舰炮技术的创新、弹药技术的发展都为舰炮的发展注入了新的活力。舰炮射击近限小，价格低廉、储弹多、射击持续性好、反应快速等特点是导弹难以比肩的。特别是在信息战、电子战的干扰或"病毒"侵入的情况下，导弹是无法使用的，而舰炮则可靠光学控制继续使用，这在海湾战争中已获得证明。

所以，作为舰载武器系统的终端执行武器，不论是海、陆、空，还是加上天电的立体化战争，不论是前端的信息战与电子战，从对海、对岸、对空三个主体方面而言，舰炮都具有无法替代的作用。

舰炮之尊
——日本"大和"级战列舰460毫米联装炮

⊘ 炮尊出世：460毫米炮乃世界之最

自20世纪30年代初期，已经跻身于世界海军强国之列的日本开始在太平洋地区向美国的太平洋霸主地位挑战。

1934年1月，日本修改国防方针时，正式把美国列为假想敌。1936年6月再一次修改国防方针时，明确提出对美截击战略。日本帝国海军为确保在西太平洋地区对美作战的战略时，开战初期即须消灭美远东海上主力，摧毁或者夺取美海军赖以活动的基地，进而歼灭由美本土前来增援的舰队。为此，日海军选择小笠原群岛以西海域作为预定海上决战战场，并组建以战列舰为核心的海上打击力量，在海上截击美国舰艇编队，在此作战指导思想下，日海军认为，无法在战舰的数量方面，同美海军抗衡，因而企图以单艘战列舰的威力优势来抵消美海军在数量上的优越地位。与此同时日本与英美等国在伦敦海军会议上限制海军军备的谈判正在逐渐趋向破裂。1936年，日本拒绝在新的《伦敦海军条约》上签字。1937年确定建造3艘大和级战列舰，这就是"大和"号和"武藏"号，中途岛海战后，日本决定将正在建造的第三艘大和级战列舰"信浓"号改建为航空母舰。

日本是一个工业基础相对薄弱、资源匮乏的国家，日本在战舰数量上根本不可能与工业基础雄厚、资源丰富的美国竞争。日本海军预计，美国海军建造的战列舰艇宽度由于巴拿马运河的限制，将搭载406毫米（16英寸）口径舰炮。按照其明治时代以来"数量不足，质量弥补"的方针，日本海军开始准备建造搭载460毫米口径主炮的超级战列舰。

日本早在1916年就试制过460毫米口径舰炮，1920年又制造过480毫米口径火炮，具有一定的经验。1934年10月，日本海军军令部对海军舰政本部正式下达了新式战列舰的设计任务，要求新舰装备460毫米口径主炮8门以上，155毫米口径副炮12门（四座三联装），或者200毫米副炮8门（四座双联装），最高航速30节以上，舰体防御装甲能够承受自身主炮在20000～35000米距离上的打击。由舰政本部第四部福田启二大佐负责整体设计，由平贺让造船中将负责技术指导，从1935年3月10日至1936年7月20日，先后提出23个设计方案（A-140—A-140F5）。最初的A-140方案，新战列舰正常排水量69500吨，长294米，主机输出功率20万轴马力，最高航速31节，续航力8000海里/18节，3座3联装9门460毫米主炮和英国的纳尔逊级战列舰布局一样，集中配属在前甲板。最终，日本海军决定采用了两座

★"大和"号战列舰后甲板上安装的一座460毫米三联装主炮，炮塔右炮位最大仰角达到+45度。

★"大和"级战列舰"大和"号

三联装主炮塔配属在前甲板，1座三联装主炮塔配属在后甲板的设计。被认为是最佳的战列舰主炮配属方式。

在新舰的各种设计方案中，动力装置都计划要使用蒸汽轮机和柴油机并用的混合动力。由于日本海军安装了柴油机的大鲸号潜艇母舰故障率较高，最后放弃了这一计划，在最终的A-140F5方案中只采用蒸汽轮机。

日本海军在1937年制订了军备补充计划（即03计划），正式决定建造2艘A-140F5号方案舰（当时称为1号舰和2号舰）。1937年11月4日，1号舰开始在吴海军工厂动工建造。

日本造船水平自明治维新以来不断提高，到了昭和时代，日本已经成为世界造船大国之一，但是日本岛国资源贫乏，科技实力与英美仍存在相当的差距，而且还处在战争条件下（1937年7月7日日本发动了全面侵华战争），日本仍然不惜代价建造空前强大的战列舰。日本耗费巨资为其造船工业增添大量新式设备，从德国购进了15000吨水压机以及3台70吨酸性平炉，从而能够制造出包括650毫米厚装甲钢板（在内的大型锻造件，并且特意将吴海军工厂的船坞加深了1米）。

在制造主炮时，日本遇到的一个重大难题便是如何保证高膛压条件下主炮炮身能具备足够的强度。1920年试制的480毫米舰炮便是由于强度不足而在试射中报废，460毫米舰炮在减装药的情况下勉强通过试射。吴海军工厂舰炮部采用了新的火炮自紧技术。通过内压增强炮身的强度。用这样的方法制造出来的炮身在试射中取得了成功，其身管寿命达200～250发。

1939年5月～10月，1号舰锅炉安装完毕。9月～11月，主机安装完毕。

1940年7月15日，1号舰被命名为"大和"，这个名字来自古代日本畿内五国的大和国，也是日本人对自身民族的称呼。1940年8月8日"大和"号下水。建造中的"大和"为了保密，造船厂执行着严谨的机密管制，在能俯视造船厂的地方都加上围板。

下水后的"大和"舰开始舾装工程，到1941年7月，该舰主炮已经安装完毕。从10月

★ "武藏"号(近处)与"大和"号(远处)是"大和"级战列舰仅有的两艘同级舰，它们各装有9门460毫米口径主炮。

16日起，"大和"舰开始试航，10月22日，在宿毛湾以153，553轴马力的动力输出达到了27.46节的航行速度，试航获得成功。11月1日，"大和"舰首任舰长高柳仪八海军大佐到任。12月7日，"大和"舰进行了首次主炮射击（主炮开火的声音连海边城市里的居民都听到了）。同时，日本联合舰队派出以6艘航空母舰为核心的舰队向美国夏威夷进发，在12月8日凌晨（当地时间为12月7日），这6艘航空母舰上起飞的舰载机突袭了美国太平洋舰队的基地珍珠港。这一行动宣告太平洋战争爆发，在这一天，"大和"舰结束了试航。

　　1941年12月16日，"大和"舰正式竣工，入吴镇守府船籍，并被编入日本联合舰队。

🚫 独门秘籍：巨型主炮闻名于世

　　"大和"号以其巨型主炮闻名于世。三联装主炮三座，两座三联装炮塔配属在前甲板，一座三联装炮塔配属在后甲板。

　　当时日海军对主炮口径保密，称为九四式身长45倍口径的400毫米炮，实际是460毫米。主炮炮塔的旋回部的重量约2700吨，相当于日海军"秋月"级驱逐舰的排水量。炮塔防护盾的装甲很厚：前面650毫米，侧面250毫米，顶部270毫米，底座两侧560毫米。炮塔后部装有长15米的测距仪，炮塔两侧前面及顶部前面均装有潜望镜式瞄准镜。

　　炮塔的俯仰角是+45度～-5度，火炮装填炮弹时，固定在+3度，俯仰速度每秒8度，炮塔旋回一周3分钟。发射速度1.8发/分；最大射程42000米，需飞行90秒。炮弹基数每门炮100发，每发炮弹装药量330千克，扬弹速度每发6秒，装弹机械化。3座主炮样式相同，都是由吴海军工厂的舰炮部负责研制的。9门主炮若指向一舷射击，其后坐力达8000吨。发射时冲击波也很强，为此日舰船设计部门煞费苦心。

★1941年9月，日本某造船厂，"大和"级战列舰首舰"大和"号的舾装工程正在进行中。

副炮有三联装155毫米炮4座，分别设在上层结构的前后及舰的两舷。这些副炮是从最上级重巡洋舰改装时拆卸下来的主炮。此外，还装有127毫米高射炮以及25毫米机关炮。

🚫 出师不利，"大和"号自取灭亡

1942年2月12日，"大和"号接替"长门"号战列舰成为日本联合舰队旗舰。日本海军对它的期望值很大，将其当做最后决战的王牌未经许可联合舰队不得轻易动用。然而，太平洋战争期间在美航空母舰特混舰队的打击下，"大和"号几乎无所作为。虽然威力强大但却生不逢时。

1942年6月，"大和"号作为联合舰队旗舰参加了中途岛海战出师受挫，四艘航空母舰全军覆没，而"大和"号则在三百海里以外无所事事。8月17日，"大和"号再次出港，这次的任务是支援对所罗门群岛方面作战。但该舰到达特鲁克群岛后，只是待在港里很少出战。1943年2月11日，"大和"号的姊妹舰"武藏"接替"大和"号成为新的联合舰队旗舰。5月8日，"大和"号离开了特鲁克回到吴港入坞修理了3个月，又于8月23日回到特鲁克。其后一些日子里，该舰被指派去向一些岛屿上的日军运送物资和补充兵员。

1943年12月25日，"大和"号在特鲁克附近遭到美国潜艇的鱼雷攻击，战舰右舷第165号肋骨（第3号主炮塔附近）被一发鱼雷命中，进水约3000吨。受损后的"大和"号加速撤离了这一海域。1944年1月16日，"大和"号再次回到吴港入坞修理，出于防雷的考虑，在其舷侧水线以下的防水区域内增设了一层呈45度倾角、厚6毫米的钢板。同时进行改装提高防空能力，战列舰舷侧的2座155毫米炮塔被拆除，加装6座127毫米双联装高射炮，25毫米高射炮数则增至98门。同时舰上还装上了警戒雷达。1944年4月10日，"大和"号的修理及改装工程结束。

1944年6月，"大和"号参加了马里亚纳海战。联合舰队把拥有"大和"号、"武藏"号战列舰的第二舰队编入第1机动舰队，为航空母舰提供掩护，在这场航空母舰大战中，第1机动舰队损失惨重。"大和"号第一次用主炮向来袭的美国飞机发射3式对空炮弹。

1944年10月22日包括"大和"号，"武藏"号等5艘战列舰，12艘巡洋舰，14艘驱逐舰的第二舰队参加莱特湾海战。10月24日，进入莱特岛东北的锡布延海遭到美国海军第3舰队航母舰载机的猛烈空袭。在战斗中，"大和"号的姊妹舰"武藏"号被击沉。"大和"号仅在前甲板被美机投中一颗炸弹。10月25日晨，在萨沃岛附近，第二舰队发现美舰。"大和"号的460毫米主炮在32000米距离上对美舰开火。烟幕和雨幕、空袭以及美国

★锡布延海海战中，"大和"号战列舰第一炮塔中弹。

驱逐舰的攻击行动干扰了"大和"号的射击。中午时分，开始回撤。1944年11月24日，"大和"号返回日本本土吴港。

1945年3月26日，美军开始实施冲绳岛登陆战。日本企图出动包括"大和"号在内的水面舰艇舰队支援冲绳日军的作战。4月5日，军令部正式下达了"大和"号自杀性出击作战的"天一号作战"命令，1945年4月6日，以"大和"号为旗舰的第2舰队10艘军舰（还有1艘巡洋舰及8艘驱逐舰）在伊藤整一海军中将的指挥下，从濑户内海西部的德山锚地起航。

4月7日凌晨，美国潜艇在九州岛西南海面发现了这支舰队。12时31分，美国海军发出的第一个攻击波，美国飞机集中攻击"大和"号左舷，有4枚炸弹落到了"大和"号第3号主炮塔附近，其中2枚225千克炸弹穿透了后部主甲板爆炸，将战舰后部的155毫米副炮和预备射击指挥所炸毁。12时43分，大和舰左舷前部被1发鱼雷命中，"大和"号航速降至22节。13时35分，美军第二攻击波飞机到达。13时37分，"大和"号舰体左舷中部被3枚鱼雷命中（分别命中143、124、131号肋骨），使其舰体左倾达7度—8度。几乎与此同时，由于美机投下的一枚450千克重的航空炸弹炸毁了"大和"号排水阀门，使该舰无法进行排水作业，舰长下令向右舷舱室对称注水以恢复舰体平衡，航速降至18节。13时44分，左舷中部又被2枚鱼雷命中，使左倾增加到15-16度，这使该舰的大口径高射炮无法使用。14时01分，美机3颗航空炸弹击中左舷中部。14时07分，一枚鱼雷还击中右舷150号船肋。14时12分，大和舰左舷中部和后部又被2枚鱼雷命中，舰体倾斜达16-18度。由于右舷

★"天一号作战"行动中日军"大和"号战列舰被美军飞机重创并最终沉没前发生的大爆炸场面

注排水区已经注满水，只能继续往机械室、休息室和锅炉舱里注水。14时15分，大和舰左舷再中1雷，航速渐渐减至7节。舰长被迫发出了弃舰令。

14时23分，大和舰突然发生主炮弹药库大爆炸，葬身海底，全舰2498名官兵（连同司令部人员共有2767人）中仅有269人获救（另有7名司令部人员获救），其沉没地点在日本九州岛西南，德之岛西北，东经128度04分，北纬30度43分。

"大和"级战列舰的460毫米联装炮，同"大和"号一样生不逢时，也生不逢处。作为二战时期日军的主力王牌战舰上的主火炮，还没来得及在战场上显露它的威力，就被派去执行自杀式出击作战的任务，从而被美军发现并击沉。最终，460毫米舰炮同"大和"号一起退出了战争，告别了火炮硝烟的海面，沉寂于黑暗的海底世界之中……

世界上威力最大的舰炮
——MK7舰炮

◎ 威力最大的舰炮：MK7型舰炮

MK7型舰炮是世界上威力最大的舰炮，全称MK716英寸50倍舰炮，是美国"衣阿华"级战列舰的主炮。

美国海军军备局在设计"衣阿华"级战列舰时，原本计划使用装备在"南达科他"级战列舰的MK216英寸50倍舰炮，但是海军军备局决定"衣阿华"级战列舰要装配更轻、更紧致的全新三联装炮塔，MK2舰炮过于庞大无法装进新式炮塔，于是发展MK7舰炮装置于新式炮塔。

1939年，MK716英寸50倍舰炮设计完成。1943年，它服役于"衣阿华"级战列舰（BB-61）及"蒙大拿"级战列舰（BB-67）。

◎ 口径巨大：炮弹杀伤力强

MK7型舰炮最大的特点是采用50倍的口径，炮口初速很快，达到了炮口初速820米/秒。

MK7型舰炮采用杀伤力很强大的Mark5炮弹，后来用于科罗拉多级战列舰的MK516英寸45倍径舰炮上，以取代原本使用较轻的Mark3炮弹（957.1千克）。

MK7舰炮原本打算要使用较轻的1016千克Mark5穿甲弹来射击，不过本炮填弹系统

★ MK716英寸50倍舰炮性能参数 ★

口径： 406毫米	**膛线浅深：** 3.81毫米
战斗全重： 121.519吨	**炮口初速：** 820米/秒
身管长： 20.73米	**射速：** 2发/分
内膛长： 20.32米	**射程：** 38.059千米
膛线长： 17.35米	**弹重：** 300千克

还是重新设计，改用1225千克Mark8超重型穿甲炮弹，使得在"衣阿华"级战列舰以前的各型战舰火力都被比了下去，后来日本帝国海军的"大和"级战列舰以460毫米45倍径94式舰炮火力超越MK7406毫米舰炮，成为世界第一战舰主炮，但据后世分析二者射击穿甲性能，似乎MK7舰炮仍较胜一筹。

"北卡罗来纳"级战列舰与"南达科他级"战列舰的MK616英寸45倍径舰炮也像MK7舰炮一样射击Mark82700磅炮弹，但射程较短。MK6舰炮因重量较轻，使得"北卡罗来纳"级战列舰与"南达科他"级战列舰（1939年型）可以符合华盛顿海军条约限制。

由于可以射击较重的2700磅炮弹，所以MK7舰炮虽然重量约只有"大和"号94式舰炮的3/4，但威力与94式舰炮几乎相同。使用Mark8超重炮弹，使得"衣阿华"级、"南达科他"级

★美国海军"依阿华"级战列舰上安装的MK7型舰炮M716英寸50倍舰炮

★在陆地上进行试验的MK7型舰炮

与"北卡罗来纳"级战列舰在所有战列舰中有最厚重的船舷，因此可以抵挡94式舰炮的恐怖威力，这也是"南达科他"级与"北卡罗来纳"级这些条约规范船舰当初的主要考量。

舰炮王者
——美国MK45型127毫米舰炮

⊘ 扬长避短：舰炮王者为改进而生

20世纪50年代，世界舰载武器装备以出现新型导弹为标志呈现出新的发展趋势。导弹由于攻击威力大、命中精度高、作战距离远而倍受青睐。相比之下，舰炮在对付空中高速目标以及远距离作战方面暴露出诸多不足而遭受冷落，甚至有些水面舰艇在改装时，拆掉舰炮，换上了导弹。

在这样的背景下，美国FMC公司北方军械部于1964年在MK42型127毫米舰炮的基础上开始改进研制MK45型127毫米舰炮。当时，研制该型舰炮的出发点是扬长避短。虽然舰炮在射程、速度、命中精度等方面已明显不及导弹，但是较大口径的舰炮在两栖登陆战中，是较有效的对岸火力支援武器。

20世纪70年代初，MK45型127毫米舰炮正式服役。澳大利亚海军"ANZAC"级护卫舰（MK45-2）、巴西海军巡逻艇（MK45-1）、希腊海军"MEKO200HN"级护卫舰（MK45-2）、新西兰海军"ANZAC"级护卫舰（MK45-2）都装备MK45型127毫米舰炮。

美国海军"提康德罗加"、"弗吉尼亚"、"加利福尼亚"级巡洋舰，"阿里·伯克"、"斯普鲁恩斯"、"基德"级驱逐舰、"塔拉瓦"级两栖攻击舰也装备MK45型127毫米舰炮。

水准一流：性能先进的MK45舰炮

MK45型127毫米舰炮的最大秘籍就是机动性强、自动化程度高、可靠性尚高，是一款性能先进的舰炮。

MK45型127毫米舰炮具有长时间连续射击、投弹量大等优点，能有力地炮轰岸防的固定地面目标。因此，考虑到MK42型舰炮存在重量笨重、自动化程度低、可靠性尚不高等

★可以连续射击的MK45型127毫米舰炮

★ MK4型127毫米舰炮性能参数 ★

口径：127毫米	最大射程：35千米（火箭增程弹）
战斗全重：22吨	俯仰范围：-15度～+65度
身管长：6.858米（54倍口径）	旋回范围：-170度～+170度
炮口初速：807米/秒	高低瞄准速度：20度/秒
射速：20发/分	方向瞄准速度：30度/秒
弹重：31.75千克	乘员：6人（一名炮长、一名控制
射程：24千米（对海）、15千米（对空）	台操作员、四名弹药装填手）

缺点，不能满足新的作战需求，在设计MK45型时，重点是减轻重量、提高可靠性、易于维修、减少操作人员。研制成功的MK45型舰炮重量仅有22.5吨，操作人员减少到6人，机械结构也有所简化，提高了可靠性，更便于维修，但发射率则降低到20发/分。

美国MK45型127毫米舰炮发射普通榴弹时最大射程为24千米，当使用火箭增程弹后可达35千米。

⊘ 不断改进：MK45型越来越强

1977年，美国FMC公司开始对MK45型127毫米舰炮进行了第一次改进。改进后的MK45-1型127毫米舰炮增加了自动选弹功能，它能够发射6种不同炮弹。这些炮弹有：薄壁爆破榴弹（HC）、黄磷烟幕弹（WP）、照明弹（SS）、照明弹2（SS2）、高杀伤破片榴弹（HF）、半主动激光制导炮弹（SALGP）、红外制导炮弹（IRGP）。引信包括：机械时间引信（MT）、可控时间引信（CVT）、弹头起爆引信（PD）、弹头起爆延时引信（PPD）、红外引信（IR）、近炸或可变时间引信（VT）、电子可调引信（EST）。火药有：标准装药/减装药、增装药、制导炮弹装药。MK45-1型127毫米舰炮已能快速方便地选择和发射包括制导炮弹在内的六种炮弹，以完成多重任务。

MK45Mode1型127毫米舰炮在执行某项任务时，可将上述六种炮弹、引信和装药配成六种组合（1号～6号）。如果任务改变，这六种组合可通过MK45Mode1型127毫米舰炮控制台上的功能开关予以变换。在低扬弹机装弹位置上的显示板也标有待装的弹种指令。在MK45-1型127毫米舰炮中，用机械/电子两用引信测合机取代了MK45Mode0型127毫米舰炮中的机械引信测合机。

MK45型127毫米舰炮系统经改进，其性能稳定、工作可靠。

20世纪80年代末，FMC公司对MK45型127毫米舰炮进行了第二次较大的技术改进。改进的重点是提高可靠性、便于维修。它更多地采用了可靠性好的标准部件，如用固态逻辑电路和放大器取代了延时逻辑电路，用封装式固态红外光电管取代了机械开关和白炽光电管；内装的自检仪器可以随时检测出故障及故障部位。如今的MK45-2型127毫米舰炮的日常维修操作已相当简单，通常只需2人。

MK45型127毫米舰炮耐用，即使在海水掠过火炮装置、阵风速度达85—113节之间，结冰速度达152.4毫米/小时的情况下仍能正常工作。MK45型127毫米舰炮工作也极其可靠，舰上试验发射2500发炮弹，只停射三次，即平均无故障发射弹药为862发。

GMOTS系统简化了MK45型127毫米舰炮操作人员的培训程序，MK45型127毫米舰炮独特的GMOTS系统是其他舰炮系统所不具备的。它操作简单灵活，受训人员在操作台上能很快熟悉掌握MK45型127毫米舰炮的操作，避免了过去在人员培训中，必须实际操作舰炮所带来不必要的浪费损耗。

如今，MK45型127毫米舰炮已成为美国海军大、中型水面舰艇上的标准装备。在近40年的服役期间，MK45型127毫米舰炮经历了多次技术改进，发展了Mode0、Mode1、Mode2型和Mode4型等多种型号。

1992年，最后两艘"衣阿华"级战列舰退出现役，该舰上安装的3座三联装406毫米舰

★MK45型舰炮改进的改进型MK45 Mode4型舰炮

炮一直被视为美军海上火力支援的王牌武器，曾在朝鲜战争、越南战争和海湾战争的海上火力支援作战中充当主力。因此，长期以来"衣阿华"级战列舰也成为唯一能够满足美海军陆战队对海上火力支援要求的作战平台。该级舰退役后意味着美军海上火力支援能力出现了空白，打破了"三位一体"（指空中、陆上、海上）对岸火力支援能力的平衡，美军特别是海军陆战队对此十分担忧。为此，美海军、国防部和国会军事委员会就谁来填补"衣阿华"级战列舰退役后海上火力支援形成的空白，进行了多次论证和咨询。

1994年，美海军启动了一个分两个阶段实施的计划：从近期到中期，改进提高MK45型127毫米舰炮，研制增程制导炮弹（ERGM），用于对"阿利·伯克"级驱逐舰改装，以便提升该级舰的海上火力支援能力。远期计划是开展先进舰炮系统的论证研制工作，用这种舰炮系统发射远程对陆攻击炮弹，并作为新型驱逐舰的火力支援系统。

1996年，美国形成了《由海向岸机动作战》研究报告，提出对海上火力支援的主要需求是实现超视距精确打击，对机动部队作战的海上火力支援必须能够完成"迟滞、压制和毁伤"对方目标的三种作战能力。同年，美国海军分别与美国联合防务公司和雷声公司签订了改进MK45Mode4型127毫米舰炮研制合同和ERGM弹药的研制合同。

2002年3月美国提出的《远征机动作战对火力支援的需求》研究报告，又对1996年的报告进行了深化和提升，该报告从近期、中期和远期提出了联合火力打击中对海上

★前甲板上安装了MK45型舰炮的美军"加利福尼亚"级巡洋舰

★美国海军MK45型127毫米口径舰炮射击场面

火力支援的需求。除了量化指标要求外，还提出了诸如全天候火力支援、持续作战能力等要求。

2005年，Mode4型在舰炮结构上作了重大改进，其综合性能有了明显提高。同时，新型弹药及应用技术层出不穷，这使MK45舰炮如虎添翼，作战性能有了极大提高。正在开发的新型弹药有低成本竞争型弹药（LCCM）、BestBuy弹药、Scramshell高性能炮弹、增程制导炮弹（ERGM）、MK172新型子母炮弹及其高能发射装药。应用技术有新型高能材料、末段寻的器技术、信号处理与计算机技术等。

舰炮中的"沙皇"
——AK-630M型6管30毫米舰炮

🚫 最著名的小型舰炮——AK-630M出世

AK-630M舰炮是俄罗斯的一种著名小型舰炮，被大量装备在大中型水面舰艇上，用于近程防御、攻击小型水面目标和漂雷。

冷战时期，为了应付日益严峻的海上、空中威胁，苏联海军决定生产一种新型近程防御舰炮。

★ AK-630M舰炮性能参数 ★

口径：30毫米	高低射界：+85度
炮口初速：880米/秒	方向射界：360度
射速：5000发/分	指挥雷达：MR-123-02炮瞄雷达
射程：5千米	

AK-630M末段防御舰炮系统由俄罗斯图拉仪器制造设计院从60年代开始研制，于60年代中期开始装备苏联海军，逐步取代AK-230型双管30毫米舰炮。该炮的主要任务是防空反导，兼顾对水面舰艇射击。由于该炮的体积小、重量轻、射速高，非常适合吨位较小的舰艇安装。此外，该炮还出口到古巴、东德、印度和波兰等国。

🚫 性能优异：堪称射速最快的舰炮

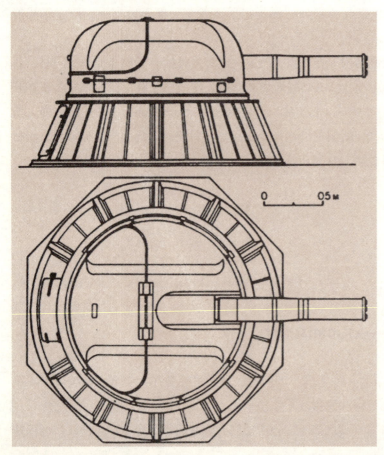

★AK-630M型30毫米6管舰炮两视图

AK-630M拥有6个口径为30毫米的发射炮管，性能在当时来讲，相当先进。它的炮管组在射击时通过利用火药气体的能量不停地逆时针（从后挡板的方向看）旋转，火药气体被依次从每个炮管中导入气体导管，并将往复运动传递给燃气发动机的活塞，再通过后挡板的曲柄连杆机构将这种往复运动转换成炮管组的旋转运动。

AK-630M的30毫米炮弹性能堪称奔跑的最大特点，它集优良的弹道性能与足够的装药量于一身。例如，当炮弹质量为390

★AK-630M型30毫米6管舰炮

克左右时，装药量约为51克。用这种炮弹攻击反舰导弹、飞机、直升机、小尺寸海上目标、漂雷以及有生力量和岸上火力点时都有很高的效能。

　　AK-630M被认为是世界射速最快的舰炮，该炮初速为900米/秒，射速达到5000发/分，射程为5000米，全重达到了1000千克，是一门堪称一绝的近程防御系统，全炮具有射速高、可靠性好、体积小、重量轻等特点。从它的射速、口径、火力和威力来看，其作战效能无疑高于美国的"密集阵"及其他西方的近程防御系统，被认为是当今世界最有效的舰载防御系统之一。

　　此外，AK-630M舰炮的射击控制系统MP-123中有电视跟踪器，该电视跟踪器能观测到千米以内的205型快艇类水上目标和7千米以内的米格-19飞机类空中目标。当雷达损坏时，火炮装置还具有备用的操纵战位，通过带有环形瞄准具的瞄准柱来工作。

　　AK-630M型舰炮系统主要由发射系统、供弹系统、炮架、摇架、炮塔防护罩、随动系统和弹药等部分组成。发射系统采用AO-18型自动机，自动机工作循环借助于舰炮发射时的火药气体能量维持而无须外能源，采用电击发方式和等齐膛线，6根炮管外带有冷却水套，采用循环淡水冷却炮管以提高身管寿命。供弹系统采用弹链供弹方式。炮塔防护罩内充2个大气压的气体起密封作用。随动系统为液压随动系统，弹药配有杀伤爆破燃烧弹和杀伤曳光弹。

　　AK-630M型舰炮采用加特林型转管自动机，由MR-123型火控雷达提供目标指示，可完成对低飞目标的防御任务，成为末段防御的好手。

下一代舰炮
——AGS155毫米舰炮系统

🚫 三位一体：野心勃勃的舰炮计划

从第二次世界大战的诺曼底登陆到20世纪50年代朝鲜战争的仁川登陆，美军屡次将两栖登陆作战作为扭转战争格局的战略手段。20世纪90年代，美军提出了"由海向陆"的军事转型战略，赋予了两栖作战新的战略地位和作战样式。

美国海军根据自身战术需求，制订了一项雄心勃勃的舰炮计划。这就是155毫米先进舰炮系统（以下简称AGS），AGS作为DD（X）驱逐舰的主炮，两座AGS占据了该舰前主甲板的大部分空间位置，这种舰载武器配属模式在美国第二次世界大战后的造船史上极为罕见。不过这也可以看出AGS项目在美国海军中的地位。

在"由海向陆"总体作战思想的指导下，美海军强调对滨海地区的干涉，并与美海军陆战队共同提出了"舰到目标机动"的作战方式。"舰到目标机动"与传统登陆作战模式不同，无须再建立滩头阵地，并部署相应的火力支援、后勤保障以及指挥机构，而是将作战部队从海上基地直接投送至内陆关键目标附近，破坏敌人的防御体系，迅速解决战斗。而AGS正是不可缺少"三位一体（即空中火力、舰载火力、陆战队建制火力）"火力支援之一。"舰到目标机动"大体分为水平超视距登陆、垂直登陆。水平超视距登陆主要装备为气垫登陆艇、水陆两栖装甲车，这些装备将从部署在距海岸46千米（25

★AGS舰炮的发射瞬间

海里）的"海上基地"出发。而现代陆军地炮射程往往超过30千米~40千米，为了实施全程支援、全程打击，AGS应具备76千米（41海里）到117千米（63海里）的火力压制能力。

但由于155毫米新炮需要至少十年的研制周期，所以美国海军将现役的MK45型127毫米舰炮进行升级，即在62倍径身炮管的MK45mode4型舰炮上使用EX-171增程制导弹药（ERGM），但这仅仅是作为一种过渡措施。

⊗ 世界领先：AGS在普通中创造真理

★ AGS155毫米舰炮性能参数 ★

口径：155毫米	**俯仰范围：**–5度~+70度
战斗全重：约95吨	**炮口初速：**825米/秒
身管度：9.61米（62倍口径）	**射速（初始指标）：**10发/分~12发/分
炮塔长：约6.4米（不含身管）	**射速（最终指标）：**12发/分
炮塔宽：约7.6米	**弹重：**100千克
炮塔高：约4.0米	

AGS舰炮主要由火炮、隐身炮塔、供弹系统、自动化弹库、随动系统、电气控制系统和弹药等部分组成。DD（X）驱逐舰对隐身性能提出了相当高的要求，所以AGS采用棱面折射体外形的隐身炮塔、炮管掩埋式结构，平时炮管收放于炮塔前方的隐身箱体内，射击时伸出，这种措施可将炮塔的雷达发射面积降至最低。炮塔尺寸为长约6.4米（不含身管）、宽约7.6米、高约4.0米，AGS火炮重约95吨。

AGS舰炮是一种斜式发射的常规型155毫米舰炮，炮口初能35兆焦耳——36兆焦耳，几乎是127毫米炮的2倍；其炮弹重量是127毫米炮弹的2倍（100千克），炮管长度为62倍口径（9.61米），俯仰范围–5度~+70度，射速初始指标为10发/分~12发/分，最终设计指标为12发/分。AGS舰炮的炮弹初速825米/秒，为了保证能够以10发/分的射速持续发射弹库中的炮弹，AGS采用了火炮身管水冷却系统，身管寿命达到3000发。炮弹储存于甲板下的弹药库中，发射时由自动装弹系统送至炮塔，模块式供弹系统和自动化弹库非常独特。每个弹药模块重2.5吨，内有8个弹丸和8个药筒，所有弹药模块分三层码放在炮位下方的弹药库中。同一层的模块可借助穿梭机平移运送弹夹，通过垂直电梯实现上下移动。正对火炮回转中心下带有提升机，可以将1发弹丸和1个药筒同时提升至炮塔内，由摆弹机将弹丸和药筒同时旋转至俯仰部分。整个供弹过程实现了全自动，可无人操纵。

AGS舰炮的炮弹种类共计3种，一种是反舰使用的制导炮弹，射程为55千米（30海里），弹丸重90千克，装有毫米波雷达，可自主寻的。另一种是廉价的常规炮弹，射程40千米（22海里），弹丸重47千克。而最值得一提的是远程对陆攻击弹药（以下简称LRLAP）。

LRLAP弹药是AGS的王牌，该弹药采用弹丸和药筒分装式结构，结合后全弹长约为2230毫米。弹丸由战斗部、GPSINS制导装置、火箭助推发动机和舵机控制装置等部分组成。发射时的弹丸重量达118千克，战斗部内装药重10.8千克，破片杀伤半径60米，装碰炸和近炸引信。LRLAP弹药最大射程的初始指标为83海里（150千米），最终指标为100海里（185千米），圆概率误差约20米。每发炮弹的估价约10万美元。LRLAP弹药之所以射程远超其他炮弹，除了采用火箭增程等一系列常规增程手段以外，笔者认为还可能采用了滑翔增程技术。所谓滑翔增程，就是在炮弹达到弹道最高点后，展开弹翼，借助空气升力进行滑翔，达到增大射程的目的，炮弹通过GPS或惯性制导系统进行制导，像滑翔制导炸弹一样，不断地修正弹道直到命中目标。滑翔增程技术可能来自于美国一度论证的垂直发射炮，而垂直发射炮之所以没有竞争过斜发射的AGS，可能是因为最高点弹丸姿态难于调整至平飞姿态。但是LRLAP弹药如何使其从螺旋状态解出，还是个秘密。

★AGS舰炮的LRLAP炮弹

现代火炮具备单炮多发同着能力。AGS舰炮可以让4发～6发炮弹同时击中同一目标，不过射程会降至140千米（75海里）。这样1艘DD（X）2座AGS发射的炮弹可以有8发～12发同时落地。据美海军陆战队一份评估资料透露，AGS舰炮的作战能力与1个炮兵中队的火力相当。据美国军方评价，海军陆战队炮兵中队与发射LRLAP弹药的AGS毁伤能力指数同为1.0，而现役"阿利·伯克"级驱逐舰装备的MK45Mode4型127毫米舰炮其毁伤能力指数仅为0.4。

◎ 王牌武备：AGS充当美军海军之矛

从20世纪80年代开始，大口径舰炮的国际市场以美国的MK45型127毫米舰炮、意大利"奥托"127毫米舰炮和俄罗斯的AK130型130毫米舰炮为代表呈现出三足鼎立之势。

进入21世纪后，对大口径舰炮的需求不断升温，以美、英、德、法为代表的西方国家均开始启动了155毫米舰炮的研制计划。德国的155毫米舰炮由于采用了模块化移植技术，直接将陆军的PZH2000型155毫米自行榴弹炮移植上舰。虽然德国的这种火炮在2004年最先进入海上演示验证试验，但该炮的最大射程只有30千米，况且没有与之相适应的自动化弹库系统。因此，海上演示验证只是可行性研究阶段的试验工作，该炮何时能够成为型号

★俄罗斯的AK130型130毫米舰炮

★美军研制的DD(X)驱逐舰上装备的AGS火炮系统

装备、形成战斗力尚不明朗。AGS预计在2013年形成初步战斗力，因此，AGS火炮系统有可能成为新世纪大口径舰炮的先锋，最早装备部队投入使用。

AGS火炮系统从技术上主要有三大看点：

第一，它采用了大容量模块化自动弹库技术。无论是MK45型127毫米舰炮和"奥托"127毫米舰炮还是AK130型130毫米舰炮，都需要由操作手向弹鼓或扬弹机施行人工装弹。而AGS却能够将弹库中的300多发炮弹以10发/分的速度全部自动射出，无须任何人工搬运，更何况LRLAP弹药的重量是127毫米弹药重量的3倍，技术难度和工程实现难度可想而知。此外，该自动化弹库还可从舰尾的直升机垂直补给系统实现"边射击，边补给"的功能。

第二，全电力驱动技术。不仅火炮的旋回俯仰运动采用电动伺服系统，而且整个自动化弹库也全由电力驱动。由于受重量和转动惯量的限制，以前的大口径舰炮大多采用液压伺服系统，如MK45型127毫米舰炮。虽然"奥托"127毫米舰炮采用了电动伺服系统，但该炮的全炮重只有40.6吨，无法与AGS相比。采用全电力驱动的优点是可以省掉液压组件，提高可靠性。

第三，远程制导炮弹技术。这种远程制导炮弹的精度可以与导弹相媲美，而价格只有导弹的1/50，作为需要持续作战的海上火力支援武器，显然远程制导炮弹更受欢迎。127毫米ERGM的研制计划是将最大射程提高到63海里，曾一时引起了世人的极大关注。但美国2005年3月的评审报告认为，ERGM中的20项关键技术有7项尚未实现成熟性验证，目前雷声公司尚未达到设计成熟性的要求，且每发炮弹的预计价格不断上涨（2004年每发炮弹的价格估计为19.1万美元），因此，美国海军准备对ERGM重新进行研制招标。这一次，洛克希德·马丁公司又将LRLAP弹药的初始射程指标定在了150千米，而且每发炮弹的预计价格不能超过10万美元，这的确令人怀疑洛克希德·马丁公司是否会重蹈雷声公司在ERGM上的覆辙。不过，2005年已经完成的6次成功飞行试验坚定了研制者的信心，LRLAP弹药能否在舰炮发展史上引发又一轮的技术革命？

战事回响

🎧 日德兰海战——"大炮巨舰"时代的绝唱

日德兰海战是第一次世界大战期间，英国皇家海军舰队和德国公海舰队于1916年5月31日～6月1日在日德兰半岛以西斯卡格拉克海峡附近海域进行的海战，亦称斯卡格拉克海战。这是第一次世界大战中最大规模的海战，也是这场战争中交战双方唯一一次全面出动的舰队主力决战。

第一次世界大战时期的海战正处于"大炮巨舰"巅峰时代，而日德兰海战就是"大炮巨舰"时代海战的经典之战，同时也是"大炮巨舰"时代的绝唱。

第一次世界大战爆发后，德国遭到英国的海上封锁。为打破封锁，1916年5月，德国公海舰队司令R·谢尔命令F·von.希珀指挥战列巡洋舰分舰队在斯卡格拉克海峡佯动，企图诱使英国海军编队出海，然后以公海舰队主力进行截击并将其歼灭。英国皇家海军舰队司令J·R.杰利科在从截获的电报中得悉德国舰队即将出海的消息后，率舰队前往迎击，企图将其一举歼灭，以夺取波罗的海制海权，打破德国对俄罗斯的海上封锁。

双方参战兵力为：英舰151艘(战列舰28艘、战列巡洋舰9艘、巡洋舰34艘、水上飞机母舰1艘、驱逐舰78艘、布雷舰1艘)，德舰110艘(战列舰22艘、战列巡洋舰5艘、巡洋舰11艘、驱逐舰72艘)。战役分三个阶段：

首先是双方的前锋部队——前卫舰队交战。5月30日22时许，英前卫舰队(战列巡洋舰6艘、战列舰4艘，由D.贝蒂指挥)和主力舰队分别从罗赛斯、斯卡帕湾和因弗戈登出航东驶。31日2时许，德前卫舰队(战列巡洋舰5艘，由希珀指挥)由亚德湾出航北上，主力舰队随后跟进。当日14时许，双方前卫舰队在斯卡格拉克海峡附近海域遭遇。英前卫舰队向东南方向疾进，企图切断德舰的退路；德前卫舰队转向回驶，企图将英舰引向德舰队主力。15时48分，双方成同向异舷机动态势开始交战。英战列巡洋舰"不倦"号和"玛丽王后"号被击沉，旗舰"狮"号受伤；德舰损失轻微。一小时后，谢尔率公海舰队主力赶到，英前卫舰队北撤，以与皇家海军舰队主力会合。

接下来进入了舰队主力战斗阶段。谢尔在不明英皇家海军舰队主力出海的情况下，率德舰队追击英前卫舰队。18时许，英前卫舰队摆脱德舰追击，与舰队主力会合。杰利科判明德舰准确位置后，命令舰队主力成单纵队向东南方向航行，以迂回向东北方向航行的德舰。在队形变换尚未完成时，英舰即同德舰交火。经激烈炮战，英舰"防御"号、"无敌"号和德舰"吕佐夫"号先后沉没，并各有数艘舰只受损。谢尔判明英皇家海军舰队主力投入战斗后，决定撤出战斗。18时36分，德舰队"同时转向"，向西南方向撤退。杰利科因担心受到潜艇和鱼雷攻击，没有下令追击，而是改向南驶，企图切断德舰向基地返航的退路。19时许，德舰队再次"同时转向"，企图从英舰队尾向东突围，结果进入英主力舰队中央，遭到对方火力猛烈攻击，数艘舰只受创。19时13分，德舰队第三次"同时转向"，向西而后向南撤退，并以驱逐舰向英舰实施鱼雷攻击。英舰队为免遭德舰鱼雷攻击，于19时21分由南改向东南航行，从而丧失歼灭德舰的良机。14分钟后，英舰队转向西南航行。20时17分～26分，双方再次进行炮战，随后德舰队向西撤退。

最后是夜间战斗阶段。21时许，英舰队以轻巡洋舰分舰队为前卫，驱逐舰为后卫向南航行。谢尔为突破英舰拦截，以主力舰为前卫，改向东南冲向英舰。22时至次日凌晨2时，双方多次交战，英舰损失5艘，德舰损失2艘。杰利科在夜间一直未判明德舰的位置和航向，直到5时40分才获悉德舰已从英舰队尾摆脱拦截，因担心遭德潜艇袭击和触雷，最终放弃追击德舰的计划而返航。中午，德舰队驶回亚德湾。

★日德兰海战中，德军驱逐舰上的舰炮。

　　日德兰海战是第一次世界大战期间规模最大的海战，也是世界海战史上最后一次战列舰大编队交战。交战双方的作战主力，都是装有大口径以及中小口径舰炮的战列舰。在交战中，双方的舰炮共发射了上万发炮弹。

　　德国公海舰队第一和第三战列舰分舰队总共发射1904发大口径炮弹，平均每舰119发，每门炮10.9发（携带量为80发-90发）；战列巡洋舰共发射1670发大口径炮弹，平均每舰334发，每门炮37.95发（携带量为80-90发）。共计发射大口径炮弹3597发，中口径炮弹3952发，小口径炮弹5300发，大口径炮弹命中确认120发，平均命中率3.33%，中口径和小口径命中107发，平均命中率1.16%。英国战列舰总共发射大口径炮弹4598发，其中有15英寸炮的1239发，平均命中率2.17%。

　　根据英国Arthur·J·Marder教授在《从无畏舰到斯卡帕》（牛津大学出版社，1978年版，第3卷，第199页。）指出的，德国战舰近四分之一的大口径命中弹集中在三艘英国装甲巡洋舰上，包括"武士"（15发），"防御"（7发）和"黑王子"（15发），它们都是在极近的距离上被命中的。前二者只有7000码，后者更是只有1000码。而在德国方面统计英国战绩时，并没有计算威斯巴登被击中的次数，根据英国资料，至少被射击200发以上。因此参看双方命中率时，可以认为大致相当。

　　所有被击沉舰船的中弹数目都是大约统计值，夜间混战中的命中数目更是如此。

★英国舰队的死对头——德国公海舰队出海

海战结束后，交战双方都宣称自己是胜利者，以至于如何评判这次海战成了世界海战史上的一段著名公案。此战英国舰队共损失3艘战列巡洋舰，3艘轻巡洋舰和8艘驱逐舰，战斗吨位达11.5万吨，伤亡6945人；德国舰队共损失了1艘老式战列舰、1艘战列巡洋舰、4艘轻巡洋舰和5艘驱逐舰，战斗吨位达6.1万吨，伤亡3058人。英德双方损失比近2：1。

就战术而言，德国人的确是这场海战的胜利者，大洋舰队向强大的英主力舰队发起了勇猛的挑战，希佩尔舰队重创了贝蒂舰队，谢尔准确的判断和优良的航海技术，使他成攻地摆脱了占极大优势的杰利科的追击。然而就战略而言，德国海军没能打破英国的海上封锁，全球海洋仍然是英国海军的天下，大洋舰队困在港内毫无作用，仍然是一支"存在舰队"。正如美国《纽约时报》所评论的那样："德国舰队攻击了它的牢狱看守，但是仍然被关在牢中。"

日德兰海战是战列舰时代规模最大也是最后的一次舰队决战。在这次海战中，"大炮巨舰主义"遭到失败。此后，德国和其他海上强国开始研发争夺制海权的新型力量和探索新的战法。二战中出现的潜艇破袭战和航母海空决战正是这一探索的产物。从这个意义上说，日德兰海战落下了人类海战史上一个旧时代的帷幕，同时揭开了人类海战史上新的篇章。

◎ 用舰炮击沉航母——"沙恩霍斯特"号的海战神话

德国"沙恩霍斯特"级战列巡洋舰是二战中的德国海军最富有传奇色彩、战绩最大的舰只。虽然它最终还是落得了长眠海底的悲剧性结局，但是它的存在曾长期令盟国海军头疼不已，而且是舰炮击沉航母的仅有两个战例之一。

"沙恩霍斯特"级战列巡洋舰是一个集各种海军思想、海军技术为一体的战舰。它的设计思想源于一战后的德国的"袖珍战列舰"——"德意志"级。根据1919年6月28日签署的《凡尔赛和约》的条款中明确规定：战败的德国不准建造和拥有一艘无畏型的战列舰，仅允许其保留8艘老旧的战列舰，这些舰除了用于训练及海岸防御外，不做其他用途。替代舰必须在旧式战列舰其下水时间20年后才可动工建造，最大排水量被限制在10160吨以内，舰炮口径也被限制在280毫米内。为此而受到限制的德国人决定在限制内充分利用每一吨排水量，制造一种有相当强的装甲防护能力、排水量大于巡洋舰，速度大于战列舰、火力超过巡洋舰的袖珍战列舰"。这样在1929年2月"德意志"级开工建造了。虽然"德意志"袖珍战列舰从各个方面都无法和英国的战列巡洋舰相比，但综合性能却优于法国的主力战舰。

到了1932年事情发生了变化，法国开始建造"敦刻尔克"级快速战列舰，它的性能要大大超过"德意志"级袖珍战列舰。德国人再也忍不住了，他们决定违反《凡尔赛和约》秘密研制设计一种性能能与"敦刻尔克"级相匹敌的军舰——"沙恩霍斯特"级战列巡洋舰。这一级的战舰最初设计排水量是19000吨，装有8门305毫米炮，航速为34节。装甲厚度与"德意志"级相同。但是不久后德国专家就发现这种设计方案的装甲太薄，于是又提出新的方案：排水量26000吨，加装三座三联装380毫米炮，航速为31节。

"沙恩霍斯特"刚一开工建造，德国就与英国签订了英德海军协议，被允许建造排水量35000吨级的军舰。因德国与英国签订海军协议，德国海军司令雷德尔以此为依据，认定德国海军当前的主要对手是法国而不是英国，所以需要尽快有一种能与法国刚动工的新式战列舰"黎塞留"级相当的军舰。因此26000吨的"沙恩霍斯特"方案又落伍了。但是德国人为了赶时间，决定使用一战时期德国海军的"马肯森"级战列巡洋舰的舰体为蓝本，把排水量提高到35000吨，安装三联装380毫米舰炮，最大装甲厚度为360毫米，换装蒸汽轮机，将航速提高到32节。

但是由于380毫米舰炮尚未研制成功，德国海军决定暂用"德意志"级上的280毫米炮，待380毫米炮研制成功后再安装上去。"沙恩霍斯特"级的两艘姐妹舰（"沙恩霍斯特"号和"格奈森瑙"号）的建造速度极快，分别在1935年3月和5月开工，分别于1938年5月和1939年7月完工。但两舰尚未换装380毫米炮，第二次世界大战就于1939年9月1日爆发了。

由于德国设计人员缺乏经验，这两艘仓促建成的军舰存在着很多缺陷，不伦不类。其排水量与英国的战列舰相当，速度与战列巡洋舰相当，装甲厚度又大于战列巡洋舰，可火力又介于战列巡洋舰和巡洋舰之间。其结果是英国的战列舰追不上，巡洋舰打不过，战列巡洋舰与之较量又要吃亏。因为"沙恩霍斯特"级具有以上意想不到的古怪特点，使其像两条鲨鱼，既凶猛，又难捉。

1939年1月7日，"沙恩霍斯特"号正式服役。第一任舰长是奥托西利亚克斯，他一直干到欧洲战争正式爆发。第二任舰长叫库尔特·雷夫曼，他的任期正是"沙恩霍斯特"号建功立业的鼎盛时期。1939年11月21日"沙恩霍斯特"号和"格奈森瑙"号和另外2艘巡洋舰、3艘驱逐舰结伴驶入冰岛-法罗群岛水域。23日两舰共同击沉了英国"拉瓦尔品第"号辅助巡洋舰。26日午夜，两舰利用浓雾，偷偷穿过了英国巡洋舰警戒线之间160千米的空隙，安全返回德国。

1940年4月2日"沙恩霍斯特"号和"格奈森瑙"号执行"威塞河演习"。4月9日"格奈森瑙"号被英国的"声望"号战列巡洋舰打坏了主要火控系统后与"沙恩霍斯特"号仓促撤离，并于4月12日返回威廉港。

养伤近两个月后，6月4日两艘"希佩"号重巡洋舰和4艘驱逐舰结伴驶出基尔执行"朱诺"计划；由于德国海军并不知道盟军的撤退计划，只见盟军云集纳尔维克，只得派"沙恩霍斯特"等舰专门袭击来往于北海的防御能力薄弱的补给船，并于8日—9日炮击盟军在挪威北部的主要补给站哈斯塔德，以便为陆军在纳尔维克创造条件。

纳尔维克的撤退进展很快。所有法国、英国、波兰的军队连同大量的物资和装备都已装上船，编成三个护航队驶往英国，而没有受到敌人的阻挠。飞行员凭借他们的勇气和技巧，完成了前所未有的功绩——也是他们最后的功绩——将"狂风"式战斗机和"击剑者"双翼战斗机降落在"光荣"号航空母舰上。因为这些空军飞行员从来没有在航空母舰上降落过，所以费了很大的劲儿才落下来，"光荣"号因耗费了过多的燃料，无法与其他军舰一起高速返航，只得在两艘驱逐舰"热情"号和"阿卡斯塔"号的护卫下，用巡航速度向西航行。

正横拦在英国舰艇航线上的"沙恩霍斯特"号和"格奈森瑙"号在6月8日遇到一艘油轮和为其护航的武装拖网渔船，"沙恩霍斯特"号和"格奈森瑙"号一顿乱炮后，可怜的油轮及其护航船只就葬身鱼腹。接着遇见空载返回英国本土的一艘运兵船"奥拉马"号和一艘医院船"阿特兰蒂斯"号，这次德国人颇有骑士风度，尊重"阿特兰蒂斯"号的豁免权，只是运兵"奥拉马"号船去见了龙王。当天下午，"希佩尔"号和驱逐舰回到了特隆赫姆，但两艘战斗巡洋舰仍继续在海上搜寻战利品。两舰先向北行驶，再折向东。

下午4时，"沙恩霍斯特"号发现前方海平面有一缕黑烟，便与"格奈森瑙"号立即全速驶往发现地点，他们看见的黑烟正是英国的航空母舰"光荣"号，以及护送它的驱逐舰"阿卡斯塔"号和"热情"号所冒出的浓烟。"光荣"号原为战列巡洋舰，因它的船体外板薄、航速快，英国海军便于1924年着手，将之改成了航空母舰，其标准排水量为22500吨，装有120毫米单管炮16门，3磅单管炮4门，载机48架，最大航速30节。因其烧的是煤，所以老远就被"沙恩霍斯特"号看到了。奇怪的是，这艘载满了飞机的"光荣"号

★正在海面作战的"沙恩霍斯特"号战舰

航母，竟然对即将要到来的灾难一无所知，毫无察觉，而且也没有组织好有效的空中巡逻，当他们发现前方的"沙恩霍斯特"号和"格奈森瑙"号的时候，一切都晚了。这对德军来说真是千载难逢的进攻机会。

下午4时30分，"沙恩霍斯特"号首先在28000码处首次射击。在这个距离上，"光荣"号的120毫米单管炮是完全无用的。同时，它的两艘驱逐舰也勇敢地参加了战斗。它们都放出烟幕，努力设法掩护"光荣"号。在死一般静寂的船上，没有一个人说话，"阿卡斯塔"号以全速避开"沙

★"沙恩霍斯特"号的战舰后主炮

恩霍斯特"号的攻击，接着"阿卡斯塔"号的舰长皇家海军的C·E.格拉斯弗德海军中校下令，准备所有的烟幕浮子，接连皮带管，各种其他的工作都准备就绪后，开始施放烟雾。接着舰长将下述命令传给了各个作战岗位："你们也许以为我们正在躲避敌舰，准备逃脱，其实并非如此。我们的友舰'热情'号已被击沉了，'光荣'号也正在沉没中，我们至少可以给他们一些颜色看看，祝你们幸运。"接着，"阿卡斯塔"号改变航程，进入了自己的烟幕中。开始向"沙恩霍斯特"和"格奈森瑙"发射鱼雷，不久，"阿卡斯塔"号穿出了烟幕，转向右舷改变航程，由左舷发射鱼雷；这时，"阿卡斯塔"号的船员才第一次真正瞥见敌舰"沙恩霍斯特"号和"格奈森瑙"号，两舰艇与"阿卡斯塔"号相距不远。船尾的鱼雷发射管发射出了两枚鱼雷，舰首的鱼雷发射管发射的鱼雷也同时射向"沙恩霍斯特"号，稍后黄色的光亮一闪，浓烟腾空而起，巨大的水柱向上直冲。一枚鱼雷击中"沙恩霍斯特"号；这次袭击完全出乎"沙恩霍斯特"号的意料。"阿卡斯塔"号又回到了自己的烟幕中，向右舷改变航程，准备发射剩余的鱼雷。由于被鱼雷击中导致"沙恩霍斯特"号的C炮塔失灵并进水2500余吨，待两舰发现"阿卡斯塔"号将舰首伸出烟幕后，"沙恩霍斯特"上的9门280毫米主炮和12门150毫米副炮一顿猛射，一颗炮弹击中了

"阿卡斯塔"号的机器舱，击毙了舰上的鱼雷发射管旁的组员。不久，"阿卡斯塔"号停止前进并向左舷侧倾斜。舰上的鱼雷仍旧发射着，舰体已经倾斜，然而仍开炮。但不久之后的一次大爆炸，几乎使军舰从海面上悬空提了起来。这个时候，舰长下令弃船。最后，格拉斯弗德海军中校，靠在舰桥上，从烟盒里拿了一支烟抽着。他挥手向救生艇里的人表示"再会，并祝你们幸运"——一个勇敢的人，就这样结束了他的一生。

"光荣"号曾企图把它的鱼雷轰炸机升空作战，但没有等到飞机起飞，它的前飞机棚以及甲板便被"沙恩霍斯特"号的280毫米舰炮击中起火，将旋风式飞机烧毁，并使鱼雷不能由舱下吊上来装在轰炸机上。紧接着"光荣"号发生了剧烈的爆炸，在之后的半小时内，它受到了"沙恩霍斯特"号和"格奈森瑙"号的更为沉重的打击，使它完全失去逃脱的机会。到了5时20分，"光荣"号的舷侧严重地倾斜。于是舰长下令撤离该舰。大约在10分钟后，"光荣"号便沉没了。

1474名皇家海军的军官和士兵，41名皇家空军人员，在这次战斗中牺牲了。虽然经过长时间的搜寻，但后来由一艘挪威船救起并运送回国的只有39人。此外有6个人被德国船只救起，带到了德国。"沙恩霍斯特"号被"阿卡斯塔"号的鱼雷击中，受到重创，向特隆赫姆驶去。

从1940年12月28日到1941年3月22日，"沙恩霍斯特"号和"格奈森瑙"号连续数次驶入大西洋进行破坏活动。1941年2月22日，在纽芬兰以东500海里处，两舰发现了一支西行的运输船队，击沉其中的4艘运输船。3月15日，俘获3艘油船和击沉1艘油船。16日发现了一些掉队的运输船只，两舰共击沉了13艘。22日，这两艘战列巡洋舰满载胜利果实驶入了德占法国港口布勒斯特。

两舰在布勒斯特虎视眈眈大西洋，成了英国皇家海军的眼中钉、肉中刺，英国决定给两艘战舰以空中打击。1941年4月6日，英国4架鱼雷机对"格奈森瑙"号

★正在海上航行的"沙恩霍斯特"号战舰

★"格奈森瑙"号战舰

进行袭击，"格奈森瑙"号的右舷命中1枚鱼雷，始入干坞进行修理。9日夜，英国轰炸机穷追猛打，对布勒斯特海军造船厂的"格奈森瑙"号进行攻击，"格奈森瑙"号中了4颗227千克重的穿甲弹，舰员死72人，伤90人。随后7月24日，皇家空军派出数个中队的B-17和B-24轰炸机对另外的目标——"沙恩霍斯特"号进行轰炸。"沙恩霍斯特"号中了5颗炸弹，遭重创后进行了为期4个月的修理。

随着美国的参战，德国海军鉴于盟军海军的庞大实力，海军司令部命令"沙恩霍斯特"号和"格奈森瑙"号在水面舰艇和航空兵的配合下，穿过多佛尔海峡，返回德国本土。返航途中"格奈森瑙"号在荷兰附近海面触雷负伤，进入海军造船厂检修。半个月后，"格奈森瑙"号检修完毕后，准备前往挪威。可是就在当天晚上，英机又对它进行轰炸，一颗454千克重的穿甲弹击中了它的上甲板，造成重创。"格奈森瑙"号只好待在船厂，进行长时间的修理和改装。在修理期间，希特勒对德国大型军舰的战果极其不满，当时的海军总司令邓尼茨下令搁置德国的大型战舰。此后，"格奈森瑙"号上的火炮和装备也被陆续拆除了。

1943年，盟军前往苏联的护航运输队又重新恢复，为了切断这条海上补给线，希特勒于12月20日下令"沙恩霍斯特"号和5艘驱逐舰出动前去截击盟军护航运输队。26日，"沙恩霍斯特"号在挪威海岸以北70海里处向东高速前进中，与负责护航的英国皇家海军舰队遭遇，遭到了"约克公爵"号战列舰、4艘巡洋舰和多艘驱逐舰攻击，被数十发炮弹和4枚鱼雷击中后，失去动力。随后由英国驱逐舰发射的鱼雷将"沙恩霍斯特"号送进海底。全舰除36人生还外，其余全部阵亡。

经过很长一段时间的准备与写作，这本书终于得以完成了。相信不同的读者朋友对于什么是火炮这一问题已经有了更多的见解。其实，我们所关注的并非火炮本身，而是与之相关的更多方面、更高层次的内容。火炮只是一个媒介或窗口，通过对火炮家族的了解和认识，再加上我们自己的思考，我们会有更多的收获。

例如，细心的读者可能会从本书这些武器的选取上看出一个问题。这些历史上最经典的、最具影响力的火炮大多掌握在少数几个西方发达国家手中，而不是掌握在作为火药与火炮的创始者——中国，或者其他国家手中。这是为什么呢？

通过分析与思考，我们不难发现，一种火炮，或者说一类火炮，它是否先进，不是靠某个人的智慧，也不是靠某些人的才能，这种先进的兵器背后必定有一个强大的国家，这个国家必须拥有强大的人力、物力和财力，三者缺一不可。此外，还要有正确的军事战略以及对武器先进性领先优势的保持。而这些正是少数几个西方发达国家所拥有的，是中国等国家所缺少的。不仅火炮如此，其他兵器也一样。

其实战争也是如此，战争所消耗的不仅是武器、弹药与人员，还有战争背后的国家——国家的资源、国家的命运和国家的灵魂。

除了上述这些问题外，只要我们解放思想，细心发现，就会从这本书中寻找到更多的内容，从而给我们带来更多的收获。

当然，这本《火炮——地动山摇的攻击利器》也因作者水平有限、资料不足等原因，有着很多遗憾，就像一种新生火炮一样，有不理想的地方。但这并不妨碍读者对于火炮家族的了解，相反，读过此书，在有所收获的同时，会引发更大、更多的疑问，带着这些问题，继续对火炮的发现探索之路，必会有更多的收益，而这才是本书的真正目的。

主要参考书目

1.《火炮》，徐铭远主编，解放军出版社，2003年3月。

2.《火炮与自动武器》，马福球、陈运生、朵英贤主编，北京理工大学出版社，2003年4月。

3.《火炮》，（美）汉斯·哈伯斯塔特著，李小明 等译，中国人民大学出版社，2004年12月。

4.《攻克柏林——二战经典战役全记录》，比比克·穆尔奇科夫著，任成琦编译，京华出版社，2005年9月。

5.《世界火器史》，王兆春著，军事科学出版社，2007年1月。

6.《坦克与装甲战车》，（英）克里斯托弗·F.福斯主编，吴娜，刘杰译，上海科学技术文献出版社，2007年1月。

7.《兵器宝库大百科》，邢涛总策划，纪江红主编，北京少年儿童出版社，2007年7月。

8.《火炮和导弹》，田战省主编，北方妇女儿童出版社，2009年1月。

9.《战争之神——火炮》，董从建 等编著，化学工业出版社，2009年2月。

10.《青少年应该知道的大炮》，华春编著，团结出版社，2009年11月。

攻坚战
尖矛与利盾的较量
TOUGH FIGHTS

海战
烟波浩渺间的蓝色争夺
NAVAL BATTLES

会战
周密筹划的巅峰对决
THE BATTLE WARS

间谍战
智慧与勇气的激烈碰撞
SPY WARS

决战
毕其功于一役
DECISIVE BATTLES

空战
生死瞬间的云端曼舞
AIR WARS

坦克战
陆战之王的直接对话
TANK BATTLES

特种战
灵活机动下的尖刀对决
SPECIAL WARS

武器的世界 兵典的精华